U0155133

KUWEI

酷威文化

图书　影视

疯狂的
科学实验

[英] 埃里克斯·伯依斯 著

马盈佳 译

江西科学技术出版社

前言

　　1932 年 5 月，波兰研究人员塔德乌什·哈纳斯披上猿猴的外皮，钻进了华沙动物园的灵长动物区。接下来的八个星期，在获得动物园官方批准的前提下，哈纳斯就住在那里，与一群猿猴为伴，吃猿猴们的食物，并尝试学习猿猴们的语言。当他六月底出来时——身上无疑带着不大好闻的气味——接受了一群好奇记者的采访。"里面怎么样？"记者们问道，"你了解到了什么？"哈纳斯挺直身子，努力让自己看起来尽可能严肃一些，回答道："猿猴的生活习惯与人类有极高的相似之处。"

　　其实我对哈纳斯有种亲切感。和他一样，我曾和一些相当奇特的同伴一起生活了一阵子。细算下来，自我离开办公室，开始和他们一起生活已经有一年出头的时间。现在的我，重新走到了耀眼的阳光下，眨着眼睛，有点儿目眩地四下张望。最后向你呈现出这本书——我一年的研究成果。

　　与哈纳斯不同的是，我的同伴并非猿猴。他们是一群疯狂的科学家。约翰·威廉·里特尔就是其中之一。他是一名德国的物理学家，曾系统性地电击自己身体的各部分来研究这到底是什么感觉；还有弗雷德里克·赫尔策尔，他仔细地测量了绳结、玻璃珠和钢螺栓通过他的消化道的速度；心理学家玛丽·亨勒，她喜欢藏在女生宿舍的床下，偷听学生们的对话。此外，我还花了些时间和芝加哥人在一起，他们总是勤勤恳恳地趴在书桌上，草拟用核武器炸毁月球的计划。

　　这本书讲述了这些科学家所做出的各类壮举和怪异的实验，并展示出这些人为了科学进步付出了怎样的努力。

　　你大概已经知道，我所说的和这些科学家一起生活，并非字面的意思，而是他们是我思想的同伴。我通过学术期刊、报纸和书籍追踪他们的事迹。尽管有时，当我坐在图书馆或者面对电脑屏幕时，感觉他们就在我身边。

《最后的幸存者》

四年前，我写了一本关于怪异科学的书，名为《最后的幸存者》。你现在读的这本书延续了《最后的幸存者》中的奇异实验纪事。日常生活中，我无法抗拒疯狂的科学家们的"吸引"，我总会花更多的时间和他们在一起。

这一回，我在图书主题和人物身上花了不少时间。一旦他们的实验特别吸引人，我就想讲述更多关于他们的故事。除此之外，这本书和《最后的幸存者》的结构非常相似。比如说，我在每个章节前都加上了戏剧化场面的引言。这些引言大多数都来源于故事中一个关键场景。在这些引言中，我尽可能还原了真实事件——虽然有时我需要基于专业知识，推断这些事到底是如何发生的。我还发挥了一些艺术想象，比如增加对话以增强戏剧性。然而，不管一切看起来有多奇怪——虽然我已尽我所能地保证它们的正确——你读到的每个篇章的正文都是完全真实的。如果你想对任何一个主题做更深入的研究，那么你可以在书的后面找到延伸阅读的参考书目。

疯狂科学家们的吸引力

疯狂的科学家们到底有什么吸引力，使我竟写了两本关于他们的书？肯定不是因为他们魅力不凡。事实上，其中一些人，倒实在令人毛骨悚然。

疯狂科学家们之所以吸引人，部分原因在于，他们毫不羞惭、自由地探索新的想法，不论这些想法就我们其他人看来多么错误。我们大多数人虽然会时不时地有奇特的想法从脑子里冒出来，但是我们并不会就此采取行动。相反，我们会不大引人注目地继续生活。我们会尽力不跨越所谓正常行为的边界。而相对而言，疯狂的科学家们会任自己脑子里打转的奇思怪想信马由缰。如果他好奇"切开自己的肚子、取出自己的阑尾"是种什么感觉，他会直接上手去把这件事做了。

疯狂科学家们不仅自然而然、毫不拘束地将他们古怪的冲动付诸行动，他们还经常为此得到赞赏。如果随便谁做了这本书里提到的一半的事，那么他们不是被拖走关进监狱，就是会被送进精神病院。比如说，在"电学实验"一章，我提到了英国科学家托马斯·索恩·贝克，他把自己的小女儿放进通电的笼子里，尝试刺激她成长（尽管在那个年龄她的身高十分正常）。如果一名非科学家向邻居提起自己把女儿关进了一个通电的笼子里，没几分钟警察就会敲他的门，但因为贝克是一名科学家，社会尊重甚至崇敬他。只有凭着后见之明，我们才得以开始思忖："那人到底在想些什么呀？"

疯狂科学家们的壮举也展现了科学更黑暗、更情绪化的一面，相比那些聪明过人的天才毫不费力地得到全部正确答案的科学故事，我感觉这些故事要有趣得多。在这里，研究人员在进入不熟悉的领域时毫无头绪地摸索前行，期望自己选择的是正确的方向，但往往在死胡同里翻车——这些死胡同，在疯狂的科学家那里，有的是非洲丛林中的笼子，他们就孤独地坐在那里；有的是压抑的阁楼，他们躺在阁楼的黑暗中，给自己憔悴的身体施以电击。

"疯狂的科学家"这个字眼具有贬义，但是我实际上对你将遇到的一些人物产生了相当感同身受的心情。我无意嘲笑他们。我认为科学需要科学狂人（至少需要那些没那么残酷的科学狂人），因为当你面对困难和反对时，是需要某种疯狂来坚持你的想法的。有时候没人相信你。有时候这样的情况年复一年地持续。有时候你会变得饥渴，或者就像西格蒙德·弗洛伊德那样，成为可卡因的瘾君子。有时候你给自己做手术，而你的内脏涌了出来。但是科学上许多最重大的进步恰恰归功于这些固执的研究人员，他们即使境遇如此艰难，仍然拒绝放弃自己的理论。当然，如果他们的理论被证明出来了，他们会被纪念并被称赞为不走寻常路的人。但事实上，不走寻常路者和科学狂人难道不正是硬币的正反两面吗？

哪种奇怪？

　　四个世纪的科学研究，累计了数量庞大的奇怪实验。因此，当我创作这本书时，所遇到的挑战并不是找不到足够多的奇怪实验来写，而是从多到令人为难的素材里选出合适的案例。那么最后我是如何决定哪些实验可以被放进本书的呢？

　　说实话，并没有一套严格的标准来指导我的选择过程。那些荒诞的案例，几乎出于定义，就难以轻易地分类。我想我寻找的是那些出人意料的故事，那些将罕见、奇怪的元素联系在一起的实验。比如患精神性神经症的山羊和原子弹。这类实验需要一些合理的解释。但是当我翻阅旧学术期刊时，虽然我并不确定自己要找什么，但我确实知道自己不需要什么，这种排除法值得我说几句解释一下。

　　排除法的第一条原则是：那些希望自己奇怪的人，其实并不够奇怪。因为研究人员有时会以一种闹剧的方式，故意把自己伪装成疯狂的科学家。比如，他们会用公式来描述美味的奶酪三明治，或者计算用瑞士的大型强子对撞机 [1] 给一张比萨解冻需要多久。这类科学家有时候非常好笑，但这并不是我想为这本"实验集"搜寻的内容。我想找的是对自己的另类研究完全严肃认真的疯狂科学家。对我而言，他们认真的意图使他们的行为奇怪得多，而且更为引人入胜。在一些更稀奇古怪的实验中，他们可不只是乖僻、无害的，在他们的奇怪背后甚至还潜伏着一丝危险。我们不得不感到疑惑，为了得到想要的答案，他们到底愿意走多远？

　　排除法的第二条原则是：我并不愿意以探索科学之名，行野蛮之事。

————————

[1] 对撞机：一种将质子加速对撞的高能物理设备。

很多人，在想到古怪的科学时，总会想到科学式的恐怖——纳粹研究、塔斯克吉梅毒实验、日本731部队。这些实验可能确实奇怪，而且它们也确实提供了当所有道德约束都被抛弃时，所发生的恐怖事件。只不过，收录这些实验可能会让整本书变成"人类恶行手册"。我并不希望这样，所以我避开了在伦理层面上过分偏向于残暴恶行的实验。

说完了这些，我还得提出适当的警告。尽管在这本书中，我并不详述恐怖实验，也不提供轻科学故事，但在接下来的内容里，仍然是黑暗与光明相交织；仍然有一些实验会令某些人惊讶——它们在对科学真诚的追求中竟然被允许。比如以21世纪人类的视角来看，有些动物实验可能会显得残酷。我们并非对任何道德上难以界定的实验表示支持。但即使是在最令人不快的情形中，我想我们也还是有可能看出其超现实和古怪特点的，而这才是我向你呈现这些故事的主旨——将它们作为一个小小的提醒：悲剧、喜剧、荒谬与对知识的追寻往往紧密地交织在一起。

现在开始我们的故事吧！

埃里克斯·伯依斯

目录
CONTENTS

第一章

电学实验

ELECTRIC BODIES

在如幻影一般存在的亚原子①世界，一颗环绕原子核运行的电子颤动了一下。随后，从该原子外的空间，一股遥远的吸引力对电子产生了牵引。电子颤抖并跳跃起来，跨越自身尺寸几十亿倍的距离，直到它在另一个原子周围再次安定下来。这种微观世界的力量引发了人类视角下的电现象。我们能从手指被电击刺痛或者通过天空中的闪电观察到它。而掌控电大概是现代科学最重要的成就之一。现今，我们生活的诸多方面都依赖着电力，所以很难想象在没有电的情况下我们应如何生存。其实，电的研究史并不局限于寻找它的技术应用方式。人们一方面渴望了解电，另一方面渴望以日渐惊人又与众不同的方式展示其能力，这两种渴望不相上下。特别是对于一些研究者，他们对探索电作用于活的生物体身上的效果，展现出了持久的沉迷。

和伏特电堆结婚的男人

1802 年 2 月——德国耶拿市。

夜晚的户外，云朵飘移，月亮从云后显现。皎洁的月光透过窗，照进黑暗的公寓阁楼，洒落在一个立于房间地面的金属圆柱体上。这一瞬间的光照使这个柱体通体发光，就像一个体内具有能量源、自行发光的生物一样。

---

① 亚原子：这里指亚原子粒，比原子还小的粒子。

这一柱体由大量扁平的金属盘组成，它们相互堆叠在一起。三根长金属棒像笼子一样，将金属盘围固在一起，防止它们堆不稳而倒塌，金属棒的顶端连接着一个木质的盖子。

约翰·威廉·里特尔跪在这个柱体面前。虽然他只有二十几岁，但连年的艰苦生活使他精致的面容显得老成。他只穿了一条白色、长至脚踝的衬裤。房间中的寒意使他瘦弱的胸膛和双臂起了一层鸡皮疙瘩，但他并不在意这些。

他深色的双眼闪烁着期待，凝视着这个圆柱体。他伸出手沿着柱体的边缘从上至下地抚摸。在他的抚摸下，柱体仿佛颤抖着、脉动着，短暂地发出了更明亮的光，尽管这可能不过是月光制造的效果罢了。

"我亲爱的电池，"他柔声说，"你做好跳舞的准备了吗？"他将双手伸入身旁的水桶中浸湿。两根终端连接着金属把手的金属线，在柱体中蜿蜒盘绕，一根从顶部伸出，另一根从底部伸出。里特尔用一只手握住底部那根金属线的把手。他伸出另一只手去够第二根金属线，但是在握住它之前，他犹豫了。疑惑，甚至可能是害怕的神情从脸上一闪而过，但很快，被一种意志坚决的表情所取代。他握住了另一根金属线。

一瞬间，他大口喘气，向后退缩，仿佛遭到了隐身人的攻击。金属线并没有从手中掉落，但他挣扎着试图控制它们。他的双臂急挥，忽而向上忽而向下，与通过金属线进入他身体的力量抗争。这股力量就像一条眼镜蛇一样扭动和撕咬，但最终，他慢慢地凭着意志力，控制住了这股力量。

他的双手仍然在颤抖，这种感觉沿着双臂一直蔓延到肩膀。

现在连两条大腿也开始抖动了。他的嘴唇动了动，喃喃地吐出几乎听不到声音的祈祷："我的上帝，我的上帝，我的上帝。"一行口水从嘴里流了出来。

这种感觉让他意识到时间已经过了几个小时，但实际上才过了几秒而已。他继续与金属线"扭打"。终于，他用爆发力把两根金属线甩开，向后瘫倒在地板上。他躺在那里，大口地喘息着，身体像胎儿一样蜷了起来，将双臂紧紧抱在胸前。几分钟过去了，他的呼吸渐渐平复，从地板上撑起身体，注视着仍然沐浴在苍白月光中的柱体。

"亲爱的，这一脚踹得还挺有活力的。"他说。

随后，他又苦笑了一下，将两只大拇指挂在棉衬裤的腰沿上，将裤子向下拉，显出了他清瘦的身形。他将裤子脱掉，面对那个柱体站立，全身赤裸，在冷空气中瑟瑟发抖。

"我们再跳一次舞好吗？"他问道。

约翰·威廉·里特尔这个名字你有可能在理科教科书中遇到。然而，除此之外你可能不会在任何地方见到他的大名，毕竟除了一些鲜为人知的学术文章，很少有人提到他。教科书对他的提及，经常被谨慎地放在边栏里，表明提供这一信息是出于对历史的尊重，是为重要的正文提供简短的补充材料。

里特尔，一些人认为他是电化学之父，因为他早在1798年就提出，化学反应能够产生电流。他还被称作紫外光之父，因为他在1801年通过使用氯化银这一光敏溶液发现，在可见光谱的紫光之外还有不可见光存在。他还拥有很多个"第一"。他是最早将水通过电解法分解成氢气和氧气的人之一，还是发现电镀过程、成功制造干电池，以及观察到热电流的第一人。这份成就清单相当令人赞叹！

对任何主题来说，被放进"边栏"的待遇都鲜少公平，但在里特尔的例子中，这样简短的生平介绍和他人生的真实情况相比，两者的差距又远超大多数主题。这些成就都是历史学家在他去世多年之后，以"后见之明"意识到了其工作的意义，才归功于他的。在他有生之年，除了一个由他的热情支持者组成的小圈子之外，很少得到其他人的认可。事实上，和他同时代的人认为他是一个奇怪并且难相处的人——聪明，但却烦恼缠身。他活着时真正使他名声远扬的并不是科学上的那些"第一"，而是他在自己身上实施的那些古怪的、自虐式的电学实验：其实验方法令朋友困扰，令同事震惊。

年轻的梦想家

1776 年 12 月 16 日，里特尔生于西里西亚的小镇萨米兹——位于今天的波兰。他的父亲是一位新教牧师，他尽其所能鼓励年轻的里特尔从事受人尊敬的职业，但是这个男孩令他相当头疼。里特尔非常聪明，是个梦想家。他总是钻在书里阅读那些最奇怪的东西——天文学、化学……天知道还有什么。1791 年，十五岁的里特尔由父亲安排去邻近的里格尼茨镇做药剂师学徒，尽管里特尔没费多长时间就掌握了必要的技能，他的雇主却对他抱怨不断。"这孩子就不能对顾客友好一些吗？""他怎么老在那儿一声不吭地沉思？""他就不能更整洁些吗？"牧师先生为他儿子的未来担忧起来。如果老里特尔先生知道他儿子脑中翻腾的都是些什么点子，会更担忧。所有这些从书中学到的东西全都灌进了这孩子的脑袋——科学、历史、诗歌、神秘论——这些东西在那里交错缠结在一起，成了古怪、奇异的幻想。里特尔对制作膏药、粉末来缓解里格尼茨镇中产阶级镇民的伤病抱怨并无兴趣。但他却对深入地窥探自然的神秘产生了强烈的渴望。他梦想着成为一名学者，或者诗人，步入晦涩、隐秘的知识殿堂。然而这样的雄心，对一个中等收入的牧师的儿子来说根本不实际。

路易吉·伽尔瓦尼的青蛙实验展现了电流和肌肉运动之间有趣的联系，这尤其点燃了少年里特尔的想象力。伽尔瓦尼的工作在里特尔看来，暗示了电流或许恰恰是赋予生命以活力的东西本身。当然，其他人也同时想到了这一点，因此在 18 世纪的最后几年里，整个欧洲的许多研究者都忙着在实验室里解剖青蛙，让这些两栖动物的大腿上演令人毛骨悚然的"电舞"。

伽尔瓦尼发现的这种形式的电流看起来在生物体内流动（或许也正是由生物体制造出来的），后来以"伽尔瓦尼电流"的名字区分于静电而广为人知。对里特尔而言，这个谜题仿佛对他发出了召唤。他渴望了解更多，但只要还困在里格尼茨镇药店的柜台后面，他就没办法满足自己对知识的渴望。

随后命运改变了一切。1795 年，里特尔的父亲去世，留给了他一笔为数不多的遗产。里特尔即刻辞掉了工作，收拾行李，和母亲道别，然后出发去德国中部的耶拿大学实现自己的梦想。

当时，耶拿是艺术和知识的胜地。那里的咖啡馆坐满了诗人、科学家和学者。耶拿对里特尔这样雄心勃勃的年轻人来说是最好的地方。然而，他刚到这里时，却鲜少利用城市的丰富资源。因为对刚得到的自由太过兴奋，对开展电的研究又太过急切，他带着书和少许科学装置（青蛙、金属棒等）自己一个人缩进出租屋里，全无旁人指导地开始了实验。他的生活区域和实验区域连个界线也没有。盘子、脏衣服、死青蛙和空酒瓶全都丢放在一起。他自己承认，有一回他几乎几个月没离开房间半步，因为他"不知道有什么必要，也不知道谁值得他费功夫去拜访"。

为了进行实验，里特尔用了他能找到的最灵敏的电探测"设备"——他自己的身体。他在舌尖上面放一根锌棒，下面放一根银棒。放好后，他尝到一股酸味，说明有反应在发生。接着他制作出一个电路，将他伸出的舌头和金属棒相连，然后再与一对青蛙腿相连。他再一次尝到酸味，同时青蛙的双腿抽搐了一下，显示发生了伽尔瓦尼反应。他又在自己的眼球上进行了类似的实验（他看到光在自己的视野中舞动），还有他的鼻子（他体验到尖锐的疼痛和针刺般的感觉）。1798 年，在他来耶拿两年后，里特尔写了一本书发表了实验结果，书名叫《动物界持续的伽尔瓦尼电流与生命过程相伴的证明》。这本书在科学界口碑不错，使他获得了"经验丰富的实验人员"和"伽尔瓦尼电流专家"的名声。大学里的教授，诸如著名的亚历山大·冯·洪堡有时都会联系他，寻求他的科学意见，待他如同侪，而非学生。

里特尔也终于迈出了自己的房间，结识了耶拿的一些艺术家和知识分子。一开始人们不知该如何看待他。他完全缺乏都市文化人所具有的社交技巧。比起和人相处，他还是和死青蛙处得更自在一些，但是他身上有一些东西——他深沉的思索和他无师自通的百科全书式的知识——

令他们深感兴趣。很快他名声在外，被称为居住在耶拿的备受折磨的天才，一大批著名的知识分子并未被他的古怪吓住（或许恰是受其吸引），却和他成了朋友，包括诗人弗里德里希·冯·哈登贝格——他的笔名诺瓦里斯更为人熟知，以及弗里德里希·施莱格尔。这对里特尔来说是件幸事，因为他很快花光了手头的遗产，变得身无分文，只能靠新朋友们的施舍来度日。

里特尔做事完全不懂适可而止，他的行为总是走向极端，关于他奇怪习惯的故事被讲成了传奇。人们讲述他时而连日派对不断，时而又完全隔绝人群，整个人钻进工作里的故事。他总是在求人资助，而每次一有了钱他都会出手阔绰地购买书籍、科学设备以及给朋友的礼物。有一次他六个星期没换衬衫，直到衣服上的气味令人无法忍受，才把衣服送去清洗。在这段时间，他竟然完全不穿上衣。除了这件事，他还因为不讲卫生，导致牙齿开始掉落。不过，尽管他的生活方式几乎陷入一片混乱，但他在科学上的名声却稳步提升。而且他写的科学文章一直高产，经常在诸如路德维格·吉尔伯特所有的《物理年鉴》等期刊上发表。

伏特电堆成了情人和新娘

1800 年，意大利物理学家亚历山德罗·伏特公布的研究结果，改变了里特尔的人生。事实上，它改变了整个电学研究的方向。伏特展示了一个被他称为"人造电器官"的装置。尽管它确实长得很像一个高耸的男性生殖器官，但它很快以"伏特电堆"这个名字广为人知。它由成对垂直堆放的银盘和锌盘（或者铜盘和锌盘）组成，两种盘子之间隔着浸过浓盐水的布片或纸张。金属和浓盐水（电解质）发生化学反应，产生电流。

如果一个人将双手同时放在这堆盘子的顶部和底部的两极上，他会感觉到电流的刺痛。如果堆叠更多的盘子，电流会更加强力，刺痛会转变为使人疼痛的电击。盘子可以被无限量地堆叠，使电流变得更强大。伏特制造的是世界上第一个真正的电池，它可以长时间持续稳定地放出强有力的电流。

伏特电堆的发明给电的研究开启了无数的新方向。在其首次公布的几个月内，英国的研究者就用该设备将水电解成了氢气和氧气，此举很快被里特尔重现。人们还普遍开展了更多阴森可怖的实验：将最近被执行死刑的犯人的尸体运送到手术室，在观众围观下，研究者们使用从电堆引出的金属线，使尸体面部扭曲，现出恐怖的表情，或者使他们的大腿扭转和弹动，就像牵线木偶一样。

里特尔迅速爱上了伏特电堆。他开始着手建造自己的电堆，忙于改造它，以及为它找寻新的应用方式。接下来的两年是他人生中最高产的两年，就好像电堆也给他的智慧充了电一样。他的所有"第一"几乎都发生在这个时期，包括发现电镀过程，观察到热电流现象，以及造出干电池（伏特电堆的一个变体）。

但对里特尔来说，伏特电堆最令人兴奋的一面是它使得他可以用身体体验伽尔瓦尼电流。这就像一扇进入能量世界的大门一样，这不可见的能量世界就在他的周围振动着、喧闹着。他无法抵挡这种诱惑，想要接入这个世界，发现它的秘密，让自己承受其电流的刺痛。

里特尔之前曾经在伽尔瓦尼实验中用过自己的身体，比如把自己的舌头用电路与死青蛙连在一起，但是伏特电堆能生成大得多的电流。实际上，它是一个惩罚人的情人，尽管他情愿承受它的鞭挞。这种情话式的语言可不是作者在矫情，里特尔自己就是这么说的。1802 年 1 月，就在他着手建造一个巨大的、由六百个金属盘组成的电堆之前，他给出版商的信里这样写道："明天我将与我的电池结婚！"至少一开始，他的出版商估计并没有意识到，他这话不是比喻，而是字面的意思。

里特尔堆起金属盘数量在六十到一百之间的电堆——这个数量可以生成强有力的电击——开始了他的伏特自我实验。随后他系统性地用身体的各个感觉器官碰触电堆的接线。

首先他用双手握住两根接线，使电流的刺痛感一路蔓延到肩膀。他双臂的肌肉扭曲和抽动着。令他感兴趣的是，电堆的正负两极会造成不同感觉。比如，他的身体在闭合电路里连接得越久——有时候达一个小时之久——连接正极的手就会越温暖和灵活，而连接负极的手则会越冰凉和僵硬，就像暴露在冷风中一样。

接着他小心地把接线放在他的舌头上。正极的连接处产生一股酸味——一小会儿之后他的舌头感觉如同肿了一样。他从负极尝到了碱的味道，产生空洞的感觉，仿佛他的舌头中间形成了巨大的洞。把两根接线都伸进鼻子会使他打喷嚏。当两根线伸进他的耳朵，他在负极一端听见了尖锐的噼啪声，而在正极那端听到的是低沉的噪音，仿佛他的脑袋充满了沙子一样。最后，他小心翼翼地用接线触碰自己的眼球。奇怪的色彩在视野中晃动着。在一只眼里，形状发生了扭曲变形——他看到蓝色的闪光，物体闪烁着向外弯曲。在另一只眼里，他注视的一切都变得更小更鲜明，蒙着一层红色。

然而，里特尔并没有结束他的测试。还有一个感觉器官，身体的那一部分，他写道："在其集中性和完整性之下，个人对自我的感受达到了顶峰。"那就是他的生殖器。里特尔实在是个太全面彻底的实验者了，不可能忽略这个器官。

他等待黑暗的降临，以便实施这实验。他小心地锁好门。这样不光是为了挡住突然闯入的邻居，不让他们看到自己不雅的姿态，同时，这也是因为他需要完全放松的状态，使自己将注意力完全集中于他和电池之间的互动。

他的生殖器开始时处于中度勃起的状态。他用一块浸了微温牛奶的布包裹住它（他肯定是觉得牛奶对他的皮肤比浓盐水温和）。随后，他轻柔地用正极的接线触碰布块，同时，另一只手（已浸湿以获得更好的导电性）接触负极的线使得电路闭合。电击震了他一下，接着是一阵舒适的刺痛感。不出所料地，他的生殖器发生了勃起，随后继续勃起。这种感觉，他承认，还挺舒服的。从腹股沟传来一阵暖意。很快他勃起到了最大限度，但是他还负责任地继续让电流流动。愉悦感越来越强烈，一波波向他袭来，直到最终——达到了顶点。这时候，他结束了实验。他下了结论，这次的实验非常成功。

如果里特尔止步于此，他的自我实验可能会以"不过有点儿古怪、略超出正常科学实践范围"而被人们记住。但出于做事走极端的习惯，他并没有因此停下来，而是继续实验。他在电堆上堆叠了越来越多的金属盘——一百五十个，一百七十五个，两百个。这样的强度足以严重损害他的身体，但他确实也这么做了。

在他残酷的自我实验下，他的双眼被感染，还经常性地头疼，肌肉痉挛、麻木，胃绞痛，肺部也充满积液，除此之外，他还暂时性地失去了大部分味觉。有时头晕会令他摔倒，一种压倒性的疲倦感，也会持续数周之久，使他连下床也变得困难。有一回，电流使他的一只手臂瘫痪了一周。即使这样，他依旧没有停止实验，只是对身体不能承受更强的电流感到苦恼。面对如此困难的实验，他写道："我没有畏惧于通过经常性的重复实验，以彻底确保其结果的不变性。"

他有时会为了增加实验的多样性，想出一个并不直接涉及伏特电堆的折磨人的实验。他认为阳光是电能的一种形式，为了验证这个理论，便决定将盯着太阳看的体验，和他将伏特电堆的接线放进眼睛里看到的那些色彩进行比较。在坚定的决心下，他一只眼睁开盯着太阳看了二十分钟。他盯着太阳看了又看。在他的视野中出现了一个紫色的点。点的颜色加深了，随后，过了很久，这个点的颜色淡化成为均匀的黄色影子。他的那只眼睛失明了一个月，但是在视觉完全恢复之前，他又在另一只眼睛上重复了这个实验。

里特尔不仅想让自己承受比伏特电堆更强的电流，还想承受更长的时间。他把自己的身体当成一个测量工具，观察和记录伏特电堆的波动周期，就好像电堆是一个有生命的生物体，其力量会根据其变化的情绪起伏一样。他仔细地绘制出了其强度的小时波动情况和日波动情况，随着时间推移，他得以制作出电堆反复无常性情的年度日历，总结出它在冬季更强，夏季更弱的结论。

他对伏特电堆的痴迷，占据了他越来越多的时间。就像关系出了问题的恋人，他总是守在它身边，满足它的所有需求，然而，他的恋人正在伤害他。为了疗伤，他饮酒、吸食违禁药物，让自己能忍受和这个"心灵伴侣"更长时间的相处，这又反过来加速了他自我毁灭的循环。有一次他在自己的日志中写道，他刚刚完成了连续五天"接入电池"的尝试。

里特尔曾经是德国科学界的天之骄子。但当人们听闻他的自我实验后，纷纷对他摇头。他似乎跨过了任何人都不应该跨过的隐形界线，而且跨过之后就无法回头。如果他的行为没有影响到他的科学写作，也许人们还能容忍，但他给期刊的投稿越来越语无伦次，需要编辑们大加修改，才能梳理出文中的意思。"从来没有哪个物理学家如此毫不在意地在自己身上做实验。"一位编辑评论道，"在此提醒任何人都不要像他这样做。"带着受虐狂的骄傲，里特尔写道：他认为这件事不大可能发生，因为极少有人会愿意在自己身上复制他曾经承受的折磨。

康复与复发

1803 年，里特尔邂逅了一个人。他平日极少走出家门，那次出门后，一位名叫多罗西娅的年轻女性吸引了他的注意。十八岁的多罗西娅漂亮迷人。里特尔兴奋地写信给一个朋友，告诉他自己最近遇到的这位"讨人喜欢的姑娘"。但历史学家丹·克里斯坦森告诉他，多罗西娅显然是一名妓女。可里特尔依旧真诚地爱上了她。慢慢地，在多罗西娅的影响下，里特尔开始摆脱伏特电堆的邪恶咒语。

就好像从黑暗的梦境中醒转过来一样，他回归了看似正常的生活。

然而，大学的管理层对里特尔越来越不满。他的自我实验已经够让人困扰，并且教员们开始怀疑他到底有没有想过毕业的事。当时是 1804 年，他已经当了八年学生！管理层决定，到了他该离开的时候了。他们意识到里特尔付不起毕业的费用，于是提出费用减半。一开始，里特尔表示反对。他不想离开。他喜欢自己无忧无虑的生活方式。但是随着来自校方的压力越来越大，他重新考虑了一下。也许确实是时候了，他想，向前走，开始他人生新的篇章。毕竟，他的很多朋友已经离开了耶拿。也许是时候成为社会一员，负起该负的责任了，现在他也有了想要一起生活的伴侣。于是他接受了学校的提议。随后，为了证明自己投入新生活的决心，他和多罗西娅结了婚，开始寻找有钱可赚的工作。

里特尔的自我实验并没有彻底毁掉他的名声。还有很多人仍然认为他有成功的潜力，基于这样的预期以及他以往的成就，他在慕尼黑的皇家巴伐利亚学院获得了一个职位。一年的薪水是一千八百古尔登①，这对他来说是笔不小的财富，而且还有不用教书的额外好处。这对夫妇和他们新生的孩子高兴地收拾行李，前往慕尼黑。

里特尔仅有的一张肖像画就来自这个时期。这是一张木版画，描绘了一个身着正式军装的年轻人，以他受聘于皇家巴伐利亚学院为契机所绘。在画中，他看起来轮廓鲜明，十分体面。他的嘴部微翘，露出微笑的表情。可能他好多年都没有这么像样过了。

但是抛下过去的生活并没有那么容易。在慕尼黑，里特尔发现改变自己的生活方式比预想的要难。因为一些小事一直在困扰着他。

他不喜欢巴伐利亚人保守的态度。他的很多同事不同意他激进的观点，也无法忍受他的怪癖。而且生活开销比他预计的多。即使领着固定薪水，里特尔也只能勉强维持生计。随后又一个孩子降生了。里特尔忙得不可开交。

一个奇怪的新念头开始在他的脑子里躁动。他思忖，会不会所有被科学划归为超自然类别的现象，都是伽尔瓦尼式力量的体现呢？魔法会不会是物体之间电的交互作用呢？他听说过一个意大利年轻农民的传言，据说这个农民能用一根探测杆探测到地下的水源和金属矿藏。里特尔认为这值得调研。他沉思道，探测杆的晃动，就像青蛙腿受到电刺激之后的抽搐一样。他向巴伐利亚学院请愿，请求他们允许自己去意大利见见这个农民。学院的人很犹豫。他们怀疑这不是真正的科学，但是里特尔坚持要去，最终他们做出了让步。1806 年，他启程了，心中充满希望。他又一次踏上了前往未知领域的发现之旅。

一年后，里特尔回来了。他无比兴奋地确信，这个超自然现象正是一种形式的电活动。"我就站在通往巨大秘密的门口。"他宣称。他急切地向同事们演示自己的发现，给他们看，当手握重锤悬在人体不同部位

---

①古尔登：德国当时使用的一种货币单位，又译作"盾"。

的上方时，重锤是怎样奇妙地摆荡的。他的同事怀疑地互相交换眼色，之后在他背后议论道："里特尔在搞什么呀？如果我们放任他继续研究这些东西，他会变成学院的笑柄的！"

此前发表了里特尔很多文章的发行人路德维格·吉尔伯特，带头对他发起攻击。路德维格针对里特尔的重锤实验，发表了一篇言辞尖刻的评论文章，否认这个伪科学。他讽刺地评价道：这些实验能够提供的唯一知识，是关于人的理智能怎样被欺骗的知识。文章发表后，里特尔发现他的同事不再愿意和自己交谈。他仿佛变成了科学的弃儿。

受到惩罚的里特尔寻找着挽回的方法。走投无路下，他伸出了手，抓住了让自己感到安全的东西，他十分了解的东西。现在对他而言，虽然重锤背叛了他，但是他的旧爱——伏特电堆一直真诚待他。

当他提出要做更多的伏特电堆实验时，他的妻子肯定心存疑虑。"不要在你自己的身上做实验"。她可能会有这样的恳求。他向她保证他这次有别的计划。他一直对植物身上是否存在伽尔瓦尼电流感到好奇。现在他有机会寻找答案了。这次的实验绝对不会有危险。

于是伏特电堆又回到了里特尔的房子——就像古怪的爱情三角关系中的第三者一样。里特尔重新钻进了工作室。他给一个朋友写信，说自己"温情地"回到了他的实验中。他把自己的时间用在用伏特电堆刺激含羞草上，记录着这些植物在伽尔瓦尼电流的刺激下，叶片是如何弯曲，茎是如何扭动的。在他和植物一起度过的漫长时光里，他开始想象这些植物能感受到他的到来，并积极地对他做出反应——他（有点儿不祥意味地）记录道——尤其是当他清醒的时候。

尽管实验得到了些有趣的结果，但他的同事们却仍然冷落他。他在科学上的名声看起来已经没法修复了。多年的自我实验落下的老毛病也折磨着他。为了缓解这些痛苦，他开始大量酗酒，吸食更多违禁药物。他债台高筑，意识到自己没法负担整个家庭在慕尼黑的生活了。

1809 年，当拿破仑战争降临巴伐利亚时，里特尔的生活走到了崩溃的边缘。战争的影响导致学院停了他的薪水，这对他是相当沉重的打击。在没有资源可以依赖的情况下，他没办法供养自己的家庭。他变得绝望了起来，一筹莫展。最终他让妻儿去纽伦堡和朋友们一起生活，而他带着自己拿得动的书和科学仪器住进了一个小公寓。至此，他又孤身一人，和伏特电堆在一起，就像从前的日子一样。

就这样，里特尔再次回到了黑暗的房间。1809 年 12 月，一个里特尔的老相识，卡尔·冯·劳默尔过来看他时，被眼前的一切所震惊。

> 我发现里特尔身处一间脏脏、阴郁的房间，所有你能想象的东西：书、仪器、酒瓶——杂乱无章地放得到处都是。他本人处于一种难以描述的焦虑不安的状态，一脸闷闷不乐的敌意。他一瓶接着一瓶地猛灌红酒、咖啡、啤酒，以及各种饮料，就好像想扑灭体内的一团火一样……看到如此天赋异禀的人如此痛苦，身心如此受折磨，我感到非常痛心。

里特尔饥饿难耐。他得了肺结核，身体的不适使他无法下床去乞求食物。他写信给学院的成员，恳求他们的帮助："我中午没有东西可吃，除非谁能来帮我。"然后又写了一封，"请可怜可怜我。别生气，在我还没收到你的回信前又写信给你，你的答复无疑是善意的。"他的信无人回应。

1810 年 1 月 23 日，一群急救人员敲响他的大门。"里特尔！约翰！开门！"没有人回答。人们用别的什么方法把门弄开了。他们走进房间，拿袖口挡住鼻子，以阻挡难闻的气味，穿过一地的脏衣服、红酒瓶和散落的纸片。在这一片混乱中间，他们发现了里特尔瘫倒在床上，他的身体冰冷，早已失去了生命体征。

我们并不知道里特尔的伏特电堆是否还在房间里。也许他为了换钱已经把它卖掉了，但更可能的是他一直留着它，这是他和那个充满魔力、渴望探索的电世界最后的联系。如果确实如此，我们可以想象它在房间里被急救人员发现时的样子——站在那里嫉妒地守在他的遗体旁，在透过百叶窗照进来的光线中，轻柔而神秘地闪着微光。

如何电击一头大象

1904 年 2 月 10 日——美国纽约，科尼岛。

托尼走出职工宿舍，安静地把身后的门关好。这是个寒冷的夜晚。一阵风从东边吹来，带来海洋的气息。他点燃了一支烟，用力吸了一大口。

他的视线越过马路投向游乐场。在夏季，那里灯火通明，闪耀着成千上万只新安装的电灯的光芒。但现在，淡季时，那里几乎是全暗的。在游乐场上空，布满繁星。突然，托尼紧张了起来。他的身体前倾，双眼紧盯着黑暗中的什么东西。

"我的老天。"他喃喃道。他更仔细地看向那里，双眼恐惧地大睁着，然后呐喊起来："它回来了！它回来了！"

房门被打开，一个深色头发的人伸出头来。"嘿，托尼。你喊什么呢？"

"它回来了。托普茜回来了！"

深色头发的人，吉米，走出房门，后面跟着马可。

"你在说什么呀？托普茜是谁？"

"去年电死的那头大象！它回来了。"托尼指向马路尽头，他的声音略带歇斯底里，"你没看到它吗？它就在那儿。"

吉米和马可沿马路方向看去。吉米耸了耸肩。"我什么也没看到。"

托尼面色苍白，手臂颤抖着。"我们电死了它！我们做了可怕的事。它现在回来报仇了。"他喘息着，紧闭双唇，眼珠向后翻，瘫倒在地上。

"托尼，你还好吗？"吉米冲到托尼身边，抬头看马可，"快跑，叫人来帮忙！"

但是马可紧盯着道路的前方，脸上显出恐惧的神情。"我也看到它了，吉米。"他的声音很轻，几乎如同耳语，"太吓人了。它的鼻子向外喷出火花。它的双眼……就像燃烧的木炭一样。"

"你也疯了吗？"

"它的皮肤上布满火焰。太可怕了。它真的很生气。它想要报复……等等……它在消失。它消失了。我看不到它了。"

"你们俩到底怎么了？"

马可将一只手指放在嘴唇上。"嘘！听。你能听到它吗？"

"我没看到也没听到任何东西。"吉米爆发了，但是随后就停了下来。他确实听到了什么。他摇了摇头，似乎想让自己听得更清楚一些。肯定是他的意识造成的错觉，他想。可能只不过是几个街区外海浪拍打海岸的声音。但是某一时刻，仅仅一瞬间，他发誓自己听到了远处一只大象愤怒的嘶叫声，忽高忽低地响彻在夜风中。

1875 年，大象托普茜由马戏团老板亚当·弗瑞堡从印度进口，作为一名非自愿"移民"抵达了美国。走下船时，它已八岁，但弗瑞堡仍然拿它当小象来宣传，让它站在"朱诺①华丽的移动宫殿"———一个高三十英尺的房子上游行通过城市的主干道。马戏团老板的竞争对手 P.T. 巴纳姆说，托普茜并非小象，只不过是一只年轻的亚洲象罢了。这个物种比非洲象个头小。然而这种差别观众却看不出来，对观众而言，所有大象都差不多。

很快，托普茜的体形大到连最轻信的观众也不会相信这是一头小象了，因此它也不再享有主角的地位，成了又一只表演杂技的普通的马戏团大象。观众最喜欢的一个节目是托普茜和它的同伴们表演的方阵舞，这是一种由四对表演者上演的成方阵队形的舞蹈。驯养员会大喊："右边的男士，带你们的舞伴旋转。"于是大象们就会缓缓地迈出舞步。托普茜在很小的时候，就已经以爱捣蛋而出名了。在表演过程中，它经常会淘气地用象鼻去甩打别的象的臀部，喷它们一身木屑。这种捣蛋的习惯给它带来了糟糕的结果。一次它的胡闹把弗瑞堡气坏了，他用棍子从它背

_____

① 朱诺：罗马神话传说中奥林匹亚的神后，朱庇特的妻子，相当于希腊神话中的赫拉。

后揍它。这一棍打断了托普茜的尾巴，此后它有了"断尾巴"的绰号。

马戏团的生活对大象来说十分艰苦。它们被关在小笼子里，一次接一次地运往市镇，路上还必须忍受尖叫的人群和虐待它们的驯养员。经年累月的折磨使年岁渐长的托普茜脾气变得很坏。1900 年的一天，它情绪失控，杀死了两个驯养员。一个人在德克萨斯州韦科市被托普茜踩死，另一人在德克萨斯州巴黎市被它压死在身下。

杀了两个人给托普茜落下了坏名声，但是大象是马戏团的很大一笔投资，因此它被留了下来——直到 1902 年，它又杀了人。另一位驯养员乔赛亚·布朗特过来向它道早安。它的回应却是用象鼻把他举到半空，甩向地面，然后跪在了他的身上，压碎了他的肋骨。一开始人们不清楚为什么托普茜会攻击他，但它的其他驯养员后来发现它鼻子尖上有烧灼的痕迹，怀疑布朗特拿烟头烫伤过它。

托普茜被卖给了科尼岛月亮公园游乐园的所有者。在那里它被安排做搬运建筑材料的工作。与它相伴的是它多年的驯养员弗雷德里克·奥尔特，又名怀迪。它几乎只肯听他的话，但他的存在，事后看来，并非什么稳定因素。因为怀迪是个一喝酒就发疯的人。现在的他正走在自我毁灭的路上，而且他还决定拽着托普茜一起毁灭。1902 年 11 月，警察因虐待动物传讯了他，因为他用一根长柄叉戳刺托普茜，令它眼睛周围受伤。一个月之后，12 月 5 日，他领着托普茜在科尼岛上到处横冲直撞。

怀迪在头顶挥舞着一根长柄叉，大喊大叫地骑着托普茜沿着瑟夫大道向前冲，一群惊恐的居民保持着安全距离在他们身后跟随。最后它停在了海门高级社区门口，拒绝前进。随后一位警官用枪指着怀迪，带他进了警察局。但当这个醉醺醺的驯养员被带进办公室时，托普茜跟了进去，还将前门合页撞断了，把它六吨的身体整个挤进了门框中。

警察们惊恐地四散开来，这时托普茜大声地嘶叫起来。房间的大梁不祥地咯吱咯吱响起来。

怀迪以受到警告而结束了这次冒险，作为交换，他领托普茜回到象舍，并承诺在未来注意自己的行为。但是几周后，他又故态复萌，从象舍放出托普茜，领它瞄准一群意大利工人，然后告诉它"教训他们"。工人们恐慌地四散逃窜。

　　月亮公园的所有者决定辞退怀迪，但是怀迪不在，托普茜就成了累赘。没有动物园愿意要它，也没有其他的驯养员能控制得了它。看起来除了杀了它别无选择。然而更具讽刺意味的是，正是这个决定，使托普茜被写进了历史书，进入了一个更大的故事中——两位产业巨人正在进行较量，他们争论着应该以哪种方式输电供整个美国使用。

一场关于电流的较量

　　19 世纪末，电不再止步于科学趣味，它成了我们今天所知道的——日常生活不可或缺的东西。这一转变的一个关键因素是，托马斯·爱迪生发明的廉价、性能可靠的电灯，并在 1879 年首次向惊讶不已的公众展示了这一发明。当然，如果没有电，电灯将毫无用处，而爱迪生对供电也有自己的构想。他的公司，爱迪生照明公司（Edison Electric），于 1882 年在纽约珍珠街建成了其第一座发电厂，很快就照亮了纽约下城区很大一部分地区。其他城市强烈要求得到爱迪生的服务。他的电力系统无疑是成功的。

　　然而，爱迪生对市场的占有并没有持续很久。他很快就遇到了一个强劲的竞争对手——乔治·威斯汀豪斯。威斯汀豪斯因为发明了一种新的火车制动系统，而积累了一大笔财富。原有的火车制动方法要求制动员在每个车厢都进行刹车操作，他们必须穿梭于车厢间完成列车的制动。威斯汀豪斯开发出了一种压缩空气系统，使所有车厢可以同时被制动。赚得盆满钵满的威斯汀豪斯确信——很大程度上缘于爱迪生的成功——这是绝不能忽略的赚钱买卖，所以决定进军电力生意。同时，他也自认为知道打败爱迪生的方法。

　　输送电流有两种方式：直流电（DC），其电流方向不变；或者交流电（AC），其电流往返运动，方向不断改变，每秒改变多次。爱迪生的系统用的是直流电。这是经过验证的可靠技术，但它有一个很大的缺陷：不能长距离传输电力。发电厂需要离终端用户很近——在一英里之内。然而这并没有让爱迪生感到担忧，因为出于他的想象，每个城镇都将拥有自己的发电厂。

威斯汀豪斯认为自己可以用围绕交流电设计出来的系统来打败爱迪生。这一技术更为复杂，也不大受人理解——爱迪生认为它过于复杂，不可能派上用场——但威斯汀豪斯赌上运气，认为如果他的工程师们能让它运作起来，它会廉价得多，因为交流电可以非常经济地跨长距离传输电力。这样，一个发电厂就可以给一大片地理区域供电。另外，威斯汀豪斯还有一个秘密武器。他最近雇用了一名聪颖的年轻发明家，尼古拉·特斯拉。特斯拉承诺自己有办法解决交流电系统存在的很多技术挑战。

于是，这场为了争夺电力市场控制权的历史性较量，对战双方就这样定了。这将是交流电对阵直流电的比拼，爱迪生的队伍站在直流电一方，威斯汀豪斯的阵营位于交流电一方。历史学家将这场比拼形容为关于电流的较量。

较量的首战胜利属于威斯汀豪斯。特斯拉兑现了他的承诺。到了1888 年，威斯汀豪斯建成了他的第一座发电厂，业务供不应求。这令爱迪生，以及所有生意依赖于直流输电的人们极为担忧，他们怀疑自己是不是用了很快就会过时的技术。

但是直流电的支持者们并不打算不战而降。也许直流电单在技术优势上无法打败交流电，但是还有其他非常规的方法，可以令舆论重新倒向支持直流电的一边。1888 年 6 月 5 日，《纽约邮报》上发表了一封信，它标志着这场争斗进入了更血腥的新阶段。

这封信的作者名叫哈罗德·皮特尼·布朗，是一个年方三十、默默无闻、自学成才的电气工程师。他落笔毫不留情。"交流电，"他声讨道，"该用令人厌恨，或者更强烈的字眼来形容。"他承认，使用交流电确实比直流电成本低，但是让交流电线穿过社区，人们是在不自觉地将自己的生命置于险境。他警告说："头顶上的一根交流电线，就像'火药厂里燃烧的蜡烛'一样危险，不可避免会有人因此丧生。"接着，他又坚称，"一根直流电线绝对安全。人们真的愿意为了多攒下几块钱而付出生命的代价吗？"

这封信引发了激烈的论战。交流电的支持者称他的指控毫无根据，但是爱迪生意识到机会来了。他想，也许布朗觉察到了一些重要的东西。也许让顾客确信交流电有危险能使他们远离交流电。这个策略值得一试。最起码，暗中给布朗点钱，让他为自己摇旗呐喊，并不会有什么损失。而沉浸在自己刚刚获得的名声和关注中的布朗，欣然接受了这份差事。

电击鸟类

1750 年 12 月 23 日——宾夕法尼亚州，费城。

火鸡疑惑地注视着房间另一头的本杰明·富兰克林。中年、微胖、已经开始秃顶的富兰克林，对他的电装置做了最后一次检查，一群人站他身后饶有兴致地旁观。装置由数个六加仑容量的玻璃广口瓶组成，瓶身外面包裹着一层锡。一些金属棒从瓶口伸出，金属棒连接着铜线。富兰克林站直身子，赞许地点了点头。与此同时，那只被绑在桌腿上的火鸡，看看富兰克林，又瞅瞅那群人，然后忧惧地咯咯叫了几声。

"这只鸡不大高兴。"一个人说。

"但等它进了我的肚子，我会很高兴。"富兰克林回复道，大家都笑了，"你会发现的，用电击宰杀的鸡，肉吃起来会异常的柔嫩好嚼。"

"那就快些动手吧，"另一个人说，"我已经准备好开吃了！"

话音未落，火鸡又咯咯叫了几声。

富兰克林微微一笑。"马上就好。我们准备得差不多了。广口瓶已经充电。现在万事俱备，只差这只鸡了。"所有人都转身看着火鸡，火鸡也警惕地看向他们。

富兰克林捡起地上放着的一条锁链给人群看。"这条锁链与广口瓶外部相连。我们得把空着的这一端系在火鸡身上。菲利普，可以请你把火鸡抓过来吗？"

菲利普从人群中闪身而出，走向火鸡。他解开绑它的绳子，然后拽着它脖子上系的那根绳子，把它拉向富兰克林。火鸡愤怒地咯咯叫着。

"好。现在抓住它的翅膀，这样我可以把锁链绕在它的大腿上绑好。"

菲利普把这只鸡的翅膀拽向它的脑后，富兰克林跪在它面前。火鸡气愤地瞪眼看他。就在这一刻，富兰克林的妻子，德博拉，走进了房间。

"哎呀，先生们，你们还在折腾那只火鸡吗？"

走神的富兰克林站起身，手中还拿着那条锁链。"就快完成了，亲爱的。"

"快一点吧。火烧得正旺。我们得抓紧烤这只鸡。"

"我们电击它之后就好，我会去掉它的头，把它拿进去开膛和备料。"

"我们生活在怎样的时代呀！"一个人说，"用一只电宰火鸡来欢庆圣诞。"

"而且还是用电烤的！"另一个人补充道。

人群继续着交谈。富兰克林一边留意着火鸡，一边听着善意的玩笑话。人群中爆发出一阵大笑声，他看过去，也轻声地笑了。他心不在焉地向连接广口瓶的铜线伸出自己空着的那只手。突然间，出现一道闪光，砰的一声巨响，就像谁开了一枪一样。

"啊——"富兰克林大喊一声，跟跟跄跄地向后退了数英尺，然后浑身无力地跪坐在地上。他的双臂和上身开始剧烈地哆嗦。

"本！"德博拉大喊。人们冲到富兰克林四周扶住他，免得他在浑身颤抖时摔倒。

"他碰到了瓶子。受了完全放电的电击！"菲利普说。

"给他点空气。"另一个人命令道。

德博拉推开人群，抱住她的丈夫，他身体的抽搐慢慢地平息下来。"本！你还好吗？"

富兰克林脸色苍白，呆呆地看向她。

"本，说话呀。你受伤了吗？"

他目光呆滞，表情茫然。

"本！"德博拉再次大喊。

他张开嘴但却说不出话。"到……到底发——生了什么？"他终于气喘吁吁地说出了口。

就在那一刻，火鸡发出了自满的一声咯叫，就像对他的回答一样。

在 18 世纪上半叶，一场电的风潮席卷了欧洲。实验者们发现，他们可以操控无生命的物体，诸如玻璃棒或金属杆，来制造各种各样惊人的电效应。带电的物体奇妙地吸引羽毛和小纸片，从手指尖冒出电火花，用电点燃烈酒和火药……人们蜂拥而至，前来观看最新的惊人表演——那个时候，这可是很重要的娱乐——而且实验者们还相互竞争，看谁能想象出更令人目眩的表演。就是这些对电的热情追求，发展出了我们今天所生活的通电的世界，发展出了电视机、电脑，以及被灯光照亮的家居环境。电学诞生的故事已经被讲过很多遍了，但是人们鲜少感激 18 世纪电学革命中那些无声的英雄：鸟类。这些生物——苍头燕雀、麻雀、鸡、火鸡，等等——它们霉运当头，成了早期电学家们搞研究最爱用的动物。

神奇的悬空带电男孩

第一个真正令欧洲观众大为感兴趣的带电实验是斯蒂芬·格雷的"孤儿院男孩"演示。一名年幼的孤儿被从房顶吊挂下来，他带电的身体产生电火花，吸引诸如金箔和纸片等物体。不过那个位置原本还有一只鸡，因为格雷也在一只"大白公鸡"身上进行过这项实验。

格雷做了大半辈子染工，18 世纪 20 年代，退休后住在伦敦的卡尔特修道院，这是一个为运气不佳的绅士们准备的居所。做一名染工无法让他成为绅士，但是在他的职业生涯中，出于对科学的共同热爱，他和英国皇家学会的一些成员建立起了友谊。这些朋友运用他们的影响力帮他在卡尔特修道院安排了一间住房，在那儿他也没有别的什么事情可做，于是他决定开展带电实验。

那时候人们对电几乎一无所知，唯一知道的是如果你摩擦特定的物体，比如说玻璃或者琥珀，它们能吸引一些轻小的物体——羽毛、纸片、谷壳等等。在摩擦时会产生吸引力的物体被称为"带电体"。这一名词来自希腊语中的琥珀：elektron。格雷对这些"带电体"深感兴趣，他坐在自己的房间里，时不时摩擦一根玻璃管，并用它来吸附羽毛。但是他很快发现了奇怪的事。当他把一个木塞放进玻璃管中时，它居然也获得了吸引羽毛的能力。这种吸引力以某种方式从玻璃传递到了木塞上，尽管木塞本身并不是"带电体"。

意识到自己发现了重要的东西，格雷开始尝试能将这种"带电特性"传递多远。他将一根金属棒插入木塞中，将塑料绳系在金属棒上，然后在塑料绳另一端系上一个水壶。令人惊奇的是，当他摩擦玻璃管时，连接着的水壶也能吸引羽毛了。他接着寻找其他可以被通电的物体，最终发现这一套方法可以在火铲、银质水壶、铁质拨火棍以及其他一些东西身上奏效。对此大感兴趣的他，将探索的网继续铺开。卡尔特修道院里住的都是老年人，要想在他们身上做带电实验可是会惹上麻烦的。碰巧一名孤儿在游荡时走了进来。

格雷用丝绸制作了一个吊带，将这名四十七磅重的男孩从他房间的天花板吊下来，与地面平行。男孩将他的两臂伸开。格雷摩擦玻璃管，并用它碰触男孩光着的脚面。灰尘和羽绒飘浮起来，向着男孩的手边飞去。在那些围观的老年人看来，这一幕一定如同魔法一样。

格雷将他的发现分享给了英国皇家学会的成员格兰维尔·惠勒，然后他们一起继续实验。他们这回将惠勒的侍从吊了起来，发现如果伸出一根手指触碰带电的侍从，就会被电击刺到一下。这招越试越灵。接着，他们又好奇于这一现象是否仅作用于人类，他们接下来在另一种生物——白公鸡身上进行了实验。他们将公鸡绑在丝绸吊带上，小心地用玻璃棒碰它。令他们感到高兴的是，效果和在男孩身上的一样。两个人围着公鸡，在公鸡紧张的叫声中，将他们的手指伸向它。他们从它的喙、鸡冠和脚爪处都引出了电火花。这只无名的公鸡成了世界上第一只带电的实验动物。

出于对科学的兴趣，两个人接着将鸡宰杀以确认其身体是否仍然能产生电火花。答案是肯定的。把内脏去掉也不影响这一效应。估计两位研究者以晚餐吃掉这只鸡结束了一天的工作，但是这一点他们倒并没有汇报给皇家学会。

由于他的实验，格雷被皇家学会授予了正式成员的资格——这对于一名染工来说是罕见的荣誉。关于格雷悬空男孩实验的传言迅速传遍了欧洲大陆，那些有抱负的电学家（那时这样称呼电学研究者）在沙龙或者演讲大厅里愉快的为观众们上演这个实验的不同版本。到了18世纪30年代末，这一表演变得格外受欢迎，以至于你可以从装置制造商那里买到悬空男孩的全套电工具包，包括丝绸吊带和玻璃棒——就像如今你能从成人商品目录里买到的一样。不过男孩你得自己去找。格雷的悬空公鸡仅仅成了历史上的一个脚注，但是电学家们并没有忘记鸟类，他们对鸟类的兴趣才刚刚开始。

更强的电击，莱顿瓶和宦官

1730年到1745年间，电学方面的创新突飞猛进。发明家们开始着手尝试生成更高的电量来实现更激动人心的效果。他们将格雷使用的玻璃棒替换成可以由曲柄转动的玻璃球体或柱体构成的机器。实验人员开始用手，摩擦旋转中的玻璃体来产生电。他们发现，如果在玻璃球体旁边挂一根金属棍——比如枪筒、剑或者中空的望远镜筒——使其处于几乎碰到球体的位置，它就能收集电，且能累积更高的电量。这就使实验人员得以做出诸如"维纳斯的电击"这样的惊人表演。在这个表演中，一位年轻貌美的女士，身上连接一根隐藏的金属丝，通过金属丝的传导而带电，她站在一块不导电的蜡版上，这样能避免电流接地时"逃逸"。当一个想要成为罗密欧的人上前尝试亲吻她时，他的电击会从她的嘴唇跃到他的嘴唇上，这时他会感觉到刺痛。随着时间推移，这种机器越来越强力，这类实验的受试对象开始抱怨电击实际上让人相当痛。到了1745年，这些实验机器已经能生成较为强力的电击，足以使安德鲁·戈登——德国萨克森州教书的本笃会修道士——杀死一只苍头燕雀了。

这只鸟是第一只有记载的被人造电流杀死的动物。第二年，也就是1746年，这是一个电学历史上的重要年份。在这一年里，莱顿瓶得以发明，该装置使实验人员第一次制造出真正强有力的电击。装置取名自荷兰的莱顿市——它被发明出来的地方。一位名叫彼得·范·穆申布罗克的教授和他的好友——一位名叫安德烈亚斯·库那乌斯的律师。在研究水中能否存储电的时候发明了它。库那乌斯独自一人在实验室里工作时，将一根金属丝伸进了一个放了半瓶水的玻璃广口瓶里。倒是多亏他并没有很多科学研究经验，他没有像那些经验丰富的电学家那样把玻璃瓶放在绝缘表面上，而是托在了自己手上，无意间给玻璃瓶外侧接了地，将广口瓶变成了一个电容器。当他无意识地触碰到通进瓶中的金属丝时，他为高电荷的瓶子内部和接地的外部制造了一个通路，结果产生的电击将他击倒在地。他把发生的一切告诉了穆申布罗克，这位教授自己也试了一遍。他也感觉到了强烈、猛然的一击。电击太过强烈，以至于他发誓再也不重复这项实验。他也力劝任何人都不要再行尝试了。

当然，他的劝告被无视了。莱顿瓶令科学家们大为吃惊。在那之前，电只不过是令人感到有趣和新奇的小玩意儿，一种制造引人入胜的小火花，让人微有疼感的电击的现象而已。但是现在，几乎在一夜之间，它成了一种强大到足以将一名成年男子击倒在地的力量。整个欧洲的研究人员都抢着制造他们自己的莱顿瓶。这些研究人员所做的第一件事就是，在鸟身上测试这个装置的杀伤力。法国的物理学家让-安托万·诺莱——自认为是欧洲领先的电学专家，同时在一只麻雀和一只苍头燕雀身上测试了莱顿瓶。他将两只鸟分别系在一把铜尺的两端，铜尺中心有一个木质球状突起，他可以握着这里。然后他用麻雀的头触碰瓶身外侧，用苍头燕雀的头触碰一根连接内部的棒子。见证了这一实验的约翰·特伯维尔·尼达姆写信给英国皇家学会，描述了接下来发生的事：

> 第一次实验的结果是两只鸟双双被瞬间击昏，一动不动。几分钟之后，它们苏醒了过来。但第二次实验，麻雀被电击致死，经检查发现身上并无乌青，就像被闪电击死一样，体内大多数血管都因为电击而爆裂。苍头燕雀像之前一样恢复了过来。

诺莱将电击一连串生命体的主意延伸成了更壮观的表演，这回他用的是人。在法国国王的观摩下，诺莱指示国王的一百八十名皇家警卫手牵手。这个队伍一端的人触碰连接莱顿瓶内部的棒子，随后，当诺莱发话时，另一端原地待命的警卫去触碰瓶子的外壁。就在他这样做时，一股电流穿过了整个队伍，一百八十名警卫同时蹦了起来。接着诺莱又在天主教加尔都西会整个修道院的修道士身上重复了这一招。这一次同样，正如尼达姆的报告中所写："整群人同一瞬间突然跳了起来，所有人都同样感到了电击。"

随后的一次重复诺莱"人体链"实验的尝试得到了未曾预料到的结果。约瑟夫-艾尼昂·西戈·德拉丰尝试在六十人中间传导一次电流，但是电流每一次都在第六个人那里停下来。"这个男人性无能！"流言在王宫里被窃笑着传来传去，"他阻挡了电流！"西戈的说法更为婉转，他指出这个人不能传导电流因为他并不具有"构成一个男人的全部特征"。所有人都认为有必要对这一现象做进一步的验证。于是西戈找来了国王的三位乐师（三人都被证实为宦官），让他们手牵手，然后让他们承受莱顿瓶的电击。他们非常有活力地跳了起来！原来在之前的实验里，并非是缺乏生育力阻碍了电流传导，只是因为那个人恰好站在一个水坑中，水坑将电流导入了地下。

与此同时，在波兰，格但斯克市的市长丹尼尔·格雷拉斯造了一个莱顿瓶来击杀甲壳虫。随后，就像诺莱一样，他弄死了几只麻雀。由于好奇这个瓶子致命威力的极限所在，他又在一只鹅身上试了一下，但是莱顿瓶终于碰上了和它势均力敌的对手。这只鹅翻身倒地，就像死了一样，但是它很快就恢复了过来，然后嘎嘎叫着跑开了。然而，格雷拉斯的实验并非一无所获。在他做击杀实验的过程中，发现莱顿瓶可以被连接在一起以制造更强力的电击，强度仅受限于瓶子的个数。他把这样连接在一起的瓶子称为一个"电池"，因为当它们释放出电流时，发出的爆破声就如同一座加农炮炮台①发射一样。

当然，实验者们绝非单纯出于好玩才电击鸟类。他们这样做是因为没有别的法子来测量电能。如今，我们可以开车去五金店买一只电压表，但在18世纪40年代可没有这个选项。电压单位"伏特"的叫法取自亚历山德罗·伏特的名字，而这位伏特先生1745年才刚刚出生而已。因此当时鸟儿被当成了估算电能的便捷工具。也就是说，研究者可以说电能"强到足以杀死一只麻雀，但电不死鹅"。这种测量方式不大精确，但是具有描述性，引起了人们的注意。

然而，并非人人都同意电击鸟类在道德上属于正当行为。莱比锡②的约翰·亨利·温克勒教授在1746年写信给皇家学会："我自柏林的报纸读到，他们在鸟身上实验这些一闪而过的电，因此令它们遭受巨大的痛苦。我没有重复这一实验，因为我认为给予有生命的生物这样的痛苦是错误的。"

然而温克勒也对莱顿瓶的效应感到好奇，不过他没有用鸟类，而是在他妻子的身上进行了实验。他报告说："她在那之后感到特别虚弱，几乎无法走路。"一周后她看起来已经恢复了，于是他又电击了她一次。这一回她流鼻血了。这种体验对她来说显然并不舒适，但至少没有鸟儿受到伤害。

本杰明·富兰克林对阵火鸡

在大西洋另一边，令欧洲人喜爱的电的实验最终引起了一个人的注

---

① 加农炮炮台：英语中炮台的单词与电池同，也为"battery"。
② 莱比锡：德国东部城市。

意，这个人很快就会成为 18 世纪启蒙运动中最著名的人物之一，他就是本杰明·富兰克林。

富兰克林第一次目睹电现象的演示是在 1743 年，当时他观看了一位在各地巡回授课的苏格兰讲师阿奇博尔德·斯潘塞博士的表演。他即刻就被吸引住了，于是他买了斯潘塞的装置，并开始了自己的实验。

富兰克林声名鹊起的很大一部分原因在于他对电的研究。很多历史学家声称他实际上是 18 世纪最重要的电学科学家。正是富兰克林提出了"单电流体"理论，他主张电流是单独一种力，可以展现出正负两种状态——这些术语我们如今仍然在使用。他也是提出用实验证明闪电是一种电现象的第一人。而且，介绍他不能省略的是，他还发明了避雷针。但在 18 世纪 40 年代末期，当富兰克林刚开始电的研究时，大多数欧洲科学家也只是觉得他比殖民地自命不凡的新手好那么一点点。他们认为他能做出的最重要的贡献不过是告诉他们在美国独有的鸟类火鸡身上施以较强的电击会如何而已。

富兰克林迎合了这个关于火鸡的预期。1749 年，他写了一封长信给彼得·科林森，这是一名贵格会的商人，也是皇家学会的成员。富兰克林兴奋地描述了他所做的电的研究，大多数都是关于莱顿瓶的系统研究。最后富兰克林以幽默的口吻给这封信收了尾。由于夏季即将到来，湿度的原因将使电学实验变得困难。富兰克林告诉科林森他打算用一场以电为主题的"享乐派对"来结束这一季的实验，派对将在斯库基尔河岸边举行，这场盛会的主要活动将是电击一只火鸡：

> 一只火鸡将被电击宰杀来作为我们的晚餐；火鸡将用电动机烤制，炉火将由电瓶点燃；当英国、法国和德国所有著名的电学家祝酒时，他们将用电酒杯饮酒，酒杯将放出来自电池的电击。

"电动机"指的是一种原始的耗电的发动机，用来在火上翻转火鸡。"电瓶"是一只莱顿瓶。"电酒杯"是通电的玻璃杯，当人们想要喝酒时，酒杯就会放出一次电击。而"电池"指的是一组莱顿瓶。

科林森把富兰克林的信读给皇家学会听。他们忽略了大部分内容，但是电击火鸡的部分激发了他们的好奇心。他们让科林森告诉富兰克林，他们将"很乐于听到这一实验的结果"。

对这个用电宰杀火鸡的派对，富兰克林到底是不是认真的，我们并不是很清楚。他的口吻暗示他的建议可能只是个玩笑，而且也没有其他证据表明这个不同寻常的晚会的确发生过。即使富兰克林的"享乐派对"只是玩笑，但是皇家学会却要求他说到做到，是以现在富兰克林也不得不电击一只火鸡了。

富兰克林倒没有一上来就直面电击火鸡的挑战，而是从母鸡开始，慢慢换用更大的鸟。首先他将两只大莱顿瓶组装在一起，将一只母鸡放在合适的位置上，然后使它的头触碰瓶子。两只瓶子放出砰的一声，然后母鸡翻身死了。实验毫无故障地成功了，而且令富兰克林高兴的是，他随后发现鸡肉烹饪后"异常的柔嫩好嚼"。他推断这是因为强有力的电流将鸡肉的纤维分解和软化了，但事实上是因为电流放松了鸡的肌肉，干预了死后僵直的现象，这也是如今的家禽饲养者仍然在屠宰前电击它们的原因。

富兰克林接着用莱顿瓶击倒了另一只母鸡，但是他没有眼睁睁看着它死去，而是把它捡起来"不断重复向它的肺部吹气"来尝试使它恢复生机。几分钟后，这只鸡虚弱地恢复了意识，并发出了轻微的叫声。

愉快的富兰克林小心地把它放到地面上，于是它径直跑向一面墙并撞了上去。它活了过来，但电流使它失明了。然而，这是使用人工呼吸使电击受害者复活的第一个案例——富兰克林倒是很少因为这个成就得到赞誉。人们很乐于描绘后来成为美国开国国父的富兰克林在电闪雷鸣的暴风雨中放飞风筝的场景，但是给一只母鸡做口对喙的人工呼吸可能看起来不大庄重。

在他对母鸡的实验成功之后，富兰克林接着把目标转移到了火鸡身上。然而这些大鸟更具挑战性。事实上，在尝试用电流击杀一只火鸡的过程中，富兰克林差点儿把自己电死。

那是 1750 年的 12 月 23 日，还有两天就要到圣诞节了。一群人聚集在富兰克林的房间里想要见证壮观的火鸡电击实验。访客们心情都很好，红酒随意喝，交谈在活跃地进行着。在欢聚的人群中间，富兰克林准备好了两只莱顿瓶，最后喊周围所有的人来围观这一大事件。但是他自己承认，宾客的欢闹使他分了心。他一只手伸出去触碰莱顿瓶的顶部，测试它们是否已经充满了电，但忘记了自己另一只手还握着连接瓶子外部的锁链。他的身体使电路闭合了。两天后他写信给自己的兄弟，描述那一下电击就像"穿过我整个身体从头到脚无处不在的攻击，好像在我体内，又好像哪里也不在"。他的身体剧烈地颤抖。几分钟内他一直头晕目眩地坐着，不知道到底发生了什么。慢慢地才回过神来。这之后的几天里，他的手臂和脖子一直是麻木的。他的手触碰瓶子的地方留下了很大一处伤痕。如果电击穿过了他的头部，很可能他就被电死了。

在鸟类对阵电学家的战役中，鸟类获得了最初的胜利。然而，富兰克林不打算放弃。毕竟，皇家学会还等着结果呢。于是，等他完全康复之后，他很勤勉地回到了火鸡实验上，但这次他小心得多了。富兰克林发现两个莱顿瓶不足以杀死一只火鸡。这些火鸡会剧烈地抽搐，然后摔倒，就像死了一样，但是十五分钟后它们会再次抬起头来，四下看看，然后恢复正常。因此富兰克林在电池组里又多加了三个莱顿瓶，就这样他成功地处决了一只十磅重的火鸡。皇家学院很高兴，他们祝贺富兰克林成为一名"非常有能力、有独创性的人"。

阿比尔高医生的弗兰肯鸡

在富兰克林之后，电学家们继续经常性地电击鸟类，但没有什么特别有新意的实验发生，直到1775年，一位丹麦医师彼得·克里斯蒂安·阿比尔高向哥本哈根医学会报告，他不仅用电流杀死过鸟类，还成功地用同样的方法使它们复活过来。

阿比尔高在实验中用的是母鸡。采用的是现如今广为流传的杀鸡技术——使母鸡的头部被莱顿瓶电池放出的电击中。这只鸡瘫倒下来，看起来像死了一样。事实上，它确实死了，阿比尔高让鸡躺在那里过了一夜并确认了这一点——第二天早晨，它没有移动而且全身冰冷。接着阿比尔高用另一只鸡再次尝试。和之前一样，鸡被电击后摔倒，像死了一样。但这一次阿比尔高给它的头部又来了一次电击，想看看这样能否使它复活。毫无效果。他又试了一次，仍然没有反应。再试一次仍然如此。最终他尝试对鸡的胸部进行电击。这只鸡突然间"站起身，迈开步子，在地上安静地四下溜达起来"。

阿比尔高欣喜若狂。这是鸟类中的拉萨路①！由于太兴奋，他立即又杀了它再复活它——还不止一次，而是"许多次"。在这种操作进行很多次以后，这只母鸡看起来呆呆的，而且只能较困难地行走，于是阿比尔高终于不再动它了。它一天没吃东西，但是最终完全恢复过来，而且令这位医生十分高兴的是，它还下了蛋。

阿比尔高接下来用公鸡做实验。他电击鸡的头部，然后就像母鸡一样，它摔倒在地，显然死了。随后他电击其胸部令它复活。然而这只公鸡不打算让自己遭到像母鸡一样的对待。在复苏过来之后，它"轻巧地飞起来，将带电的瓶子打翻在地，摔碎了瓶子"。这就是这次实验的结尾。

阿比尔高发现的正是通过除颤进行心脏复苏的原理，尽管当时他并不知道这一点。直到20世纪，医生才意识到阿比尔高的发现的全部意义，电除颤成了急救医学标准的组成部分。在18世纪的科学家看来，电流本身似乎就蕴含着生命的能量。在阿比尔高的实验过去四十三年后，玛丽·雪莱发表了她著名的小说，写的是一个疯狂的医生，用电（或者至少雪莱如此强烈地暗示）把一个人复活过来。如果她对科学精确性更感兴趣一些，她会将弗兰肯斯坦以阿比尔高为原型塑造，然后把他的怪物写成一只鸡。

伽尔瓦尼的青蛙和特斯拉的鸽子

后来，青蛙取代鸟类成为电学家趋之若鹜的实验动物，终于拯救鸟

---

① 拉萨路：《圣经》中记载的死而复生的人物。

类躲过了进一步的伤害。1791 年，一位意大利医生路易吉·伽尔瓦尼宣称他发现了一种惊人的新现象："动物电"。他声称，肌肉的运动，是由一种肌肉中产生的"神经电流"所引发的。他向人们演示，对死去的青蛙施以电火花，或用一对金属棒碰触它们，皆可以使它们的腿发生痉挛，从而表明这种"神经电流"存在于青蛙的体内。伽尔瓦尼的主张，引发了对电的新一轮的狂热，青蛙成了这轮狂热的焦点。这倒霉的两栖动物被给予了实验室里光荣的位置，它们的躯体被急切的研究者们连戳带刺，以探测电活动的迹象。鸟儿们肯定很高兴青蛙吸引了所有人的注意力。尽管聚光灯不再以它们为焦点，但鸟类并没有完全从电学实验中消失。

在整个 19 世纪，偶尔有以鸟为对象的研究浮出。例如 1869 年，英国医生本杰明·沃德·理查森用位于伦敦的皇家理工学院中的巨大的感应线圈，制造出了一个六英寸长的电火花，并把它导向了几只鸽子，最后鸽子们都被电死了。

然而，电学研究中再次出现鸟类的最重要的一例实验，发生在 20 世纪初。这个实验呈现出了不同寻常、谜一样的特质。此事件与古怪的发明家尼古拉·特斯拉有关。特斯拉是现代电气时代的巨擘，一手设计了广泛使用的交流电——如今家家户户的电线中跑的都是交流电——随后他又对包括高频电磁波、机器人技术、霓虹灯照明、能量的无线传输以及遥控技术在内的诸多研究，做出了基础性的贡献。毫不夸张地说，没有他的这些发明，现代世界将会大不一样。但是随着年岁渐长，他开始痴迷于照料鸽子。人们经常会在纽约市周围看到他，这位身穿大衣、头戴帽子的瘦削男士，被一大群鸽子环绕，他从袋子里取出食物喂它们。而且特斯拉相信，自己与这些长羽毛的天空居民有一种精神上的联系，并认为，自己在科学上的创造力就来自于这种联系。

特斯拉特别提到其中一只鸽子：一只翅膀尖略带灰色的聪明的白鸽子，可惜缺少更确切的描述。这只鸽子被他形容成"富有创造力的灵魂伴侣"。他们一起生活了很多年，在鸽子死的时候，特斯拉说："它死的那一瞬间，有一束炫目的白光把它吞没，这束光比我用实验室里最亮的灯制造出的光还要耀眼。"这只鸽子的死，令特斯拉感到失落，并因此失去了目标。他告诉一个记者："当那只鸽子死后，仿佛有什么东西从我的生命中消失了。在那之前不管我的项目多么野心勃勃，我都还确信自己会完成工作，但是当它从我的生命中消失，我知道自己一生的工作也随着它的消失结束了。"

特斯拉和白鸽的故事很难解读。那些倾向于宗教性解读的人，会在故事里找到一些神秘事件。弗洛伊德派心理学家认为，这充分地体现了特斯拉的恋母情结。但或许这不过是一位孤独老人的胡言乱语罢了。不管是哪种情形，这些对电有着深刻直觉性理解的人，同时对鸟类产生了如此的热情和喜爱，这件事还是挺有意思的。

现如今，鸟类和电仍继续着紧张但又紧密的关系，尽管从那些电力公司的角度来看这更应被描述成一场彻底的战争。每一年电力公司都会花费数十亿美元建设输电线，而鸟儿们以"鸟粪雨"浇遍所有电线作为回应。白色的鸟粪流进精密的绝缘体中，最后造成短路，令一座座城市陷入黑暗。电力公司派出工作人员，耗费巨资，把线路清洗干净。随后，鸟儿们又降下更多鸟粪。战争就这样继续着。所以，下一次当你在家中读书或者看电视时，如果电灯闪烁，然后停电了，想想 18 世纪的研究人员赐予我们的电的世界，然后别忘了那些鸟儿。

爱迪生实验室中的死亡电流实验

在爱迪生的鼓励下，布朗发动了一场反交流电的运动。如今，这场运动标志着企业公共关系运动的低谷。由于公众不愿据他的一面之词就相信交流电的危险性，布朗决定用科学的手段证明他的观点。他想出一个点子，通过实验测试动物承受高压交流和直流电的能力。

这样公众可以自己看出到底哪种电流更为致命。

布朗于 1888 年 7 月，在位于新泽西州奥兰治的爱迪生公司的实验室里开始了他的"死亡电流实验"。夜晚他会工作到很晚，等正式员工都下班回家了还留在那里。他的实验对象是一些他从邻近社区的男孩那里，以二十五美分一只的价格买回来的流浪狗。

　　夜复一夜，凭着坚定的意志，布朗来到实验室，小心地调节着他的仪器，然后开始对这些狗施以电刑。这些动物令人心生怜悯的嗥叫和呜咽声在大楼里回荡着。从科学角度来看，他的实验比闹剧好不到哪儿去，然而他的实验结果仍然在电学期刊上发表了。他没有尝试控制诸如狗的体重、它们的身体状况，或者电压大小等变量，只是持续不断地电死流浪狗，直到得到自己想要的结果，而且他还忽略了所有矛盾的数据。

　　有时他的实验方法太过残忍，连那些被派来帮助他的助手也忍受不了。有一晚布朗用直流电对一条五十磅重的混血牧羊犬进行了重复性的电击。这条狗渐次承受着一千伏、一千一百伏、一千二百伏、一千三百伏、一千四百伏，直至一千四百二十伏的电击，但是布朗决定看看它能否承受更长时间的电击并活下来，于是就让它在一千二百伏的电压下待了2.5秒。狗痛苦地哀号，试图挣脱对它的控制。"够了，"房间里的一名工程师大喊，"它已经受够了。"他抱起这条狗把它带回了家。这是极少数能活着离开布朗实验室的一条狗。

　　一个月后，布朗觉得他已经做好准备，可以举行一场公开演示了。他邀请电学专家和媒体记者来参加位于哥伦比亚大学矿业学院的演讲，他承诺在演讲中阐明"高压的直流电和交流电在致死方面的不同性质"。在演讲当天，观众充满期待地聚集到了会场。布朗走上台，发表了一段开场白。"先生们，"他大声道，"我被牵扯进这一论战中，仅仅是出于我的正义感。我不代表任何企业，也不代表任何金钱上或者商业上的利益。"这句话自然是谎言。然而布朗还是继续说了下去，解释说他将证明生物对直流电击的承受性比交流电击要好得多。

　　布朗的助手牵了一只七十六磅重的狗上台。狗感觉到危险而试图咬人，这时人们给它戴上口套并在它腿上绑了电极。布朗接着告诉人们，他将演示狗可以轻易地忍耐直流电的电击。他先把施加在狗身上的电压调到三百伏，接着四百伏、七百伏，直到一千伏。《纽约时报》的记者被这场面震惊了，写道：狗痛苦地扭曲着身体，实验变得残忍起来。然而，它还活着。

　　"当我们尝试交流电时，"布朗冷笑着说，"它就不会有那么多麻烦了。就像这些先生们说的一样，我们会让它感觉好受一些。"布朗给狗加了三百三十伏的交流电。因痛苦的折磨而筋疲力尽的狗疼痛地抽搐了一下，就翻身死了。

观众中间发出了喊声。威斯汀豪斯的代表们喊道实验不公平。给狗施加交流电的时候它已经半死不活了。布朗开始牵另一条狗上台，但这一刻一位来自防止虐待动物协会的代表跳上台，出示他的徽章，并要求中止实验。布朗不情愿地照做了。在人们从演讲大厅鱼贯而出时，有人听到一名观众在说："西班牙斗牛是相较而言更符合道德、更无辜的表演。"

布朗的血腥杀戮仍然没有结束。四个月后的 1888 年 12 月 5 日，他回到了爱迪生实验室，决定将实验扩展到更大的动物——两头小牛和一匹马身上。小牛被证明抵挡不住七百五十伏的交流电。然而马看起来抗"电力"比较强。当布朗第一次将手闸拉下，使闭合电路时，什么也没发生。马无聊地向四周看看。于是布朗再一次拉下手闸。马仍然全无反应。满心挫败的布朗反复向下拉手闸，海绵包裹的电极上都升起一股青烟，马依旧毫无反应。布朗仔细地检查了线路的连接，然后又试了一次。这一回奏效了。马承受了二十五秒的七百伏的交流电后瘫倒在地板上死了。

对威斯汀豪斯来说，马和小牛遭受电击，以及它们吸引的舆论注意，成了最后一根稻草。愤怒之下，他给报纸寄了一封公开信，谴责布朗的实验。"我们毫不犹豫地指责，这些实验的目的并非出于科学的兴趣或安全方面的考虑，"他宣称，"而是努力在公众的观念中制造对于使用交流电的偏见。"

布朗以厚颜无耻的提议作为回应。布朗问道："如果威斯汀豪斯对交流电的安全性如此有信心，他愿不愿意以生命来支持自己的话？他敢不敢参加一场电的对决？"布朗就他提议的比赛的具体条件详述道：

　　我向威斯汀豪斯先生发起挑战，在杰出的电学专家在场的情况下，与我会面，让交流电通过他的身体，而我让直流电通过我的身体。交流电每秒方向变化不得少于五百次（根据法医学会的

建议）。我们将从一百伏开始，缓缓增加电压，一次增加五十伏，
由我来领头增加电压，每次通电持续五秒，直到我们中的任一人
喊停，并公开承认自己的错误。

威斯汀豪斯无视了这一提议，这对布朗也有好处。威斯汀豪斯是个
身躯高大、体格健壮的男人——至少是当时两人里个头更大的——所以
他的电击承受能力更强。

然而，尽管威斯汀豪斯提出了抗议，布朗的实验还是达到了他们的
目的：在这些实验帮助他们赢得一场舆论的倒戈之后不久，纽约州投票
决定采取电刑作为对所有死刑犯行刑的手段。受爱迪生游说的影响，政
客们选择了交流电作为官方的"死亡电流"。1890 年 8 月，威廉·克姆勒，
一名被判用斧头谋杀其事实婚姻妻子的杂货商，成了第一个被电刑处死
的犯人。布朗和爱迪生确保了用来行刑的设备是来自威斯汀豪斯（西屋）
公司的交流电发电机。

电刑处决大象

布朗的实验和电刑处决死刑犯加在一起，激发了公众的好奇心。人
们的想象力开始大胆起来，想知道其他大型动物能承受多大的电流，用
电刑处决它们会是什么样。一直对公众的渴望关注有加的马戏团老板
P.T. 巴纳姆介入了，他决定满足公众的好奇心。

1889 年 2 月，P.T. 巴纳姆安排了一群电气工程师，来到他位于康涅
狄格州布里奇波特市的马戏团的冬季营帐。那里养着各种异域的动物，
P.T. 巴纳姆给予他们随意电击这些动物的自由。工程师们忙活了起来。
他们电击了海豹、鬣狗、豹子、野山羊、狼、河马，还有大象。他们并
未用很强的电流，以避免伤害到这些动物，因为巴纳姆还不打算损害自
己的这些资产。电流的强度只是恰好能够引起动物的反应而已。实际上，
大象看起来还挺享受这种感觉的。《巴尔的摩太阳报》报道说："它们互
相摩蹭腿，抚摸驯养员和来访者，还愉快地发出叫声。"

而对公众而言，这不过是开胃小菜，只能勾起了人们更大的胃口。用电流给一只大象搔痒可不够带劲，人们想要更刺激的。他们想要以最耸人听闻的方式释放人工电流的全部力量。用电流与自然界最强有力的生物较量——他们想看一只大象被彻底电死。

电死一只大象的梦由来已久。1804 年，葛立莫·德拉黑尼叶在他的《老饕年鉴》一书中提到：一位贝耶先生拥有一台巨大的电器，强大到足以杀死一头大象。葛立莫当然是在运用夸张的笔法，但是这种对人类技术和大型野兽之间发生终极对决的想象却相当真实。19 世纪末，工人们跨越乡村地区架设电线供电，所提供的电力将为一场新的产业革命赋能，而这时，似乎人类的技术也终于强大到足以赢得这样一场较量了。这一幕将成为人类掌控自然世界的标志。《森林与河流》杂志的编辑于 1896 年撰文，批评美国公众令他想到古代的罗马群众，渴望着"经人类之手（令动物）受折磨的残酷场面……用一台未经检验的设备杀死一头巨大动物的实验"。

那些杀了人的大象的主人倒是很乐于给大众提供他们渴望的场面，但是由于这样或那样的原因，事情一直没做成。一头名叫奇夫的大象，在广告中被宣传为美国个头最大的大象，在 1888 年杀了三个人之后，成为第一头确定将被电刑处死的大象。它的主人，马戏团的约翰和吉尔伯特·罗宾逊，宣称从新奇性以及科学可能性的角度用电刑处死它将会很有趣。但一开始他们给了奇夫缓刑，然后他们改变了电刑的主意，最终用一杆很有威力的枪杀死了奇夫。

1896 年，当吉普茜杀了自己的两名驯养员之后，它与电刑处决有了更近的一次擦肩。芝加哥的哈里斯马戏团申请电死它，而且已经做好了准备，要卖这次电刑的门票了，但是人道协会反对将它的死弄成一场公开表演。这一主张说服了警察局局长，他拒绝了申请，引述了公开电刑处决可能给公众道德带来的影响。电刑不成的哈里斯马戏团讽刺地提议，由他们把它运往古巴。他们说，在那里，岛上的反叛军战士可以令它的杀人天赋派上用场，让它"从西班牙军队的人群中一路踏过去"。

1901 年 11 月，曾经试图杀死两名驯养员和一个十一岁女孩的詹博二号，已经在布法罗市的泛美米德维体育场被绑上了电极。超过一千人买了票进来观看它的死刑，但是防止虐待动物协会在最后一刻提出了反对——理由同样是这样的公开场面并不合适——之后，体育场给所有人退了款，让所有人都回家去。然而，在人群散去之后，电刑继续了下去。一名工程师拉下开关，然后……什么也没发生。詹博二号快活地玩着一块木板。工程师得出结论，他的设备出了点问题，但是他搞不清是什么问题。最终詹博二号的驯养员们给它解了绑，把它牵回了象舍。《纽约太阳报》开玩笑说："它每天都可以承受一回这种程度的电击。"

看起来人们好像永远也没法满足他们可怕的心愿——观看一头大象被电刑处死。但是随后，在1902年12月，怀迪带领托普茜在科尼岛上横冲直撞。这一回，所有的一切都顺了公众的意，他们终于能如愿以偿了。

托普茜的死

月亮公园的园长原本计划绞死托普茜，这是杀死马戏团大象的常规做法，可以借助重力完成任务。他们甚至为此在公园中心的小湖上方架起了绞刑架。但是防止虐待动物协会，像他们习惯的做法一样，提出了反对。出于某种无法解释的原因，社会当时认为电刑比绞刑更为人道，但他们并没有提出反对公众旁观处决的意见。这为电刑处决亮了绿灯。

当爱迪生听说即将发生的事时，他即刻自愿提供帮助。此时关于电流的较量已经结束，他已经落败。尽管采取了恐吓战术，还有电击狗等实验手段，公众还是花钱投票，选择了交流电。1895年，威斯汀豪斯在尼亚加拉瀑布建成了一座大型发电厂，很快就开始给纽约西部供电。尼亚加拉瀑布电厂的成功排除了一切猜疑，证实了交流输电的可行性和实用性。因此爱迪生去协助处决托普茜实在什么也得不到，但他仍然在疗愈旧伤。爱迪生真心认为交流电是一种死亡电流，除了杀戮什么用途也没有，他无法抗拒这个机会，想再一次强调这一点给威斯汀豪斯看。

爱迪生派出了三名最顶尖的工程师，以及一名摄像师同行，以记录整个现场。电影摄影机是爱迪生的一个大发明，在过去的十年间，电影摄影机的改良和推广花费了爱迪生大量的时间。他（准确地）猜测人们会蜂拥前来观看电刑处决大象的影片。

这一次爱迪生没有派出的是哈罗德·布朗。到了 1903 年，两个人已经疏远。布朗迫切地想要维持两人仍在继续合作的假象，大肆宣传一个他自称为"爱迪生-布朗塑料轨道连接器"的发明。然而爱迪生为了阻止他继续使用自己的名字而把他告上了法庭。

电刑被安排在 1903 年 1 月 4 日下午一点三十分。在寒冷的天气下，超过一千五百人聚集到这里见证这一场面。湖上架设的绞刑架已经被改造为电刑台。几根长长的铜线蜿蜒接入平台。

在极尽隆重的场面下，托普茜的管理员把大象领向平台，但当走到连接平台的小桥边时，它停下了脚步。不管人们怎么费力，怎么劝诱，它都不再上前半步。惊讶的低语声在人群中传开了。接着，随着时间一分一秒地拖延，一件意料之外的事发生了。人群的情绪发生了变化。他们本是来看处决大象的，但托普茜抵抗的表现激起了人群的同情。它的行为展现出了它是一个有感情的、聪明的动物，值得他们的怜悯。"给他们点颜色瞧瞧，托普茜！"有人喊道，底下响起了零星的叫好声。

月亮公园的管理层担心人群会变得失去控制，他们捎了口信给怀迪，恳请他前来相助。他傲慢地回复道：不管给他多少钱，他都不会背叛自己的好友——这感情听起来高贵，但当他领它在科尼岛上横冲直撞时，倒不见他对大象的处境抱任何关心了。

公园管理层仍然决意要完成电刑，于是他们下令把它转移到开阔的场地。工程师们开始转移设备。他们动作很快，因为人群正在变得越来越躁动不安。一个小时之后，一切都准备好了。

托普茜的管理员再一次把它领到预定的位置上。这一回它没有反抗。两点三十八分时，一名兽医喂它吃下两根含有氰化物的胡萝卜——确保它必然会死。谁也不愿意看到像詹博二号那样蹩脚的电刑再重演一遍。工程师们将电极绑在它脚上，看起来就像给它穿上铜制的凉鞋一样。随后，下午两点四十五分，他们给出了执行的信号。科尼岛上全部的电力，除了用来运作有轨电车的以外，全部被关闭并转入了这个电设备里。爱迪生公司的 D.P. 夏基拉下开关，六千六百伏的电流通过了托普茜的身体。

爱迪生的电影摄影机用具有颗粒感的黑白影像记录了整个场面。如今人们还可以看得到这些镜头——在互联网上搜索这段影片的名称关键词"电刑处决一头大象"——我们可以看到托普茜被牵到开阔的场地，运送木材和建筑材料。背景中的人们蜷缩在大衣里，旁观这一切。接着影片有一处跳接，下一帧托普茜已经站在了预定位置上，电极已经绑好。它用前足刨着地，好像在不耐烦地等着事情进展下去一样。突然间它变得僵硬。地面升起了青烟。它缓缓地倒向一侧，一股浓烟完全笼罩了它。有好几秒，我们几乎看不到它，但随后风把烟吹散了，它躺在那里一动不动。

十秒后，一切都结束了。月亮公园的管理层为了避免人群做出负面反应，迅速带领人群向出口移动，并让休伯特·福格尔桑，一名纽约的商人，切割托普茜的尸体。福格尔桑买下了尸体的所有权，希望通过卖掉它赚上一笔。它的脚成了雨伞架；它的器官去了普林斯顿的教授那里；它的皮被卖给了自然历史博物馆。爱迪生的影片保存得最久，提醒着人们托普茜曾经存在过。在接下来的年月中，这部影片在全国各地反复上演，通常是和其他短片，诸如《一场火车迎面相撞》和《一段印度蛇舞蹈》一起播放，给观众提供了一整晚的娱乐节目。

电死动物的做法并无新意。在整个电学研究的历史上，几乎每种动物都因遭受电击而丧生过：鸟、猫、狗、牛、马。一些人曾表达对这些死亡的不满，但极少有人会停下来洒几滴热泪，而这些动物很快被人们所遗忘。但是托普茜的死给人们带来异样的感受。或许，这是一种群体的负罪感，人们对牺牲一只无辜而又如此聪明的动物，以满足产业界的奇思怪想和公众的娱乐需求感到愧疚。不管是怎么回事，人们在托普茜死后，都对它难以忘怀。

在它死去的一年后，开始有人声称看到托普茜的幽灵游荡在科尼岛迎风的大道上。1904 年 2 月的一天深夜，一名月亮公园的挖掘工人安东尼奥·普恰尼走出工人宿舍透气，他说自己就在这时看到了托普茜的幽灵，它的双眼闪耀着愤怒的光芒。安东尼奥的几个同事也目击了这次幽灵的到访。第二天夜晚，一名热狗商贩也看到了它，在接下来的几周内，公园其他工作人员同样报告了类似的目击事件。

不光是人类对托普茜游荡的身影表现出敏感。1905 年，月亮公园新来了六头大象，驯养员彼得·巴洛注意到这几头象拒绝走过象舍后方地面的一个特定位置。在它们走近那里时，它们会叫唤起来，摇晃身子，然后原地停下。最终他决定把那里挖开看看，到底是什么在困扰它们。他发现了托普茜的头骨，就埋在地下几英尺的地方。显然福格尔桑把它留在了那里。据说当工人们把头骨从地下搬起时，这几头大象悲伤地叫唤着，然后静默地走进了象舍。

两年后，1907 年 7 月，一场大火席卷了科尼岛。

大火始于越野障碍赛马乐园，接着一路烧到了瑟夫大道。据估计损失超过了一百万美元。警察判断这场火灾的起因是丢在一堆垃圾中的烟头，但是其他更为蹊跷的说法流传开来。很多人怀疑这是"黑手①"，一个以勒索生意人钱财、恐吓不给钱就毁了对方而闻名的隐秘的意大利犯罪团伙所为。更迷信的人则谣传这是托普茜干的，是它回来用火复仇来了。

人们对托普茜的沉迷，以及对它的死所感到的遗憾，随着日子一年年过去却日渐加深，一直延续到现在。过去的二十年里，关于它的学术文章持续发表，同时还有悼念它的艺术作品出现，包括乔安娜·斯科特和莉迪亚·米列特写的短篇故事，以及由独立摇滚组合彩罐天地和大档案乐队创作的歌曲。2003 年托普茜的死，出现了一个公众关注的高峰，在它死去一百周年纪念日上，艺术家加文·赫克和李·戴伽德联手在科尼岛博物馆安置了一块托普茜纪念碑。这一装置可以让参观者站在铜制踏板上——踏板模拟用来杀死它的电极——然后通过一个早期投币手摇式电影放映机观看影片。

---

①黑手（Black Hand，意大利语 Mano Nera）：19 世纪末 20 世纪初出现于美国的一种敲诈勒索式犯罪。

人们从托普茜的死亡中很难找到任何益处。这是一场无意义的行动，仅仅用来炫耀人类新获得的工业力量而已，通过运用科学的力量击倒自然界最强壮的一种动物。如果当时的电气工程师能想出办法电刑处决一头蓝鲸，他们可能也会付诸行动。然而，托普茜的牺牲确有一个积极的影响。它似乎平息了公众的渴望，使人们不再热衷于观摩这种用电处决大型动物的场面。至少在美国，再也没有大象被以这样的方式处死了——很可能在世界的其他地区也不会有。仍有大象死于触电，但通常是因为撞上了输电线意外而死。这是一个小小的胜利，但无疑是所有人对托普茜最好的悼念。

从给植物通电到给学生轻微通电

1912年8月——英国，伦敦。

一位记者走进实验室，他首先注意到一个被关在很高的方形笼子里，正坐在凳子上的深色头发的小女孩。女孩身穿白裙，咧嘴一笑露出有些豁的牙齿，看起来不到五岁。接着他注意到笼子旁边放置的电设备：线圈、控制杆、电线、切换开关，以及其他他完全猜不出用途的装置。

一个身穿不甚合体的灰西装、打着领结的男人走了过来。他不到三十岁，身材偏瘦，样貌有地中海特点——深色的头发、棕色的皮肤、褐色的眼睛。他伸出一只手。"你好。你一定是约翰·斯隆，《伦敦镜报》的人。托马斯·索恩·贝克为你效劳。"

"很高兴见到你。"斯隆一边和贝克握手一边回应道。

"笼子里是我的女儿，伊冯娜。问个好，伊冯娜。"

"你好，斯隆先生。"伊冯娜略有些口齿不清地说。

"你好，伊冯娜！"斯隆回答道，尴尬地向她招手，不确定怎么向一个笼中的姑娘打招呼才合适。她热情地招手回应。

贝克即刻掌握了采访的主导权。"让我解释一下我的实验原理，然后我将给你做一次演示。我以前的工作，你可能已经知道，证明高频电磁感应电流对鸡的成长有刺激效应。"

"鸡？"斯隆一边问一边把手伸进夹克衫口袋里拿出笔记本。

"是的，鸡。"贝克确认道，"我发现暴露在高频电流中的鸡不仅比没有通过电的鸡成长得更快更大，而且性情还更平和，更易于管理。我推想如果这对鸡有效，那么，为什么它不能对孩子也起作用呢！"

斯隆一边点头一边在笔记本中记录："对鸡有效……也对孩子有效？"

贝克站在笼子旁边指向那些设备。"为了生成高频电流，我使用由美国发明家尼古拉·特斯拉设计的线圈。当我启动电流时，笼中的空气将充满数以百万计的极其微小的电波，每秒振动数十万次。"

"这不会有任何伤害吗？"

"恰恰相反。高频电流通过降低血稠度来刺激血循环，由此增加活力。如果不是对此确信无疑，我是不会拿伊冯娜做实验对象的。"

伊冯娜听到自己的名字咧嘴笑了一下。

贝克继续道："一旦我从伊冯娜身上收集到足够多的数据，我将能够给那些瘦弱、贫血或体重过轻的婴儿提供治疗。很多医学人士已经对我的研究表示出了兴趣。"

斯隆挑起一边的眉毛。"我好奇一位老派的母亲看到你这种令婴儿强健的方法会怎么说。"

贝克发出短促、响亮的笑声。"确实，她会怎么说呢！这是进步，斯隆先生。进步！请允许我先给你做个演示。"

贝克转身朝向电设备，迅速查看了一下。"准备好了吗，伊冯娜？"

伊冯娜点点头。"是的，爸爸。"

"斯隆先生，我现在将打开电流。"电机巨大的嗡嗡声充满了房间。蓝色的电火花从绕紧的铜线圈冒出来。贝克拿起一根密封玻璃管，把它伸向斯隆。"这是一根充了氖气的真空管，"他解释道，为了盖过设备的噪音提高了音量，"观察它被放在通电的空气中会发生什么。"他拿管子靠近笼子，这时管子放出了柔和的黄光。他拿开管子，光消失了。贝克把管子放回他的实验台上。

"如果有人触碰笼子会发生什么？"斯隆问。

"欢迎你试一试。"

斯隆伸出一只手，但当他的手指接近笼子的金属杠时，一个电火花从笼子跳到他手指上。"哦——！"斯隆大喊，抽回手甩了又甩。

贝克又大笑起来。"我保证它没有强到会造成任何伤害的程度。"

斯隆握着受伤的手指，转向伊冯娜。"告诉我，伊冯娜。电流给你什么样的感受？"

伊冯娜考虑片刻，然后盯着天花板回答道："我一直感觉很愉快。它让我非常快乐。"她的脸上带着梦幻般的表情。

"这太棒了。但是你一点都不担心吗？"

伊冯娜摇摇头。"不会。这可舒服了。我还想在这里睡觉呢。"在那一刻线圈发出一声巨大的劈啪声，伊冯娜就像是要强调一样地补充说，"我喜欢通电！"

担忧的神情从斯隆的脸上一闪而过。他有些谨慎地微笑着。"我能看出来，"他说，"我能看出来。"

人们对于用电刺激成长的追求始于爱丁堡的一个寒冷冬季。那是1746 年 12 月，在一所为年轻女子开设的寄宿学校里。校长斯蒂芬·德曼布莱从花房里取来一丛桃金娘，把它放在前厅靠近大门的地方。随后他连续十七天，每天给这株植物通电。不幸的是，我们并不知道他每天给它通电多久（一小时？五小时？），我们也不清楚他使用的确切方法，是将电线与树叶相碰，还是把电线埋进土里。然而，我们可以猜测他使用的机器，因为那个时代典型的发电机器由玻璃球体构成，研究者可以用一根手柄转动球体，不是用手就是用一块皮革摩擦转动的玻璃球，从而产生静电。为了生成持续的电流，需要不断转动手柄带动机器，这一费力的任务通常会落在一位助理身上。而在德曼布莱的例子中，助手大概是他的一名年轻的女学生吧。

尽管德曼布莱对实验的细节表述含糊，他对结果倒是说得很清楚。在他寄给《绅士杂志》的一封信中，他兴奋地提到，桃金娘又抽出了几根新枝，最长的一根足有三英寸。尽管天气寒冷，他的学生开关门给房间带来阵阵寒风，这一切还是发生了。而另一方面，留在花房里的桃金娘完全没有生长。

德曼布莱得出结论，电流肯定对植物的生长有刺激作用。他提出了"如果这种暗示被正确理解"，这一发现可能会给社会带来巨大的好处。

电学研究者们不大需要谁来催促，就理解了这一暗示。在接下来的几十年里，他们想出各种方法电击种子、灌木和嫩枝，以寻求难以捉摸的操作组合，使植物加速成长。他们将避雷针插进土壤里，将电极埋入地下，用铁丝网罩住作物以收集"大气中的电流"。

有一些诱人的成功实验被发表。1783 年，一位名为阿贝·贝尔托隆的教士宣称，他用一只通电的水罐给生菜浇水后，生菜个头长得特别大。还有一则广为流传的故事，尽管听起来可疑，却更为激动人心，故事和一场由安格尔西①第一代侯爵亨利·佩吉特主办的晚宴有关。据说佩吉特在向宾客提供晚餐之前，让他们将一些水芹的种子放在一个罐子里，罐子装有沙子、氧化锰和盐的混合物。佩吉特随后给罐子通电。据说在宾客们用完主菜之后，水芹已经完全长大，被放进了宾客的沙拉里。

没人知道为什么电对植物的生长有促进作用，但那时候电的性质本身也完全是个谜，因此自然而然会出现各种错误想法。一些人提出电流增加了树汁的流动。其他人说电流引起振动，由此松动了土壤。但是最流行的猜测是电流或许正是生命活力本身。因此"如果使用正确的量，

_____

① 安格尔西：位于英国威尔士西北部的岛，也是当时以该岛作为主要地区的郡的名字。

它会增加活力"这件事就说得通了。

当然，并非所有研究者都同意电能激发植物活力的说法。很多想成为电气园艺家的人，努力的回报只有凋零的植物而已。其他人什么效果也看不出来。但是那些真正的"信徒"并没有在怀疑面前屈服。他们确信电一定对植物有刺激作用，即使一些研究者似乎无法复现他们的实验结果。

波焦利大夫的"通电体操"

1868 年，人们的实验首次从植物的生长跨越到人的成长上。波焦利大夫是位于巴黎的意大利音乐学院的正式医师，他提交了一篇论文给法国医学院，题目是《借助电力发展青少年的身体和智力》。波焦利认为，如果电流能加速蔬菜的生长，那么它同样有可能提升孩子们的体力及智力。为支持这一理论，这位医生描述了一个男孩的案例，男孩最近由他照顾。波焦利说："这个孩子曾经'畸形和愚蠢'。但仅接受了一个月的通电治疗之后，男孩长高了整整一英寸，还成了全班成绩拔尖的学生。"波焦利就像他之前的德曼布莱一样，没有详述关于治疗的细节——他后来神秘地以"通电体操"来形容它——但治疗似乎涉及使用强力电池电击身体各个部位的操作。可以肯定，这样的治疗很痛苦。

波焦利提议测试他的理论。交给他了成绩在学校垫底的六名学生，让波焦利给他们通电，他承诺，这几位学生很快就会成为班上顶尖的学生——而且个子长得更高！不过，并没有相关的记录，表明波焦利开展了这个实验，但是第二年，他又带着新的提议回到了新闻中。他想要令所有法国驼背的人直起身来。这一次，他打算采取的招数同样还是"通电体操"。他预计全国有超过五万名驼背的人，所以他准备要大干一场。

电磁鸡笼

在波焦利之后，人们对通电刺激孩子成长的兴趣沉寂了四十年。随后，1912 年，这一想法出现了复苏。时间处于被历史学家称为"电气化的黄金时代"的顶峰——在这一时期，电成了产业经济的驱动力。

输电线布满了全国各地的乡村，城市的街道突然间被电灯照亮，工厂里电动机发出嗡嗡的声音。公众欣然接受了电，成为一切现代、崭新和充满活力事物的标志。其潜力看似无限，又必然有益。医师们顺应潮流，承诺用电治愈从秃顶、疲乏到阳痿等各种病症。鉴于对电的热情如此高涨，人们似乎很自然地想知道其积极作用是否也对小孩有效。至少，对于英国的研究者托马斯·索恩·贝克而言，这种疑问再自然不过了。

贝克是一名年轻的英国电学专家。他迫切地想出人头地。1907年，他的职业生涯有了第一次突破，《每日镜报》聘用他帮助开发一种技术，通过电话线传送照片。他造了一台被他称为"电解电话传真机"的机器。大约可以在十分钟内传输一张图片——虽然图片颗粒感明显，但还是可以识别出来的。这是原始版本的传真机。然而，他的发明并非这一类别中唯一的发明——研究者们自19世纪80年代起就一直在做电传输方面的实验——而《每日镜报》很快又认定他的电话传真机运行成本太高，不会有很大的实用价值。但与此同时，贝克的头脑充满了其他的念头。他发明了一种电锁，听到特定的乐音可以开启。他想象把它卖给小教堂，这样教堂每次响起《婚礼进行曲》的音乐时，门就可以自动打开。随后他又将注意力转移到了高频电流上，这一现象因聪明过人的古怪发明家尼古拉·特斯拉而闻名。

特斯拉在19世纪80年代，通过发明很多支持交流电传输的技术，而积累了一笔财富——正如我们之前提到的，那时他在为威斯汀豪斯工作。用这笔钱，他在纽约开了一间实验室，19世纪90年代，他在那里开发出了新的电气技术，包括一台振荡变压器，又称"特斯拉线圈"，使他能够加大电信号，从而达到更高阶的频率和电压。

特斯拉发现，这些高频电流，展现出了一些不同寻常和引人注目的效果。比如说，他的线圈可以穿过房间放出高压电弧，同时还产生强大的电磁场，使充有气体的管子在不连接任何电线的情况下发出明亮的光。

正是特斯拉的这些电磁场引起了贝克的兴趣——人站在这样的电磁场中什么也感受不到。事实上，这种能量似乎对活体组织并无任何作用，但贝克怀疑这不可能是真的。充满空间的电磁场肯定会有某种作用。他提出被不可见的电波"冲刷"可能会有积极的作用——就像阳光能给人健康一样。他决定进一步探索这一现象，希望找到一种方法靠它赚钱。

关于这一发现，食品业成了他最大的客户。贝克用桃子和卡芒贝尔奶酪①进行了高频实验。他将桃子和奶酪放在电磁场中，两者似乎都熟得更快了。受到鼓舞的贝克很快把目标转移到了更大、更有赚头的有机体上：鸡。在他家的后院，贝克建造了一个通电鸡笼，大到足以容下十二只鸡。这些鸡就趴在一些绝缘电线上。每天，贝克花一个小时给这些电线接上五千伏电压。《科学美国人》驻英国的记者拜访了贝克，检视了通电鸡笼。出于好奇，记者伸手触碰了其中一只鸡。一个电火花从鸡喙打到了记者手上。这使从来没有被一只鸡电击过的记者吓了一跳，但奇怪的是，这些鸡看起来并没有受到任何影响。贝克告诉他，实际上这些鸡挺喜欢电流的，每次它们听到电流打开时"嗞嗞嗞嗞"的声音，就会竖起脑袋，偏向一侧，好像在聆听一样，随后它们会急切地跳到电线上站着。

贝克的报告说，这项给鸡通电的实验取得了重大进展。很快，这些鸡的体重比未通屯鸡笼里的鸡重了13%。只不过，通电鸡笼中的鸡看起来的确有些行动迟缓——可能是被电晕的关系——但贝克觉得这是件好事。这意味着它们吃得更少，而且更容易管理。因此他成功地说服了浦耳②的一位禽农兰道夫·米奇先生，允许贝克在他的农场开展一次全面的实验。他用绝缘电线缠绕住整个鸡舍，包围住那里养的三千多只鸡。很快，他夸口说那里的鸡用一半的时间就比原来长大了50%。

尽管成果显著，但一向谨慎的禽农们并没有急于给他们的鸡笼通电——只不过有一则报道称，一位生活在布鲁克林的牙科医生鲁道夫·C.林诺，听到这个结果后格外激动，放弃了自己的牙医事业，进入了用电养鸡的行当。然而，贝克没有停下脚步，他转向了更大而且更具野心的

---

①卡芒贝尔奶酪：法国卡芒贝尔地区所产的一种软质干酪。

②浦耳：位于英国威尔士西北部的岛，也是当时以该岛作为主要地区的郡的名字。

实验对象：儿童。他推论说，在鸡身上见效的实验，在儿童的身上应当同样有效。他的计划当然不是把孩子变胖拿去卖，而是找出一种方法治疗体重过轻的孩子，再把他们置于有益健康的电能之中。他甚至还想到，如果自己找到治疗身材矮小的方法，或许会获得大笔的资金收益。

贝克在位于伦敦的实验室里，建成了一个通电的笼子，笼子会通上数千伏的高频电流。一位《伦敦镜报》的记者采访了贝克，描述了电线蜿蜒穿过实验室地面，一个巨大的线圈噼啪放出蓝色的电火花，以及电设备释放出"一种神秘和未知力量的气息"等情形。在这个嗡嗡作响的电磁环境的中心——通电的笼子里——贝克放进了他五岁大的女儿，伊冯娜。一张附在《伦敦镜报》文章里的照片显示，她坐在这个吓人的装置中间。笼子很像法庭上关押暴力罪犯的囚笼，而伊冯娜穿着带褶边的白裙子，看起来天真无邪。她脸上带着微笑，仿佛觉得整个体验如同一场有趣的游戏一样。

不幸的是，我们不知道贝克得到了何种结果——伊冯娜是否长了高个儿，或者发展出了显著的思维能力——因为贝克从未发表任何关于这一实验进展的文章。最有可能的是，在意识到自己被抢了风头之后，他放弃了这一实验。

因为在 1912 年夏季的这段时间里，媒体报道了一个与之相似，但更为复杂的研究，该研究由 1903 年诺贝尔化学奖获得者斯万特·阿伦尼乌斯在一间瑞典的教室里开展。

给学生们通电

这些惊人的媒体报道，详述了一个由阿伦尼乌斯开展的精密复杂的实验。他在一间教室的围墙和天花板里埋进电线，将整个教室变成一个巨大的螺线管，或称电磁体。二十五名学生和他们的老师坐在教室里。对周围的"磁场影响"并无知觉。但是据说空气中有持续的电的嗡嗡声和臭氧的味道——这肯定令他们觉察到有什么奇怪的事在发生。六个月后，阿伦尼乌斯将这些学生的学业进展，与未通电教室的情况相似的学生进行了比较。据称通电的学生所有方面的得分均高于未通电的学生。他们个头多长了 50%，平均而言在考试中取得了更高的分数。教师们同样从中得到了益处，评论说他们感觉到自己"变活跃了"，耐力也得到了提升。

瑞典的实验在全球成了头条，尤其受到了纽约的特斯拉的关注，他向媒体抱怨说阿伦尼乌斯的电装置"从各个要点上看都和我很多年前在这个城市里用的一模一样，我安装了一个这类的装置供长期使用"。只是特斯拉并没有给任何孩子通过电。但他突然在这个瑞典实验中发现了机会。自 19 世纪 90 年代以来，他的资金状况恶化了。曾经雄心勃勃地尝试在全球无线传输电力，却以失败告终，这耗去了他很大一笔财富。到了 1912 年，他迫切渴望得到新的资金来源，决定用电帮助儿童成长，他想：或许这是能让自己重获财富的东西。

特斯拉约见了纽约的教育主管威廉·麦克斯韦，力劝他用美国孩子重复阿伦尼乌斯的实验。特斯拉向教育主管保证，实验不但没有危险，益处可能还很大。特斯拉指出，他曾经聘用过一个相当迟钝的助理，这个助理在那个充满电磁场的实验室的影响下，变得"特别敏锐"。当然，暴露在高频电流之下看起来也没有损伤到特斯拉的智力。

在哥伦比亚大学心理学家路易斯·布兰博士和芝加哥医生 S.H. 蒙奈尔的支持下，麦克斯韦同意开展实验。但他决定这次美国的实验将在一个方面显著不同于瑞典的实验。实验对象将不采用一般学生，而是采用有智力障碍的学生。他的观点是有智力障碍的学生更需要帮助。"为有缺陷者准备的电流"，关于这次的实验，《纽约时报》头条这样吹捧道道："孩子们的大脑将接收到人工刺激，可以使他们从迟钝的学生变成明星学生。"

将要主导这项实验的特斯拉，紧急举办了媒体见面会，为记者们描绘不远的未来，家家户户都会有自己的室内特斯拉线圈的图景。他说未来的起居室将成为一个电笼，那里可以使住户全身充满有益的电磁能量。他对这将如何改变整个社会做出了乐观的预期，《纽约时报》这样转述了他的预期："人们平时的对话将妙语横生，精神生活也将被加快，以至于和在高频电流发生器成为家庭必备之前的最聪明的人脑部的活动一样快。"

一切都准备就绪。特斯拉甚至还给装置定好了价。可不幸的是，欧洲传来了令人失望的消息。看起来阿伦尼乌斯实验的细节被严重地错报了。英国的一位精神病学家詹姆斯·克赖顿-布朗曾写信给阿伦尼乌斯，希望得到更多的实验信息。阿伦尼乌斯做出了回应，告诉詹姆斯几乎所有报纸中提到的事实都是错的。但关于自己曾将一群孩子暴露在高频电磁场中这一部分没错，只不过他们都是孤儿院新生的婴儿。因此实验提升了智力的说法纯属杜撰。

其实，刚开始时特斯拉的实验结果很好。他观察到那些通了电的孩子体重迅速增长，但是当更仔细地审视研究的方法时，一位过于热心的护士将所有最健康的孩子都放进了通电组。在严格监督下重复进行的实验中，通电的显著效果消失了。

阿伦尼乌斯令人失望的实验结果使电帮助成长的运动偃旗息鼓。教育主管麦克斯韦默默地将给学生们通电的计划束之高阁。毕竟，如果它在瑞典无效，就也不打算冒险再从纽约做尝试了。尽管特斯拉把越来越多的时间放在了自己更喜欢的事情上：照顾鸽子，但他还是开始寻找其他财路。托马斯·索恩·贝克回到了用电传输图像的工作上——他的工作最终为电视广播技术铺平了道路。阿伦尼乌斯在努力用通电帮助婴儿成长遭到挫败之后，转而用其他方法来提升瑞典人的血统。他成了优生政策"种族卫生"的热情支持者，主张颁布强制绝育法并四处游说。

液体阳光和太空猪

尽管帮助成长的电笼被丢进了医学史的垃圾箱里，但这些电笼背后的指导思想——认定不可见能量的射线必然有利于健康的想法——被证明更经得住打击。置身于能量中，应有令人振奋的作用这一想法的背后，有着诱人的逻辑。医师赫克托·科尔韦尔和西德尼·鲁斯在1934年抱怨道："出于某种原因，或者别的什么理由，公众观念中有一个普遍的倾向，将一切名字与'射线①'相关的事物都当成有益于健康和活力的东西。"这种对不可见能量的热衷，正不断地以新的形式衍生出各种分支。

比如说，在20世纪初的几十年里，随着电能有益健康的前景逐渐黯淡，热衷于这一想法的人们将目光转向了一种新的，更值得期待的现象上：镭的能量！1902年，皮埃尔和玛丽·居里夫妇首次在实验室里分离出镭。这种神秘的金属看起来正在生成无限的能量。居里夫妇惊奇地指出，它总是比周围环境温度要高。如果居里夫妇想要给它降温，这种金属的温度会自行热回来，就好像是在违抗热力学第二定律一样。它月复一月，年复一年地不断放出能量。而那些医疗企业家提出，只要有能量的地方，就一定有健康！

医师们行动起来，向热切期待的公众宣传"镭化"身体的有益功效。零售商销售由镭处理过的水，把这种微微发光的溶液描述为"液体阳光"。1914年，人们发现美国阿肯色州温泉城的天然温泉里，镭的天然含量很高。温泉城的营销人员在广告文案里突出强调了这一发现，并指出：与其他电的疗法不同的是，放射性物质能够携带电能深入到人体内，由此给体液、细胞质和细胞核带去活力。就连托马斯·索恩·贝克也短暂地搭了这场风潮的便车。1913年，贝克向皇家艺术学会报告说他养在经镭处理过的土壤里的小萝卜个头增长了400%。

镭的热潮一路持续到了20世纪30年代。玛丽·居里本人也坚持认为该金属对健康有益，并抱着这样的信念一直到了1934年。那一年她因过度暴露于辐射中而去世。后来，人们对原子弹和核尘埃的恐惧才最终给镭的名声投下了永远的阴影。

然而，认为不可见的能量有积极作用的信念，仍然在流行文化中保留了下来。历史学家卡罗琳·托马斯·德拉佩娜曾指出：这点在内容虚构的漫画书里体现得淋漓尽致，书里的超级英雄经常通过暴露在辐射或者电能之下获得力量。比如说，在一个闪电劈倒了巴里·艾伦实验室里的药品架之后，他变成了闪电侠；一只放射性的蜘蛛咬了彼得·帕克一

———————————
① 射线：英文单词为 rays，与光线是同一个单词。

口，他变成了蜘蛛侠；神奇四侠也是在意外遭到外太空宇宙射线照射之后，获得了超能力。这种超级英雄由辐射赋予能量的逻辑，可以追溯到人们对电磁帮助成长疗法和镭化身体有益健康的信念上。

这种对于不可见能量的热情甚至到了今天还有一个有趣的续篇，它发生于令人意想不到的地方——中国的太空计划中。太空计划一开始，中国的科学家就对宇宙射线在植物身上的作用表达出极大的兴趣，希望宇宙射线能造就"超级蔬菜"来供养持续增长的人口。一开始，他们用高海拔气球将种子带到太空边缘。现在种子被带上了神州宇宙飞船。生长出来的作物，被带回地球种植，偶尔还会在上海的餐馆里被摆上餐桌。据报道，太空土豆尝起来比地面上的其他品种更"软糯"。

2005年10月12日，神舟六号发射升空，运载着一种特别的货物——四十克的猪精液，并打算把它们暴露在宇宙射线中。实验是否生成了正面的结果不得而知，但也许，在中国的某个农村，一只宇宙射线强化过的巨型猪，正在泥地里快活地打着滚。当1746年德曼布莱先生还在给他的桃金娘通电时，他肯定不曾想到有一天他的做法会成就这样奇妙的续篇。

闪电、教堂和通电的绵羊

1923年——美国，马萨诸塞州，皮茨菲尔德。

在傍晚的光线里，沉睡的乡村展现出一派田园诗般的景象。十字路口坐落着一家杂货店。附近有几幢房子聚在一起。道路一侧排列着行道树。更远处立着一座教堂，尖顶指向天空。

再向远看去，是在地平线上摇曳的牧草，绿色的草地上几头奶牛安静地在那里嚼着草。

突然间天空昏暗下来。雨水开始落下。接着变成了持续的倾盆大雨。一阵闪光出现。叉状闪电穿过天空，曲折地传向地面，然后打到了教堂的尖顶上。就在这一刻，一声巨响在大地上回荡。

教堂在这炽烈的闪电掠过时战栗着，但它仍然坚固地立在那里。

雨下得更大了，闪电再次劈开天空，伴着震雷又一次打在教堂的尖顶上。随后，闪电又袭击了教堂第三次、第四次、第五次。每一次，木质的建筑都颤抖着，一直没有崩塌。

突然一个声音压过了暴风雨的声响。就像从空中发出来的一样，在整个村庄用上流社会的英式口音广播道："我得说，伙伴们，你们不觉得这样有点儿亵渎神明吗？"

雨即刻停了下来，灯光重新打亮。刺眼的光线下，可以看到这个微缩模型村庄四周布满了一系列高耸的电器设备。两侧赫然耸立着金属横梁。电线组成的网纵横交错在上空。模型上方吊着一台造雨机器，仍然在滴水。一群人从二十英尺远处看着这一场景，五个人在站着，一个人坐在轮椅上。坐在轮椅上的是朱塞佩·法乔利，他身体前倾着，好像要迫切地想看到更多的模拟暴风雨的场面一样。他残疾的身体看起来很虚弱，可这种印象又被他略显文弱的穿着所强化：他打着领结，头发小心地梳成中分，留着稀疏的小胡子。那被厚重的圆眼镜放大的双眼，闪烁着像孩子一样的激动。他坐在轮椅上，转身看着说话的人。"沃克先生，"他用很重的意大利口音说，"你有什么问题吗？"

沃克是一位来自英国的访客，他不高兴地皱起眉头。"很抱歉打断你们，法乔利教授，但是闪电一定总要打到教堂吗？这对我来说有点儿亵渎神明。"

法乔利向后靠向他的轮椅，脸上显出沉思的神情。最后，点了点头道："尖顶吸引闪电。"

"但你不能让它打向树或者别的房子吗？"

法乔利摇摇头。"我们不会给闪电瞄准。但不用担心，沃克先生。我们的避雷器会保护你的教堂的。"他指向模型，小教堂依然立在那里，并无损伤。

沃克哼着说："只是教堂总被打到，这在我看来太奇怪了。"

"我同意。闪电是一种奇怪的现象，沃克先生。非常奇怪。这是我们为什么要研究它的原因。但是请放心，我们对教堂没有恶意。"

沃克一脸不悦："我知道了。"

法乔利继续道："我们可以在你的同意下继续演示了吗？"

沃克又皱了皱眉头，过了一会儿却点点头说道："是的，当然。"

法乔利转过头对一位坐在控制台前的工程师点了点头。与此同时，他微微地翻了个白眼。工程师注意到这个表情，开始大笑起来，然后突然噤声从人群中走开，避免别人看到他咧嘴笑的样子。他让自己忙活起来，调试着那些开关和仪表。

光线又暗了下来。雨水开始落在村庄上。巨大的电容器充电时，发出嗡嗡的声音。随后叉状闪电劈下来打中了木质小教堂的尖顶。

数万年前，当闪电瞬间从天空耀眼地落下，大地上雷声隆隆作响时，早期的人类躲避在山洞中，或者藏在树下，抬起爬满雨水的脸，注视着令人敬畏且看起来强大得不可思议的力量——诸神的武器。但是出于人的本性，恐惧和敬畏没多久就演变成了渴望和嫉妒。人们梦想着自己掌控如此可怕的力量。他们渴望像诸神一样投出闪电，让大地颤抖。

希腊神话描述了人们想要把这一幻想变为现实的最初的一次尝试。据说，希腊西部伊利斯的国王萨尔摩纽斯建成了一座铜制的桥，他在桥上驾驶着自己的重型双轮战车奔跑来模拟雷声，他这样做的同时，还将点燃的火炬抛向他的臣民，就像投下闪电一样。他的战士们在他身后跑步跟随，用矛将火炬砸中的人射死。整个表演肯定对恐惧的臣民而言比真正的闪电还令人畏怖。但看起来诸神对萨尔摩纽斯侵犯他们力量的做法并不愉快。他们用自己瞄得很准的闪电劈死了他。

数个世纪之后，疯狂的罗马皇帝卡利古拉把自己想象成一位在世神明。为了促使其他人也相信这件事，他戴着金制的胡须，手握做成闪电形状的铜制手杖，四处游行。他还尝试制造真正的雷和闪电。罗马史学家卡西乌斯·迪奥写道:"卡利古拉有一个装置,可以用它来发出雷声,点亮时可以放出闪电。"可这个装置到底什么样的,谁也说不准。现代历史学家斯蒂文·谢勒推测它可能包含"某种可以快速燃烧的混合物"。然而,尽管他把自己扮成一位能制造闪电的神明,卡利古拉的下场也没有比萨尔摩纽斯好到哪儿去,因为他的守卫刺杀了他。

闪电 = 电流!

在一千七百年里,几乎没有人对卡利古拉的闪电装置做任何改良。随后,在 1708 年,一位英国的教士,威廉·沃尔的一个偶然发现,使人们对闪电的性质有了新的了解,最终为科学家铺平了道路,制造出人造闪电。这一发现来自沃尔寻找磷的生产方法的过程。

那时,磷刚刚被发现,这一物质令研究者们着迷,因为它能在黑暗中发光。对它的强烈需求意味着任何愿意生产它的人都可以靠卖它赚一笔大钱。然而,生产它的唯一方法需要经过漫长艰辛(而且气味难闻)的过程,对大量尿液进行煮制和提炼。沃尔希望找到更简单也不那么令人厌恶的生产方法。他已经发现,干燥的粪便同样含磷,但是这只会更让人厌恶。

他希望避开排泄物,于是开始测试其他材料,看看它们是否具有磷的特点。

沃尔最早检查的物质中有一个是琥珀。他得到了很长的一根琥珀。随后,他坐在自己家里一间调暗的房间中,拿一块羊毛织料用力地摩擦它,"用我的手紧紧地握住它"。这样做时,琥珀发出明亮的小火花,噼啪声就像燃烧的木炭一样。这倒不大像磷发出的光,但是却更有意思,因为沃尔注意到细小的火花就像微缩版的闪电一样。沃尔没有意识到,其实电火花就是一种形式的电流,他的琥珀棒恰恰代表了走向人造闪电的第一步。

其他研究者很快想到沃尔忽略了的联系——火花是电——当他们想到这点时,看起来得出闪电同样是一种电现象的结论也就十分合理了。

然而，直到 1752 年，本杰明·富兰克林设计的一个实验才最终证实了这一猜想。

富兰克林建议研究者将一根铁棒升起到三十至四十英尺的空中，底部绝缘以保证电流不会逃逸到地面，然后等待坏天气的到来。这根铁棒将作为一个大气电流的收集器。如果风暴云从头顶经过，使它被通上了电——这可以通过铁棒上能引出电火花来证实——将证明闪电云的电属性。实验相对而言较为简单，但是也极为危险，这就像要求被闪电击中一样。富兰克林对危险轻描淡写，但他并没有急于在闪电云中间戳一个洞出来。反倒是两名法国的绅士，孔德·德·布丰和托马斯·弗朗索瓦·达利巴尔读到了他的想法，并决定把它付诸行动。

布丰和达利巴尔把实验安排在距离巴黎不远的马尔利城进行。他们小心地按照富兰克林的计划，将一根铁棒升到四十英尺高的空中，铁棒升起的位置在一座哨所岗亭外面，而研究者可以站在岗亭里面以保护自己不受伤害。但正像富兰克林一样，他们选择不去承受不必要的危险。

取而代之的是，他们找到了一位年老、和善，想必也不怕被牺牲的当地居民——夸菲耶先生，然后告诉他该做些什么。他们拍拍他的背，愉快地说："如果有效记得告诉我们！"然后就返回了安全的巴黎。

夸菲耶日复一日照着他们的话，坐在岗亭里等待坏天气的到来。终于，在 1752 年 5 月 10 日，他的耐心得到了回报。灰色的云层翻滚而来，可以听到巨大的雷鸣声。他迅速冲进岗亭，小心翼翼地向铁棒伸出一根绝缘的铜线，紧接着就听到了噼啪的噪音，一个巨大的电火花从铁棒跳到了铜线上。夸菲耶兴奋地大嚷起来："有效了！有效了！"马尔利修道院的院长听到他的喊声，以为发生了什么糟糕的事。他抛下自己正在读的书，赶过来要帮助夸菲耶，身后紧跟着一群教区的居民。修道院院长发现这位老人没有受伤后大松了一口气，他们两个人在接下来的十五分钟里满心激动地从电极上吸引电火花，直到这场暴风雨过去。

值得赞扬的是，富兰克林在此之后很快做了另一个实验，这个实验以风筝取代铁棒而闻名。尽管有许多图画，展现了风筝被闪电击中的场景，但从未发生过这回事。就像法国的铁棒一样，他的风筝只是从大气电流中获得了电。富兰克林称他在风筝线底端绑了一把钥匙，他伸出指关节靠近钥匙，受到了一次强烈的电击。他很幸运没有受更严重的伤，但是其他人就没他这么幸运了。1753 年 8 月，格奥尔格·威廉·里奇曼教授在俄罗斯圣彼得堡做该实验另一个版本时，一个闪电劈死了他，富兰克林在他的报纸《宾夕法尼亚报》中指出，里奇曼的死是一个悲剧，但是他补充说："然而这次令人难过的事故确认了关于闪电的新学说。"数年后，化学家约瑟夫·普里斯特利评论说："任何科学家都应该因以'如此辉煌的方式'死去而感到幸运。"

确认闪电的电属性令富兰克林在全球声名大噪，赞扬和奖项不断地降临在他头上。皇家学会颁给他科普利奖章，这相当于 18 世纪的诺贝尔奖。而德国的哲学家伊曼努尔·康德甚至宣称富兰克林是"现代的普罗米修斯 ①"。

雷电屋和铜制膀胱

现在，人们终于知道诸神的怒火是怎么回事儿了，他们即刻便开始解放自己内在的闪电之神。其做法是在微缩村庄上降下闪电。微缩模型被称为"雷电屋"。它们本质上是玩具房屋，经常被造成小教堂的样子。通过诸如莱顿瓶等电设备放出的电火花添加一些假闪电，然后砰的一声！电击将木质的嵌片炸飞出来，就像房子爆炸了一样。还有更戏剧化的版本，用火药来制造真实的爆炸。有时候还会为了好玩在模型中加入微缩小人。比如，1753 年，富兰克林的朋友埃伯纳泽·金纳斯利，在广告中宣传了一个他新建成的雷电屋，其特点是一束人造闪电"会击中一处小房子，然后向一个坐在椅子上的女性小人打去，然而她会被保护而不受伤害；但另一个站在旁边，看起来离危险很远的黑人形象的小人，却会受到严重影响。"

---

① 普罗米修斯：希腊神话中的神明，创造了人类，并充当人类的教师，后为人类盗取火种，却因此而受到宙斯的惩罚。

雷电屋使研究者得以用激动人心的方式演示闪电的作用，同时也使他们能够展示其新获得的能力——保护建筑不受危害，这得益于富兰克林的另一个发明：避雷针。一个电火花可以令一座雷电屋爆炸，但是用电火花击打一座得到细小的避雷针保护的微缩房子，电流则会无害地逃入地下。

设备和模型很快就变得更加复杂起来。1772 年，一位伦敦的纺织品商、电学爱好者威廉·亨利认为，如果闪电来自一个真实的云朵——或者看起来类似的东西——将成为一个很不错的修饰。于是他用"最大个头的小公牛的膀胱"制作了一个假云朵，膀胱得自他"足智多谋的朋友"考文垂先生。考文垂先生给牛的膀胱镀了一层铜，随后把它吊在一根木梁上。亨利给镀铜的膀胱充上很强的电，然后用一根铜棒接近它。他这样做时，膀胱"以完整而强有力的电火花"释放出电流。"释放膀胱的内容物"这句话由此有了全新的解释。

根据类似的方法，丹麦科学家马丁·范马鲁姆用充满氢气的膀胱制作了人造云朵，飘在他实验室的半空中。他给一朵云加了正电，给另一朵加了负电。当它们飘近彼此时，一个电火花从一朵云跳到了另一朵云上。有时，为了娱乐观众，他还在两朵通了电的云中间升起第三朵没有通电的云。当一个电火花穿过它时，它会发生令观众满意的爆炸。

1777 年，对模型的这种狂热达到了高潮，在伦敦工作的研究者本杰明·威尔逊造出了一个能生成闪电的装置，长一百五十五英尺，用绳索挂在距地面五英尺高的地方，他将它安置在牛津街的一座舞厅"万神殿①"里。由于这一闪电装置个头太大，难以移动，他转而将微缩房屋移向机器，用一根棍子将房屋推近，直到叉状的闪电打下来劈中房屋。

---

①万神殿（The Pantheon）：伦敦牛津街上的一座建筑，因其主要大厅中央的圆顶与罗马的万神殿相似而得名。

浪涌发生器和现代朱庇特

即使 18 世纪的闪电模型制作如此精心，研究者们仍然能强烈地意识到他们模拟出来的闪电比起自然界真正的闪电力量，不过是烟花爆竹的程度罢了，他们并不知道如何制造更大的闪电。但是渐渐地，随着时间的推移，19 世纪电学的发展弥补了这一缺憾。19 世纪 30 年代，第一台电磁感应发电机被发明出来，能够比 18 世纪的静电设备生成大得多的电力。1882 年，托马斯·爱迪生，正如我们已经看到的，在纽约市建成了第一座商业发电厂。随后在 19 世纪 90 年代，尼古拉·特斯拉在结束了和威斯汀豪斯的雇佣关系之后，作为独立发明家迈出了自己的一步，建成了大型变压器，这个设备能够在他的实验室里放出一百英尺长的电弧。

有一张著名的照片，展现了特斯拉平静地坐在变压器旁边的椅子上的场景：他若无其事地读着一本书，同时头顶上舞动着巨大的电火花。遗憾的是，这个画面并不是真的。这是用多重曝光制造出来的画面，如果真的离电弧那么近，会要了他的命。而且，尽管特斯拉的电弧看上去十分震撼，并且电压很高，但其实电流强度很低，因此离真正的闪电还差得远。科学家仍未造出一台机器，并生成与闪电威力相当的电弧。人类对这一自然力量的掌控尚未实现。

接下来的二十年是电气的黄金时代。输电线蜿蜒穿过乡间，沿着仔细规划的路线将电力输送到城市和乡镇。电气设备——烤箱、电灯和收音机——在家庭中出现，发出让人放心的嗡嗡声。电这只"怪兽"被驯服和转化成为家庭的仆人。这些成就达到顶峰的标志性事件发生在 1922 年 3 月 2 日，这一天，通用电气公司在其纽约州斯克内克塔迪市的实验室内，发布了全世界第一台真正的人造闪电机器，该机器的技术名称为"浪涌（或脉冲）发生器"，它有两层楼高，看起来像一位疯狂科学家用发电厂的零件拼装出来的机器。上面有数层由金属杠固定住的覆箔玻璃板，一排排的真空管、绝缘器，还有其他看起来很神秘的装置。前方和中央有两个巨大的铜制球体立在木桩上。这两个球体之间构成了"球间隙"，闪电就将在这里发生。

在浪涌发生器旁站着自豪的发明者，查尔斯·普罗蒂厄斯·施泰因梅茨。他是个相貌奇特的人，当他站在如此壮观的机器旁边时这一点尤其明显。他得了侏儒症，身高只有 4.5 英尺。他还有驼背和髋关节发育不良的毛病，这使得他的躯干和双腿以一种别扭的角度弯曲。

为了完整描述他的外貌，不能不提他长着浓密的胡须，戴着夹鼻式眼镜，嘴里总是叼着一根雪茄烟的样子。尽管施泰因梅茨身体残疾，他的头脑却极为聪明。自 1889 年从德国移民美国之后，他成了通用电气最具价值的员工，他写出了能让工程师们理解交流输电的数学公式。有传言说，通用电气甚至不付月薪给他：只要他提出要求，他们就会递现金给他。传言并不是真的，但他确实有很高的收入。他的财富令围绕他的争议进一步加剧了，因为他同时还是坚定的社会主义者，曾经向弗拉基米尔·列宁提供电气服务。

斯克内克塔迪市的实验室内，施泰因梅茨在他的闪电机器前踱步。此时记者在笔记本上速记着，摄影师在拍摄照片。他向听众夸耀着其发明的强大力量：

> 在实验室里，我们建成了一台闪电发生器，能够放出一万安培的电，电压在十万伏特；这相当于超过一百万马力的功率，持续十万分之一秒。尽管这不过是自然界闪电能量的五百分之一而已，但它能向我们展示真实闪电那样的爆炸性、撕裂性、粉碎性的效果。

像一名真正的表演者那样，他摩擦着双手迈步向前来展示其威力。他拉下一根控制杆，巨大的机器充电的同时发出响亮的嗡嗡声。记者们紧张地向后退去。有些人用双手捂住了耳朵。突然间闪过一阵炫目的光，叉状闪电从球间隙跃出，打中了放在中间的木块。一声震耳欲聋的巨响摇撼着实验室，一股灰烟腾起。当尘埃落定时，记者们可以看到那块木头消失了——被闪电气化了。它的碎块落到了二十五英尺远的地方。

其他用闪电击打的物件包括：一棵小树，几段金属丝，以及一座村庄的模型。第二天，激动的媒体报道了此事，几乎每份报纸都称赞施泰因梅茨为"现代朱庇特①"。《纽约时报》甚至将这个绰号放进了头条标题中：《现代朱庇特随心所欲地放出闪电》。本杰明·富兰克林不过得到了普罗米修斯的名字。施泰因梅茨则直接获得了宙斯的身份。这种称谓不过再一次加剧了围绕他的争议而已，因为他曾坦言自己是一名无神论者。

在接下来的一年里，施泰因梅茨去世了——并不是像萨尔摩纽斯王那样死于闪电，而是在睡梦中死于心脏病发作。出身于意大利的研究者朱塞佩·法乔利在通用电气接手他的研究，很快将闪电机器的输出功率提高到原先的两倍，使之能生成两百万伏的闪电。和施泰因梅茨一样，法乔利也身患残疾，但是施泰因梅茨尚能走路（有些困难地），法乔利却只能坐轮椅。不管他想去哪儿，都有一名个人随从推他前往。《纽约时报》认为两位现代闪电大师都身患残疾是一个有趣的巧合。"对施泰因梅茨而言，"报纸中写道，"他身体上的缺点似乎突出了而非削弱了其强大的精神能量。两个人似乎都从他们控制的巨大力量中吸纳了某种有活力、强有力的东西到体内。"

尽管身患残疾，法乔利是个偏爱冒险的人。他喜欢在闪电机器运转的时候，尽可能凑近机器。他告诉记者："当你离这么近时，你会感觉到胡须因为电流而飘起来，很有意思。"在通用电气位于马萨诸塞州皮茨菲尔德的实验室里，他的工程师们建成了整个村庄的模型，他们向模型浇下人工雨，打下闪电。闪电来回劈打，不断重复地击中一座微型的教堂，直到最后，一名英国来访者站了出来，认为不断打中教堂是法乔利特意地安排，用来表达对宗教的抗议。"但是我要说，"来访者抱怨道，"你不觉得这有点儿亵渎神明吗？"现有的记录没有任何提及法乔利宗教信仰的内容，但是他曾是施泰因梅茨的密友，因此他很有可能一样对宗教抱持怀疑主义态度。然而，他完全没有击中教堂的打算。

他向来访者解释，教堂尖顶会反复被击中，仅仅因为它给闪电提供了最快逃逸入地的路径而已。

---

① 朱庇特：罗马神话中的主神，相当于希腊神话中的宙斯，以雷电为武器。

年复一年，人造闪电的力量在不断增长。到了 1929 年，皮茨菲尔德实验室已经在制造五百万伏的人造闪电了。1939 年，在纽约举办的世界博览会上，通用电气发布了一台可以放出一千万伏闪电的机器，所制造的闪电可以跃过三十英尺的间隙。机器高三十四英尺。而且为了向其最初的发明者致敬，放置它的大厅名叫施泰因梅茨大厅。该机器是整个博览会上最受欢迎的展品，吸引了七百万访客前来参观。人们坐在木制长椅上，观看闪电的爆炸和劈刺。海伦·凯勒也是访客中的一员，尽管她耳聋目盲，但仍然受到了强烈的触动。她之后写道："这前所未有地触动了我，给我一种感觉，人类虽然脆弱却不屈不挠，竟掌握了如此惊人的手艺，能够投出冒火的闪电。我坐在这里，紧张却欢欣，另一个奇迹降临了。闪电对我说话了！——不，它在用管风琴一样的轰鸣声唱歌，歌声穿透了我的整个身体。"

通电的绵羊

如今，在全球各地的工业实验室里，仍然可以看到施泰因梅茨浪涌发生器的后继型机器。它们经常被用来测试需要具备抗闪电袭击特性的物体，比如绝缘体、飞机部件，以及教堂的尖顶。但是在最近的几十年里，发生器还被用来指向一种更不同寻常的目标：绵羊。

绵羊和闪电拥有漫长交织的历史。这种动物曾经是（如今仍然是）闪电袭击的受害者（经常性的）。1939 年在犹他州筏河山区，一道闪电把一侧山坡上相互靠得很近的八百三十五只羊全数击倒。当数千年前类似的场面发生时，人们一定在心里将绵羊和闪电联系到了一起。有证据表明，古代人类得出了结论，认为负责闪电的神明喜欢绵羊，因为在很多不同文化中，绵羊都成了人们选中的献祭品，用来平息闪电之神的怒火。

南苏丹的阿特沃特人如果遭遇闪电袭击房屋，会把一只绵羊丢到燃烧的房屋中；东非的基库尤人，在有人被闪电击中时，会在事发地点宰杀一只绵羊，然后用绵羊的内脏涂抹受伤者的身体；古代伊特拉斯坎的祭司——所谓的肠卜师，每次遇到闪电袭击都会举行献祭仪式：他们将那些被神圣之火击中或者打碎的物件堆在一起，然后献祭一只羊羔；就连《圣经》也提到了绵羊和闪电之间的联系。《约伯记》（1:16）中提到："神从天上降下火来，将群羊烧灭了。"

在18世纪，科学家首次从宗教人士手中接过了这种与闪电相关、献祭绵羊的行当。1781年3月12日，英国皇家学会的成员们聚集到亚伯拉罕·本内特牧师家中，见证了一只绵羊遭受一次模拟闪电袭击的实验。人群围聚在安放绵羊的桌子的三面。约翰·里德站在桌子正前方，手握一对金属棒，金属棒与几只莱顿瓶组成的电池相连，而电池将放出一次电击——也就是人造闪电（实验的设定类似于之前谈到过的鸟类实验，但规模更大）。里德将其中一根金属棒紧紧按在绵羊的脑袋上，保证羊毛不会阻碍电击，然后他用另一根金属棒闭合电路。一瞬间，响亮的爆炸声响起。里德在实验后写道："尽管我这样做（即手握两根金属棒）被认为是危险的，但其实我一点感觉也没有。"倒霉的绵羊运气不佳，没能活下来。实验显示，科学家能够制造足够大的电流杀死一只大型动物，但是作为模拟闪电的实验，它毫无用处，因为莱顿瓶没办法收集足够大的能量，就算想重现真正闪电的微力量也差之远已。

所有闪电模拟实验都有电力不足的问题，直到1922年，施泰因梅茨发明了浪涌发生器。从它被发明的那一刻起，就早晚会有人在浪涌发生器里面放一只动物。面对听起来如此吓人的实验（可以肯定，它听起来确实够糟的），研究者仍感到开展这些实验在医学上的显著必要性。每年闪电致死的人数比其他任何自然灾害都要多，然而到了20世纪20年代，人们还对闪电击伤的生理学原理所知甚少——诸如闪电如何穿过身体，为什么闪电击伤可以致命，或者更为神秘的是，为什么它们经常不那么致命。而医生也缺乏相关的知识，指导他们治疗被闪电击伤的患者。他们不能直接把对电击的了解用于闪电击伤，因为即使在那时，人们也知道两者有显著的差别：闪电具有超高电压，但是经过身体仅需要一瞬间；而典型的电击则涉及较低的电压和更长的暴露时间。

最早使用浪涌发生器开展的生物实验发生在1931年，那时约翰·霍普金斯大学的研究者奥赛罗·兰沃西和威廉·考恩霍文研究闪电穿过身体的路径是否会改变其致命性。大白鼠成了不幸的受害者——出于人道，它们被麻醉了，完全没了知觉，这样它们就什么也感受不到了。

兰沃西和考恩霍文将这些啮齿动物，以不同的姿势放置于浪涌发生器的平板上，让它们躺下或者吊起呈垂直的姿态，随后释放电流。他们发现不同的电流通路造成的结果有极大的不同。躺下的动物往往活了下来，很少受伤或没有受伤。但当大白鼠被吊起呈直立姿势，电击从头到尾穿过其整个身体时，这些老鼠才会无一例外地死亡。从这些结果很容易得出结论，如果你在一场雷电交加的暴风雨中置身于一片旷野时，你应该躺平下来，但这是错误的。这么做会使你暴露在穿过地表的电流中，你的结局就会像那些直立的老鼠一样。这种情况的最佳策略是，蹲下身来降低你的身高，注意只有你的鞋底着地。

又过了三十年，闪电的研究者们开始将注意力转向了绵羊。其动因源于 1961 年，那时美国中西部多家保险公司带着一个有趣的问题，找到了爱荷华州立大学的一位兽医詹姆斯·雷利·霍华德。农民们为死去的绵羊提出索赔，这些绵羊死于闪电，但保险公司却怀疑这是诈骗。保险调查员确信绵羊实际上死于诸如传染病之类，无法获保的原因，但是他们却没有办法提出证明。这些公司咨询霍华德，有没有能帮助识别闪电击伤并将之与其他死因区分开的鉴定指南。霍华德承认还没有，因此在保险公司提供的资金支持下，他开始着手创建这样的指南。

霍华德的研究第一阶段不涉及实验。他花了几个月的时间，每天二十四小时等待绵羊死亡的消息。他开车去偏远的农场，试图尽快赶到闪电袭击现场，检查绵羊的伤情。这最终帮助他总结出了闪电击伤典型标志的清单，其中包括迅速的腐烂，鼻孔流血，羊毛被烧焦，从背后一直延伸到足部呈分叉或直条状突显的卷曲羊毛，以及皮下组织的损伤，包括皮下出血和树形深棕色区域。当然，被闪电击死最确定无疑的标志是地面上深棕色的大洞，半径五十码围绕着死去的动物。

为了验证他注意到的皮下损伤的起因就是闪电，霍华德接着开始了实验研究。他在爱荷华州立大学校园的一座混凝土大楼里，放置了一台定制而成的浪涌发生器，准备将绵羊放进机器里进行实验。物理系的人过来看这台机器时，担心霍华德会不小心把自己和机器一起炸飞，但是霍华德没有被吓住，仍然继续了实验。

一个板条箱被安放在发生器的两个电极之间，绵羊就站在箱子里。当霍华德启动机器，一千安培的电流会在两个电极之间跃出，穿过绵羊的身体。你很难不替这些动物难过，尽管据霍华德说它们已经老了，即使不来这里，人们也会用其他方式结束它们的生命——农场动物的命运也就是这样了。至少一切结束得很快。报告称，整个过程制造了"巨大的吵闹声"，连监视绵羊关键生命体征的设备也一并被毁。用霍华德的话说就是"绵羊会死，机器也会"。在电死十六只绵羊之后，他收集了足够多的数据，足以确认他在农场绵羊身上发现的损伤确实由闪电造成。而且他成功地保证了自己的安全。

霍华德的研究看来是那些保险公司的一桩不错的投资。他们为闪电致死家畜赔付的费用降低了三分之一。

这些实验回答了闪电击伤长什么样的问题，但直到 20 世纪 90 年代，研究者才确认闪电袭击可以致命的确切原因（以及为何它们经常并不致命的原因）。这一次同样，人们是在绵羊的帮助下得到的答案。

澳大利亚昆士兰大学的克里斯·安德鲁斯开始着手探究闪电致命的谜题，他用几只秃面莱斯特绵羊做他的实验对象。就像之前的霍华德一样，安德鲁斯建造了定制的浪涌发生器。他将它描述为一台"多脉冲高电压脉冲发生器"，机器可以生成六次能量脉冲，每两次间隔十五微秒。他用它来模拟闪电的特性——一次闪电往往包含多次能量袭击，有时多达二十或三十次。

安德鲁斯的绵羊被完全麻醉后躺在桌子上，臀部去毛经盐溶液打湿。绵羊被安放在一块金属板上，电流可以通过这块金属板逃逸入地。绵羊的肚子和头部用绳索绑好，以避免它们移动——同时，想必也可以避免它们被放电的力量打飞。当安德鲁斯启动发生器时，电容器充电的巨大轰鸣声充满了整个房间，随后，转瞬间，一束灼热的白光吞没了绵羊的身体。通过仔细的尸体检查，安德鲁斯发现电击释放的大多数电量都从绵羊体表经过，产生了所谓的"闪络"效应。但电流同时穿过了绵羊身体上诸如双眼和嘴部等开口，由此破坏了脑干的功能，引发了心脏和呼吸衰竭。然而，安德鲁斯得出结论，心脏衰竭并不是主要的死因——尽管这被普遍认为是闪电击伤的致死原因——因为心脏可以自行恢复跳动，而且此事经常发生。相反，呼吸衰竭才更危险，因为肺部无法自行重启。安德鲁斯建议医生，即使被闪电击伤的受害者看起来已经死亡，也有很大的概率可以通过恢复肺部功能把他或她救回来。

自 1993 年以来，研究者已经不再局限于在实验室中制造闪电，因为在那一年，科学家们成功地通过向暴雨云发射火箭引发了闪电。火箭拖着细细的金属线，将云与地面连接在一起，由此触发闪电，与此同时金属线会被气化。不幸的是，整个过程远算不上完美。火箭必须在恰好的时间升空，赶上暴雨云几乎可以释放电量的时机才能触发闪电。

但是一项更令人震撼的技术——用激光引发闪电，目前正在开发中。一台高能激光器被用来在空中制造一个等离子通道，通道会从云层中引发一次能量释放。这就像是富兰克林提出的将一根电极伸进暴雨云中的想法的超复杂版本一样。有如此高科技的工具在手，研究者一定会在未来构想出更具野心的闪电实验。绵羊们可要当心了！

第二章

核反应

NUCLEAR REACTIONS

　　在 20 世纪早期的数十年里，物理学家发现亚原子世界里有奇怪的力量在运作。他们意外地发现，有一股巨大的能量潜伏在原子的中心；他们还了解到，有一种元素可以神秘地转化为几种其他的元素。一开始，这些过程看起来不合逻辑且难以解释。但是渐渐地，经过年复一年耐心地研究，物理学家们意识到那些一开始看起来随机的现象，实际上只是遵从着严格的法则。复杂的数学公式可以精确地预测这些亚原子粒子的行为。随后，最神奇的是，物理学家发现他们可以促使这些微小的原子释放出其内部隐藏的能量。如果排列正确，原子会爆发出毁灭性的力量，最后原子弹诞生了。然而，现在拥有了原子弹的人类，思维却一如既往地不合逻辑。事实上，新发现的原子能似乎有着奇怪的令科学家沉迷的效果，令他们行为变得更为古怪，野心比过去显得尤为宏大起来。

患神经症的原子山羊

　　1946 年 6 月 30 日——马绍尔群岛，比基尼环礁。

　　一名水手蹲下身来，挠挠山羊的头。"嘿，伙计，我该走了"。

　　山羊没有注意到男人的存在。它直愣愣地盯着前方，嘴里啃着草，双眼中透着一股躁狂的劲儿。

　　山羊站在一艘战舰的前甲板上，身体两侧几根直立的金属杠限制了它的移动范围，脖子上戴的项圈将它跟金属杠锁在了一起。山羊的前方放着一桶水，一大捆草料放在它很容易够到的位置。

还有几只山羊被以同样的方式锁着，以同样的热情大嚼着草料。

水手继续说："是的，我知道你很忙。我只想说照顾好你自己。"

"嘿，乔！"一个声音从船尾响起，"快点来！"

"我这就来！"他喊了一声。

水手站起身。"不管怎么说，伙计们。享用你们的草吧。希望我很快就能再见到你们"。他再一次拍拍山羊的脑袋，然后冲向船尾，从视线中消失了。对他的离开无动于衷的山羊继续忙活的嚼着草。

十分钟后，一条巡逻船从战舰一侧脱离开，引擎有力地噼啪作响。但是随着巡逻船与战舰之间的距离拉远，噪声越来越轻，直到最后，响声也听不到了。热带湿润的空气笼罩着尤为安静的战舰。此时唯一的声响是海浪的拍打声，以及不间断的嘎巴嘎巴的咀嚼声。

一阵温暖的轻风拂过水面。越过船头，可以看到整支舰队的战船或远或近地停着——有几艘停在附近，但大多数聚集在两英里远的地方。小型巡逻船零星散落在水面上，在战舰之间忙碌地穿梭着。

时间流逝。太阳西沉，落在了地平线上，在海面投下长长的影子。小船离开大船出发，大船安静地漂在水上，随着海浪摆荡着。山羊下巴的肌肉收缩着，牙齿将草料磨成草浆。

太阳在火红色天幕中落下。群星在上方显现，在赤道的天空中闪烁着。山羊在金属杠之间跪下身，睡了个小觉，但是太阳从东方一升起来，它们即刻醒来，又重新干起了活儿——嚼了又嚼，嚼个没完。

太阳变得更耀眼了，赶跑了早晨的凉爽。

在上空，一架飞机划过天空。机身倾斜着，向着远处的地平线加速飞去。山羊们对此完全毫无留意。

突然间，一阵明亮的光闪过。在数英里之外的战舰群上空，一个巨大的能量球爆炸开来。它越变越大，大得不可思议，吞噬了好几艘船。随后，眨眼间，它转变成了紫色的烟柱，升起数英里高。山羊们无视了这件事，毕竟还有草要嚼。

　　一阵冲击波快速穿过水面冲向舰船，船下面的海水变得漆黑一片。一秒之内，冲击波撞上了舰船。一声巨响，仿佛空气也被震碎了一样。战舰的金属舰身因为压力而轰响着。一股炙热的风呼啸过甲板。浪花和船体残骸飞得到处都是。随着剧烈震动的船体，山羊们调节着身体平衡，随后，以钢铁般的、毫不动摇的决心，它们低下头来，又啃了一口草。

　　世界上第一颗原子弹的爆炸发生在 1945 年 7 月 16 日的清晨，在美国新墨西哥州荒漠的上空。科学家和军官们从十英里外观看了整个过程，爆炸的那一瞬比白天的太阳还要耀眼，照亮了周围的群山，一朵七英里高的蘑菇云在空中升起。

　　第二和第三颗原子弹在不到一个月后，就从日本的广岛和长崎爆炸。街道上正在奔忙于日常生活的男人、女人和孩子们抬头看着空中出现三架美国飞机。他们对它并无感想，因为美国空军数月来已经小规模地出动了许多次，通常只是散发一些传单而已。但是这一天，这些飞机却装载着致命的武器前来。首先，出现了一瞬耀眼得无法言喻的闪光。短暂的瞬间之后，两座古老的城市顷刻被火焰吞没。

　　在接下来的数周乃至数月里，世界各地的人们都在拼命了解这种力量使人恐惧的原子弹，可能造成的影响。新闻报纸充斥着紧急的问题。原子弹的存在对国际关系意味着什么？有哪个国家能挑战美国的统治地位吗？美国会分享原子能的秘密吗？针对这一武器，有任何可能的防御措施吗？这些问题吸引了公众的关注，但是在聚光灯以外的学术世界里，一些科学家沉思着一个更为古怪的问题。他们想知道，原子弹对那些患神经症的山羊会有什么心理上的影响？在 1946 年 7 月 1 日，世界上第四颗原子弹在南太平洋的比基尼环礁上方爆炸，为这个问题提供了答案。

十字路口行动

第四颗原子弹，以及患神经症的山羊的故事，开始于美国海军的办公室，就在日本政府在 1945 年 8 月投降后不久。海军上将和上校手里拿着照片，看着照片中广岛和长崎遭遇的恐怖的毁灭，一种不舒服的感觉涌上心头。他们担忧的倒不是那些受伤的日本平民，而是在担心自己的未来。他们的声音中带着忧虑，询问彼此这样的问题：有任何舰船能在这样的武器下幸存下来吗？说得更清楚一点，海军（也就是他们的工作）是不是突然间要被淘汰了？

在这些忧虑的驱动下，海军高层规划了十字路口行动。该行动的计划是用整支舰队作为一颗原子弹的试爆目标，看看到底能造成多少破坏。如果整支舰队都沉没了，那对海军来说将是一个坏消息。最后，他们采用了"十字路口行动"这样的名字，来表明战争科学正处于十字路口，而这一测试将指明前进的道路。

为了与原子弹惊人的破坏力相匹配，十字路口行动被定为一次大规模军事任务。美国海军夸口称：这是有史以来开展的最大规模的实验。统计数字也令人震惊：四万两千人，二百四十二艘船，一百五十六架飞机，七百五十台摄影机，五千个压力计，两万五千台辐射记录仪，以及两颗原子弹——第一颗将从飞机上投下，第二颗将在三周后从水下引爆。

所有的这些军事力量，就这样突然降临在南太平洋的那个风景如画的比基尼环礁——进行实验的地点上。比基尼当地的居民，一群从战争中幸存下来，没有受过任何严重影响的原住民，被告知他们必须离开。他们得到了模棱两可的承诺，说当美国政府完成实验后，他们就可以返回这里生活（如今他们仍在等待）。

与军官和水手们相伴的，是一大批研究者，因为十字路口行动既是军事实验，也是科学实验。核物理学家、化学家、数学家、光谱学家、X 线学家、生物物理学家、生物学家、兽医、血液学家、水产捕捞学家、海洋学家、地质学家、地震学家，以及气象学家悉数到场。陪伴研究者的是堪比"诺亚方舟"[1]的动物大军：五千只大白鼠，两百只小鼠，六十只豚鼠，二百零四头山羊，以及两百头猪。动物们将要作为人类船员的替身，被转移到目标舰船上。它们将揭示一次原子弹袭击可能造成的死亡率，以及船员可能遭受的各种伤害。

对动物的使用在公众中间激起了广泛的抗议。超过九十人写信给海军，提议让人员登上目标舰船，以取代动物。志愿者是一群形形色色有自杀倾向的人，有着喜欢被炸死的念头。其中很多是本来也不会活多久的老人，还有一群人是圣昆丁监狱死刑名单上的犯人。一位写信者要求：如果军方接受他的服务，不要把他的名字公之于众，因为他不想让公众认为他疯了。一份解密的报告称：为了测试的目的，事实上人类会"比动物更令人满意"。然而，研究者拒绝了所有的人类志愿者。

在单纯被炸之外，一些动物被用来满足更具体的实验目的：有几个品种的小鼠，经过培育后具有更大或更小的患癌概率，被生物学家用来测量炸弹在致癌方面的属性；医生们在其他动物身上涂上厚厚的乳液，模仿人类的发型剪掉它们的毛发，或者给它们穿上军队制服的仿装，以及"防闪光"的套装。用来测试不同的乳液、发型和织物在防辐射方面的属性。在心理学家的要求下，几只表现出神经症倾向的山羊被一并带上了船。

在比基尼，患神经症的山羊是唯一专门为心理学实验准备的动物。1947 年，十字路口行动的官方报告《比基尼的核爆》发表。报告谜一般地解释说：山羊被安排在那里，因为研究者想弄清"剧烈的爆炸现象"会对山羊们神经症的倾向有怎样的影响。实验的想法是将山羊放在一艘离炸弹落点足够远的船上，以确保它们不会在最初的爆炸中死亡，但又要离得足够近，以获得完整的影响效果——能够感觉到炸弹的热浪吞噬它们呼吸的空气。

参与行动的一位资深放射学家理查德·格斯特尔，随后在《星期六

———————————

①诺亚方舟：《圣经》传说中，诺亚为躲避大洪水而建造的巨大船只，船上载有诺亚一家和世界上各种陆上生物。

晚报》发表了一篇文章，介绍了自己在比基尼的经历，并做了一段简短的说明，来描述这些山羊参与实验的目的。他透露："康奈尔大学的研究者们亲手选出了实验的山羊，它们被安排在现场，这样科学家们就能够看到核爆对它们的神经系统会造成什么样的影响。通过这样的方式，或许也就能知道人类在精神崩溃和惊慌失措方面的易感性。"换句话说，这是对恐惧的实验。这些敏感的动物将被迫注视呼啸的原子巨怪，从海面高高升起七英里，而科学家们将观察它们的反应。研究者想要弄清，并观看它们无法理解的原子灾难，会不会即刻令这些山羊坠入疯狂的深渊。

士兵敏感的心脏

从来没有科学文章详述神经症山羊实验背后的缘由，也从来没有记者调查过它们为何出现在比基尼。

如果不是官方报告和格斯特尔的文章中简短地提及这些山羊，我们甚至不会知道它们的存在。它们闲逛着走上十字路口行动严肃的舞台，挑衅地咩叫着，然后就这样从视线中消失。为此，人们很容易就把它当成一个，由某位不知名的心理学家为原子弹测试设计的一次性的古怪实验，从而置之不理。但是事情并非如此。在此之前，曾存在一整段的科学研究历史，这段背景不仅解释了为什么研究者会担心核爆可能引发"精神崩溃和惊慌失措"，同时也解释了为什么专门选择山羊作为实验对象。为了解这段历史，我们有必要跳回到几十年前——比基尼原子弹爆炸之前，当时医生们第一次注意到一个令人担忧的现象：现代战争的残酷条件似乎造成了士兵们集体发疯的现象。

战争一直如同地狱一般残酷，但是在 19 世纪中期，由于军事科技的发展，战争明显变得比以往更加残酷。在美国南北战争的杀戮中，军医开始注意到一种奇怪的新型患者出现在医院里。这些士兵外表看起来很健康，没有明显的伤势，但是他们的情况显然不太好。他们展现出诸如呼吸短促、严重的疲乏、心悸等症状。事实上，这些人几乎无法维持正常的身体机能。雅各布·曼德斯·达科斯塔医生针对这些士兵开展了一项研究，并得出结论，他们患上了某种形式的心血管疾病。他说他们"心脏脆弱"。他的同事们称之为"士兵的心脏"。

在一战期间，大屠杀的战场转移到了欧洲，枪炮以及毒气的受害者不断涌进医院。但是与美国人之前发现的一样，有许多士兵，身体看不到明显的伤处，却仍然完全丧失了行为能力。他们控制不住地颤抖，不管吃下什么都会吐出来，而且还大便失禁。这类病患的数量之多令医生们感到不安。这些发抖的士兵占了病房所有病例的 10%。医生们现在开始怀疑他们患上的不仅仅是心脏的疾病，而是某种神经崩溃或者精神瘫痪。现代战争的恐怖——蜷缩在战壕中，无助地暴露在炮弹爆炸、警报，以及俯冲轰炸机的威胁之下——似乎超出了一些人的承受能力。战争使人发疯。医生们为这个病想出了一个新名字"炮弹休克"。

这种病有了名字是件好事，但是将军们想知道的是，怎样治愈这种病。军队里大量的士兵没有出现显著的身体原因，却依然无法战斗。那么，这些人如何才能被医治好，重新派到前线呢？关于这个问题医生们并没有答案。他们能做的也不过是把最严重的病人送上回家的船，让他们"烂"在精神病院里，并催促那些不那么严重的病人自己振作起来。将军们出手相助，宣称如果任何人想要当逃兵，就会被枪毙。

战争终于结束，似乎战士们的这一问题也被解决，但是二战又打响了，随着二战的到来，炮弹休克又回来了，而且变本加厉了起来。现在不光是士兵遭受到了战斗神经症的折磨，就连平民也因为身处持续的空袭警报和炸弹袭击的压力之下，开始出现精神崩溃的情况。

急切地想要做些什么的军医们，找到了更适合的治疗方法。在现代科学心理学的指导下，他们确信能够以某种方法打败精神恐慌这一不可见的敌人。他们将手伸进心理学的工具袋，然后拿出了解决方案。

最明显的治疗方法是停止轰炸和流血，但是这当然不在选项之内。心理学家转而想出了一种在士兵步入战场之前，就令他们"免疫"于战争恐怖的办法。这一理念源于人们不会对自己习以为常的事物感到害怕，而不害怕就不会遭受精神崩溃。在研究者的指导下，英国军队建造了"战斗学校"，在那里士兵们用真枪实弹受训，广播里播放着战争的音效。这些学校的理念包含符合常识的核心。

在战斗训练中，将士兵暴露在更真实的环境中确有道理。但很快战斗学校的存在导致更为激进的想法出现——仇恨训练。

仇恨训练的理念在于，炽烈的愤怒会使一名士兵不受恐惧的影响，其效果比单纯习惯于战斗场景要好得多，由此可以保护士兵免受神经症的侵扰。给多家媒体写稿的专栏作家埃尔尼·派尔这样总结道："航空军医说，如果一个人心中燃烧着对敌人强烈的恨意，他能够飞得更好，战斗得更好，存活得更久。因为这样他就会超越自我，暂时成为一个狂热者，不会为自己可能面临的死亡而感到忧虑。"

英国仇恨训练学院于 1942 年 4 月建成。参与训练的军官会被带入一间"仇恨房间"，在那里，他们会看到展示敌军暴行的照片——腐烂的尸体，挨饿的人群，患病以及死去的俘虏。他们观看绵羊在屠宰场被屠宰，然后在全身涂满动物的鲜血，一边涂一边狂怒地大喊。他们攻击人形的气球。在他们把刺刀刺进去时，气球爆炸，溅他们一身血。他们匍匐着爬过泥地，穿过仿真诡雷，教官在他们身旁边跑边嚷："继续，继续，杀，杀……仇恨，杀，伤害……仇恨，杀，伤害！"

关于仇恨训练的新闻令英国公众不安。伦敦的《新政治家》杂志将这种概念标注为"缺德的胡话"，讥讽它为"一系列实验，设计用来生产对整个世界的仇恨和嗜血情绪，就好像（士兵们）是巴甫洛夫的狗[①]一样"。教士兵们学会仇恨也不大像英国人行事的风格。毕竟，英国人不应该是这场战争中的好人吗？很快人们就发现，训练反正也得不到预期的效果——它令士兵们感到抑郁而非令他们充满斗志——于是军方悄悄地关闭了仇恨训练学院的大门。

---

① 巴甫洛夫的狗：俄国的科学家巴甫洛夫开展过一系列以狗为研究对象的实验，其中最著名的实验是每次给狗送食物以前打开红灯、响起铃声。这样经过一段时间以后，铃声一响或红灯一亮，狗就开始分泌唾液。这种现象被称为"条件反射"。人们后来用"巴甫洛夫的狗"形容一个人做出反应不经大脑。

仿真闪电战

　　即使仇恨训练有效，也不过是预防措施而已。它对那些精神已经崩溃的人毫无用处。特别是，在 1940 年不列颠之战期间，德军用炸弹轰炸英国城市，造成数千名男人、女人和孩子神经崩溃，它帮不了他们。为了治疗这些现有病例，军队的心理医生 F.L. 麦克劳克林和 W.M. 米勒提出了"去条件反射"的理论。其想法与使士兵免疫于战争恐惧的概念相仿，但这将是在战争恐惧已经成为事实之后使之免疫。医生们假设病患可以通过熟悉感去除恐惧。他们会将病患安置在安全的环境中，让他们听令其害怕的声音——空袭的尖啸声（或被称为"呻吟米妮"）、步枪的发射声、炸弹的爆炸声。很多病人太过紧张，就连房门的吱嘎声也会让他们陷入慌乱尖叫的状态，但是医生们希望，不断重复地暴露在这些攻击性的声音中，能够很快使他们脱敏，不再产生恐惧的反应。

　　由于缺乏声音设备，麦克劳克林和米勒一开始用一个小型便携式战场警报器和"各式各样的锡盒和棍子"来模拟战场的声响。这些尝试并没有在患者那里引起多少反应。但随后，他们得到了由英国广播公司的技师安在全国各地的麦克风而录下的德国轰炸时真实战场的录音。这些录音被证明有效得多。午夜，在光线调暗的医院病房，医生们播放尖啸的警笛和持续不断的枪声。病人们从他们的房间里尖叫着跑出来，但是医生们仍然继续播放。他们站在被恐惧袭击的患者身边，握着他们的手，耐心地重复着这句话："这些不会伤害到你。"他们的耐心得到了回报。几个月后，研究者发现"小孩子通过录音'去条件反射'的效果太好了，以至于他们到了真实的轰炸环境中，仍然继续玩他们的玩具"。不过，也许这治疗稍微有点儿过头了。

　　尽管医生们可以再现战场的音效，但医院病房的环境却不够真实。麦克劳克林和米勒想知道，如果在更真实的环境中会发生什么，因此他们安排了一次大规模的现场实验。1941 年 9 月，他们带领一群受爆炸惊扰的神经症患者——包括男女老幼——进入到伦敦的一个地下防空洞。在那里他们给患者播放"仿真的空袭轰炸声"。扬声器放出炸弹爆炸声和空袭警报的尖啸声。出席实验现场的一位《联合报》的记者对场景做了描述："声音在黑暗的地下室越来越响。枪声不断响起，接着是大炸弹爆炸。枪声又继续。更多的炸弹爆炸。随后响起火焰的噼啪声。接着消防车的声响加入了进来，其他声响继续着。"

记者拿着一盏手电，晃过黑暗的地下室，看到了很多紧张和焦虑的面孔。但是，并没有人晕倒或者大叫。所有人都保持着平静。因此研究者放大了音量。仍然没有人神经崩溃。高兴的研究者宣称这一实验证明了他们的理论，即所有人都可以通过暴露在"仿真闪电战"的声音里，从而转变为在空袭时对恐惧免疫的状态。

在美国，医生们没有像欧洲的同事那样，遇到平民被炸弹惊吓的问题。然而，美国军方确实也在南太平洋开了一家类似的"战斗噪音学校"，由海军中校乌诺·赫尔格松领导，让经受战斗创伤的士兵在此康复。赫尔格松将焦虑不安的士兵置于战壕、地洞和掩体中。随后，正如《针对急性战争神经症的紧急治疗手册》中所述，他让他们听"模拟低空扫射，地面矿井爆炸，以及仿真的俯冲轰炸攻击声"。一旦被认定已获治愈，这些人就会被送返战场战斗。很遗憾，治愈的统计数据最后并没有公布。

通过实验患上神经症的动物

说到底仇恨训练和去条件反射，还是人们为了应对令人不知所措的情况，而做出的孤注一掷的、临时性的尝试。

但是在休战期间，研究者曾偶然发现一种现象，希望可以通过这种现象，更好地理解战争神经症，并用更好的方法来治疗它。他们发现有可能通过实验手段，使动物患上神经症。在实验室中，动物们可以被有效地转变为焦虑不安的患病动物。研究者们猜测，这样的能力将会使他们能够以一种更可控的、系统的方式分析神经症。正如 1950 年《大观》杂志在一篇文章中就这一主题所说："通过令动物——比人类更简单的生物——患上精神失常，科学家现在有了研究这种病的简单方法，其发现不会再因为复杂的人类情绪而出岔子了。"

　　俄罗斯的研究者伊万·巴甫洛夫是通过实验令动物患上神经症的第一人。巴甫洛夫以他在狗身上做的条件反射方面的工作而闻名，因此，他获得了1904年的诺贝尔奖。他训练杂种狗将铃铛的响声与食物的到来建立联系。很快他发现，铃铛的响声使狗因为期待食物而流口水，不管他是否给它们食物。流口水的反应成了他可以控制的事，他制造了条件反射。

　　1917年前后，巴甫洛夫正在进行一项条件反射的变体实验。他训练一条狗，让它每次看一个圆形时，都期待肉粉的到来。如果巴甫洛夫给它看的是一个椭圆，这意味着没有肉粉。巴甫洛夫逐渐将圆形和椭圆画得越来越像，直到狗无法分辨两者的差别。狗变得困惑。不知道该期待什么了。到底有肉粉还是没有肉粉？在无法承受这种无从知道的挫折感之下，它精神崩溃了。它狂叫着，疯狂地扭动着身体，啃咬周围的设备。巴甫洛夫写道："它展现了急性神经症所具有的所有症状。"

　　在美国，几个巴甫洛夫的学生随后在其发现的基础上又扩展了研究。20世纪30年代，在约翰霍普金斯大学工作的威廉·霍斯利·甘特将他的狗尼克变成了精神失常的动物。

　　他使用与巴甫洛夫相似的实验安排。甘特告诉尼克，为了得到食物，它必须区分由节拍器制造的两种不同的音调。一旦尼克掌握了这一技能，甘特就开始使音调越来越相似，直到最后尼克无法区分两者。就像巴甫洛夫的狗一样，尼克很快陷入了急性神经症的状态。一开始，它只是展现出不安定的迹象——哀鸣、喘息、剧烈地哆嗦。但随后，它开始彻底拒绝在任何条件下吃斯普拉特牌的狗粮——在实验过程中提供给它的狗粮品牌，而只吃普瑞纳康多乐牌的狗粮。

　　甘特发现有趣的是，随着时间推移，尼克的神经症行为变得更为明显了，尽管它已经被移出了实验环境。在音调训练近三年后，每次尼克一被带到实验室，它都会开始恐惧地小便——在通往实验室的电梯中，在实验室外面的走廊里，在实验室里，大约一分钟就要小便一次。一年后，排尿行为发展成了"不正常的性勃起"，每当尼克遇到任何能令它想到音调训练的东西时，都会产生反应。就连在实验室外遇到甘特本人时——比如在农场——这条狗也会迅速"明显勃起"然后射精。甘特充分利用了狗的这种情况，经常向来访的同事展示这奇怪的招数。甘特只不过才刚刚启动节拍器，尼克就迅速因为恐惧而勃起。甘特兴奋地写道："我们可以放心地相信尼克，它每次都会照常演示的。"

另一位巴甫洛夫的学生，霍华德·斯科特·利德尔博士成了康奈尔大学的一位教授。1927 年，他开始将巴甫洛夫通过实验使动物患神经症的方法用在了山羊身上。为了使山羊患上神经症，他首先在山羊的前腿上绑了一根电线，这样可以给它一次轻微的电击。随后他用一台电报响码器 ① 的咔嗒声，来警告山羊即将到来的电击。咔、咔、咔、咔、啪！当他一天重复二十次这个过程，并每隔六分钟重复一遍时，一只山羊很快会显出焦虑的迹象，但如果他每隔两分钟就重复一遍警告和电击，山羊很快就会进入"紧张性麻痹"的状态，身体的每块肌肉都紧绷着，绑着电线的前腿僵直地向前伸着。实验结束后，山羊会趔趄着走出实验室，尽管它们的腿并无物理上的问题。当它们回到户外时，它们走路的姿势会正常起来。《大观》杂志的记者见证了利德尔的一次山羊实验：

> 当电击来临时，山羊跳了起来。没有提前预警的电击，即使无限期地继续下去，也不会让它"神经紧张"。但是当引入了警报信号——这时麻烦就来了。听到铃声或者看到闪光，它就会积累紧张和焦虑的情绪。当这种事经常性地发生，它就精神崩溃了。就像紧张的办公室职员经常会面临职场的焦虑和冲击一样，山羊被难住了，它很困惑，夜不能寐。它变得神经质、胆怯，躲避其他山羊，变得容易过度激动。

利德尔推测，这就是神经症的秘密。并不是电击引发了精神崩溃。是对电击紧张的预期，忍受一个小时接一个小时的焦虑，知道下一次电

---

①电报响码器：用来接收电报信号的机电装置。当收到电报信号时，它会发出长短不一的咔嗒声，以分别代表短按键和长按键——"点"和"横"——它们在莫尔斯电码中用来代表不同的字符。电报员会根据响码器发出的声音将信号译成电报的文字。

击很快就要发生的折磨引发了病症。这一发现可以被直接用来对抗神经症。"把战争神经症想成实验神经症，"利德尔写道，"可能会被证明是有用的。"利德尔想象他实验室里这些因为等待下一次电击而恐惧得僵住的山羊，与蜷缩在防空洞里的人们，以及挤在掩体里等待下一次炸弹爆炸的士兵之间，有着某种联系。两种情况下，都是这种单调的、持续的压力最终令他们精神崩溃的。

1937 年，康奈尔大学给了利德尔一百英亩土地，供他开农场研究动物行为。当地的报纸把它称作"焦虑农场"。就像某种奥威尔式 ① 的幻想乡一样，这里居住着利德尔实验室中患神经症的实验对象：神经质的猪阿基里斯在农场中闲逛，身边是患神经症的山羊荷马。《联合报》的一篇关于农场启用的文章向读者保证，那些受了刺激的动物会服务于有意义的目的。它们将"模拟人类社会，去发现神经紧张、精神病，以及行为不良的起因和治疗方法"。

到了 20 世纪 40 年代中期，利德尔夸耀说自己具有这样的能力："随机选择一只绵羊或山羊，就能自信地预见到当受到严格、短暂的调理后，它们会患上哪种实验室神经症。"利德尔还用农场上的狗、猪和兔子做实验，但是他比较偏好绵羊和山羊。他说："狗和猪'在行为上过于复杂'，兔子又'太过简单'，而绵羊和山羊则恰到好处。"

比基尼的神经症山羊

在了解了利德尔实验的科学背景之后，将神经症山羊送到比基尼的逻辑也就清楚了。军医们深切地担忧原子弹可能造成的心理影响。原子弹的名气在广岛和长崎爆炸发生后的一年里越来越大，人们几乎要以为它有超自然的力量了。认为蜷缩在蘑菇云下一小会儿与躲在掩体中数周相当，都可能遭受到的精神恐惧，这一想法似乎也不无道理，而且这可

---

①奥威尔式：乔治·奥威尔是英国著名作家，著有《动物庄园》和《一九八四》等作品，批判极权主义社会。由此衍生出的"奥威尔式"一词，在此主要形容如奥威尔小说中描述的那样受到严苛监控的生活环境。

能会即刻引发神经症。而且如果军方打算派士兵打一场原子战争，那么他们需要知道士兵们在战场上会做何表现。所以利德尔的神经症山羊将为此提供答案。它们将作为人类士兵的替身。于是，有证据显示，美国军方要求利德尔博士，疯狂山羊的专家，亲自选择几只山羊供他们使用。他选择了那些眼中闪现出不安神情的山羊，那几只尤为敏感的，最可能看到原子弹而有所反应的动物。

在山羊们得到了利德尔的批准，认证它们是彻底的神经症山羊之后，它们被从旧金山的康奈尔大学运走，送往比基尼。在 1946 年 6 月的最后一周里，水手们将它们挪上了目标舰船——尼亚加拉号，并停靠在距离爆炸点两英里的地点。研究者们接着安好做了保护措施的电影摄影机，并将它瞄准其中一只山羊，记录它的反应。最后，他们就等着原子弹投下的那一刻了。

1946 年 7 月 1 日早晨，一支 B-29 超级堡垒轰炸机携带着"吉尔达"——长崎式原子弹的名字——从夸贾林环礁的岛屿起飞。全世界的人都聚到收音机前，收听这一事件的现场报道。随着轰炸机起落架的轮子脱离跑道，一名记者宣布："飞机升空了。原子弹现在就在空中，在前往比基尼的路上。这是历史上最伟大的实验，最具爆炸性的实验！"

在投弹的一小时前，收音机的听众们开始听到不祥的"嘀、嗒、嘀、嗒"声。这是目标战舰宾夕法尼亚号上搭载的自动发报机，在播放一台节拍器的声音。当嘀嗒声停止，就意味着炸弹已经爆炸。

每过一段时间，都会有军方的人打断节拍器的广播，公布投弹前所剩的时间。"还有十分钟，还有十分钟。"随后，"还有两分钟，还有两分钟。"大概在比基尼时间上午九点，听众们听到："投弹，投弹，"紧接着就是，"听吧世界，这就是十字路口行动！"

原子弹从天空坠下。一开始的几秒里，它沿着几乎与飞机平行的路径滑行，随后它开始向下转向，以三百英里每小时的速度下坠。在环礁上空五百一十八英尺处，它爆炸了。

球形的冲击波迅速穿透大气层。一开始以一万英里每小时的速度扩张，但是走了三英里之后，它降到了与一阵狂风相当的速度。同时，一个巨大的火球在水面上形成。几秒钟里，它放出极明亮的光，强光中略带蓝色的光芒，随后它向上形成巨大的蘑菇云，就在五分钟之内，达到了超越珠穆朗玛峰的高度。

海军军官紧张地等待了四个小时，然后，把对辐射的担忧抛在一边，派出小船前去调查破坏情况。他们必须知道——有多少战舰沉了！

在最靠近爆炸点的地方，水手们静静地驶过曾经的战舰如今燃烧的残骸和扭曲变形的钢板，但是从海军的角度来看，尽管还有许多船只已经无法开动，但好消息是，只有五艘战舰沉了。最远的那些船只，比如尼亚加拉号，只受了最低程度的损坏。海军松了一口气。也许原子弹也没有那么恐怖。有些愤世嫉俗的人后来评论道，也许原子弹把整个舰队都击沉会更有益于世界和平一些。

爆炸炸死了 10% 的动物。水手们即刻着手工作，寻回那些幸存的动物，将它们送回到实验舰——伯利森号上。人们登上尼亚加拉号，将神经症山羊从围栏里放出来，并抓紧将拍摄了羊的行为的摄影机胶卷送回去冲洗。在伯利森号上的一间暗房中，研究者聚在一起，观看发生了什么。山羊抬头注视过蘑菇云吗？头脑疯掉了吗？理查德·格斯特尔描述了研究者们在闪烁的屏幕上看到的奇怪场景："当胶卷冲洗过之后，它展现了山羊在爆炸前平静地吃草的画面。在爆炸发生瞬间，屏幕上出现了飞过来的物体；随后，画面再次清晰后，可以看到山羊还在安静地吃草，没怎么受到打扰。"

十字路口行动的官方报告提供了相似的描述："山羊是镇定从容的动物……照片提供了清晰的画面，展示山羊在冲击波袭击、残骸纷飞时不受打扰地嚼着草的样子。"

换句话说，海军放的大型焰火，完全没有打扰神经症山羊们。它们看起来并没注意炸弹的爆炸。当有草可嚼的时候，谁会去在乎什么原子弹呢！

山羊没有反应的结果，可以用不同的方式解读。也许山羊天生就是呆笨的动物，并不适合用于这次实验。或者也许这些山羊内心已经极为紧张，就连爆炸的原子弹也无法打扰它们强迫性的嚼草行为。但对于海军来说，它们毫无兴趣的反应和舰队很大一部分舰船撑过了爆炸两件事加在一起，似乎是绝好的消息。"没有昏倒，没有精神崩溃。"格斯特尔在他的文章中夸口道。这里他想说的是，一场原子战争不会造成任何难以克服的心理问题。如果神经症山羊都可以应付原子弹，那么士兵和平民当然也可以做到。

在实验之后的日子里，一种几乎可谓轻浮的逞能心态攫住了美国海军。引爆原子弹之前人们心中累积了如此高的期待，以至于任何重要程度比不上天堂大门被打开，或者着起末日之火的结果都一样令人失望。在粗略的检查之后，看到损毁的情况没有像预想的那样严重，海军军官采取了类似山羊的行动——表现得仿佛原子弹不算什么大事一样。海军上将布兰迪调查了舰队燃烧的残骸，然后轻蔑地宣称他见过许多受神风特攻队攻击的舰船，损毁程度要比这严重得多。尽管放射学家警告说这些舰船"比地狱还热"，但水手们还是成群结队地登上了其中一条实验舰，而且还胆大地围绕着环礁航行，作为一种力量的展示。从美国海军处得到暗示的一位《基督科学箴言报》记者嗤之以鼻道："原子弹明显是一种被过分高估的武器。"显然，美国海军当时没能意识到，辐射不一定当场杀人。它可能会花数年，甚至数十年，来释放它的破坏力。但是美国海军很快就从实验动物那里上了一课，了解到了辐射的力量。尽管90%的动物都活过了最初的爆炸，但两周后一位军医却向《联合报》一位记者承认，这些表面上的幸存者，现在正"大批死去"。

那些神经症山羊也因为辐射病死了吗？我们并不知情。事实上，它们在比基尼之后的命运是一个谜。答案可能隐藏在十字路口行动大量的技术文件之中，沉睡在位于华盛顿市的国家档案馆中，仍然未被人发现。绝大多数幸存的动物都被送回了美国的实验室，以开展后续的研究。很有可能神经症山羊最终回到了康奈尔大学的动物行为农场，在那里它们与神经质的猪阿基里斯一起嬉戏着，度过它们最后的日子。

公众多半无视了比基尼动物们缓慢的死亡。人们更乐于关注令人愉快的说法：原子弹并不像之前看起来的那样可怕。这一无忧无虑的态度的终极标志就是实验后不久首发的"比基尼"时装。这片遭到辐射的环礁把名字给了一种暴露的、两件套的泳装，该泳装的发明者是法国工程师路易·雷亚尔，他夸耀说任何女性穿上他设计的这一时装，都会引发人们在观看原子弹爆炸时一样的反应。显然他没听说过那些无动于衷的山羊的事。

然而，并不是人人都忽略了那些动物。1946 年 7 月 22 日，美国圣费尔南多谷山羊协会，在北好莱坞的费尔南吉利斯公园里组织了一场仪式，向那些在比基尼牺牲生命的山羊致敬。协会成员牵着他们自己的山羊出席。仪式最开始的计划包含吹响葬礼号，国旗降半旗，但是退伍老兵们认为山羊配不上这样的荣誉，在他们的抗议下，协会将仪式简化为单纯的静默片刻。在这短暂的片刻中，协会的成员们静默地站在那里，手放在心口。山羊们以它们独有的方式表达尊敬——它们在公园里闲逛着，一心一意地啃着草。

如何在原子弹爆炸中活下来

1946 年 7 月 2 日——马绍尔群岛，比基尼环礁。

海军上将威廉·布兰迪和海军部长詹姆斯·福里斯特尔站在巡逻船船头，用手挡住刺眼的阳光，同时注视着前一天原子弹实验制造的损毁现场。围绕着他们的宽阔环礁成了舰船的坟墓——曾经强有力的战舰被原子弹的力量胡乱地扭曲和炸成碎片。在他们正前方五十码处漂浮着独立号航空母舰的残骸。其飞行甲板被炸碎了，仿佛被巨大的锤子敲开了一样。船侧敞开裂口，露出内部弯曲的钢梁。它上面的结构像一块摊饼一样被夷平了。

"没我预想的糟糕。"布兰迪说。

福里斯特尔赞同地点点头。"如果原子弹最坏也就做到这样，那么我们的饭碗就保住了。"

"司令，"他身后的一名水手喊他，"拖船船长在对讲机上。他说酒句号正在下沉。"

布兰迪转过身。"让我们现在就去看看,"他下令道,"全速前进。"

船上的发动机轰鸣了起来,船加速向北方进发。几分钟后,抵达了酒匂号船侧,酒匂号比独立号的情况还要糟。这艘六千吨的日本战舰有一半已经沉入水下,船尾靠在环礁的海底。可见的部分都烧焦了,扭曲着。船侧有一个洞正在迅速进水。

"他们叫它太平洋上最招人恨的船。"布兰迪评论道。

"这些人会很高兴看到它沉了。"福里斯特尔补充道。

突然间酒匂号剧烈地向左舷倾斜,随着金属的巨响,开始更迅速地往下沉。他们看着它沉下去。在船头的最后一部分滑入水面以下时,一个绿色的大气泡浮了上来,就像打了个巨大、肮脏的嗝一样,表明它曾经存在于此。"我想可以肯定地说,它上面的测试动物无一幸存。"布兰迪说。

放射学家詹姆斯·诺兰紧张地走向两名军官,担忧地低头看着他手举的方形盖革计数器①。"有什么问题,诺兰先生?"布兰迪问。

诺兰皱起眉头。"先生,这里辐射的读数已经严重超标。"

布兰迪大笑,转向福里斯特尔。"诺兰先生的计数器太精巧了,连我发光的表盘也会让它超标。但是好吧,让我们迁就他,离开这鬼地方吧。"

布兰迪对巡逻船的船长喊出一道指令,发动机再一次轰鸣起来。船做了个急转弯,加速向着环礁远处的边缘前进。

在船离开之后,酒匂号最后所在的位置一片沉寂。耀眼的阳光照射下来,渐渐地,水中深绿色的污渍消散了。很快不再有迹象表明这片水下还存在什么东西。四个小时过去了,随后一艘掠过环礁的小船发出的噪音打破了沉寂。一名水手站在船上,扫视着海平面。

---

①盖革计数器:由 H. 盖革和 P. 米勒于 1928 年发明的用于探测电离辐射的粒子探测器。

"嘿，看看这里，"水手对他的同伴说，"那是什么？"

小船转了个身，在水中起伏的一个白色小东西的一侧停了下来。水手在船侧俯身查看它。

"老天爷！是一头猪！"他大喊，"而且是活的！你在这儿干吗呢，小伙计？嘿，弗兰克，帮我把它弄上船。"两个人从船侧俯身，抓住它，然后费劲地把它拖上船。猪在整个过程中一直叫唤着。

"我以前不知道猪还能游泳，"弗兰克说，"我猜这只会。"

弗兰克检查了它的耳标。"311号。它是哪艘船上的？"

另一名水手从仪表板下方取出一个文件夹，把它翻开，手沿着一列数字向下移动。他困惑地摇着头。"这肯定不对。"

"出了什么问题？"

"上面说311是在酒句号上。"

"酒句号？不是刚沉了吗？我以为那上面的动物都死了。"

"根据这里所写的，它就在那艘船上。"

弗兰克怀疑地挑起眉毛。"这不可能。"

另一名水手大笑起来。"也许这头猪有不死身之类的！"

两个人一起低头看向这头猪。仿佛要从它身上找到谜团的答案一样。

猪也回看他们，大声地哼唧着。

核武器的历史通常对那些制造炸弹的物理学家，如 J. 罗伯特·奥本海默以及爱德华·泰勒等人给予特别的关注。释放原子的力量无疑是一项卓越的智慧成就，但是还有一群研究者，他们同样从事核相关问题的研究，而他们所面对的挑战有可能要大得多。事实上，这可能曾是一项不可思议的挑战。

物理学家们需要找出的不过是如何炸毁一切的方法。而其他这些研究者试图找到在核武器爆炸后，保证生命体活下来的方法。他们所建立的，是一种所谓核武器下生存的有趣科学。

不死的原子猪

在二战结束后不久，人们马上开始着手研究如何在原子弹袭击中活下来。然而，从一种显著的迹象可以看出，美国军方首先关注的，并不是保护普通大众免受这种恐怖新武器的伤害，而是评估其战舰的易毁程度。如果原子战争打响，将军们想要确保战舰仍然能够浮在水面上，可以继续作战。由此催生了十字路口行动。

正如前文提到的，这一行动的计划是在南太平洋比基尼环礁聚集一支目标舰船组成的舰队，并在船上装载动物船员（大白鼠、山羊、猪、小鼠以及豚鼠），然后在整个舰队上空投下一颗 2.3 万吨级的原子弹，从而模拟原子弹袭击舰队的情景。

爆炸之后的数小时内，海军派出船只返回环礁，调查现场。不出所料，所有位于一千米半径范围之内的舰船都遭到了严重的破坏，但只有五艘船沉了。对海军来说，这是一个非常积极的迹象，令海军上将们情绪高涨起来，他们曾经暗中担忧原子弹会让整个海军成为历史。然而，在第二天，7 月 2 日发生的一件事，给海军带来了更大的希望，让他们觉得原子弹并没有人们所夸耀的那样强大。水手们无意间发现了一只在环礁中游泳的猪，检查它的耳标发现上面写着 311 号，说明它曾被锁在一艘日本巡洋舰——酒匂号主甲板的一间洗手间里。

在日本投降之后，美国海军得到了酒匂号。他们没有当即拆掉这艘船，而是决定把它纳入十字路口行动。由于这是敌军的战舰，海军上将们想要确保它会被击沉，于是把它停在距离爆炸点不到四分之一英里的地方。

它确实燃烧着沉入了海底，其上层结构被炸弹夷平，船尾被炸开许多洞。船上的任何实验动物似乎都不可能活下来。然而，这头猪就在这儿，仍然活着，而且很明显没有受伤。

人们将猪带回了研究船伯利森号，在那里海军的军医卡尔·哈里斯上尉检查了它。为了验证它的身份，哈里斯翻出了给酒匂号上的动物们拍的照片。包括最小的老鼠在内，所有研究动物都被拍了照，位置也都被仔细地记录了下来。在照片中，哈里斯找到了在酒匀号主甲板上拍下的 311 号猪。他可以根据体形和体貌特征看出这和照片上是同一只猪。它五十磅重，六个月大，品种是波中猪，全身大部分是白色，带有黑斑。尽管让人难以置信，但可能的结论只有一种：311 号猪不知怎么活过了爆炸，然后从洗手间逃脱，逃离了下沉中的舰船，然后在环礁的水面漂浮了数个小时，直到最后被人们发现。

媒体使 311 号猪瞬间出了名。报纸的头条大肆宣扬它奇迹般的幸存。《华盛顿邮报》称"这只小猪在爆炸之后游起了泳"。《芝加哥论坛报》则宣布说"比基尼环礁捡回的猪仍然活着"。尽管它从死亡手中大胆逃脱出来，但是没人认为它能活多久。毕竟，它曾暴露在大量辐射中，不仅因为爆炸本身，还因为它在被辐射的水里游过泳，它余下的日子似乎不多了。

一开始，311 号猪展现出辐射病的迹象，确认了这种悲惨的预判。它的血细胞总数严重地减少，也显得易怒和焦躁。但是随后 311 号猪身上发生了更惊人的奇迹，几周后它似乎摆脱了辐射的影响，大声哼唧着，快活地到处蹦跶。根据海军生物学家的判断，它十分健康。它显然遭受了现代科学可以加诸它的最糟的对待，却随随便便就摆脱了这种痛苦，就好像在说："你们就这点本事吗？"

比基尼的研究者们无法解释它的康复，他们把 311 号猪送回位于美国马里兰州贝塞斯达的海军医学研究院，在那里科学家继续监控它。每个月他们都会采集血样，血样始终正常。直到一年以后，它长成了三百磅的成年母猪，当研究者试图让它与其他猪交配时，才发现了一些可能的辐射损害迹象。它看起来已经不能生育了。这大概是一桩"塞翁失马"性质的事件。如果它能怀孕，谁知道它会生下什么样的变异小猪呢？

311 号猪给人的教训大概是，原子弹就像一个任性的破坏之神。有时候它会在没有明显原因的情况下放过一条生命。但是二战后，被焦虑所驱策的社会选择从它的例子中学到的东西却令人宽心、乐观得多。如果一头小猪都可以活过一场原子弹爆炸，那么任何人都应当能够活下来！也许说到底，原子弹并没有那么强大！

专栏作家 H.I. 菲利普称赞 311 号猪为"精神胜过物质，而猪胜过这两者的标志"。《生命》杂志赞誉它为"扛过了大爆炸的小动物"。《科利尔》杂志宣称它的幸存是"我们这个时代的寓言故事"，并将它在比基尼的经历改写成了儿童故事——家长们可以在睡前给孩子们阅读的具有启迪性的故事。故事不带任何讽刺意味地向读者描述了"原子猪帕蒂"（《科利尔》是这样给它命名的）是怎样被爆炸抛出日本巡洋舰，又是如何利用这突如其来的自由与其他比基尼上受辐射的动物欢聚和畅聊，最后被救的：

> 帕蒂在空中飞呀飞。随后，一刹那间，它一头撞进了环礁的水中，发出一声巨大的哗啦声！它一直向下沉啊沉，沉啊沉，鼻子朝下，直到撞上珊瑚的海底。它四肢并用让自己在水下恢复平衡，接着猛地撞上了一条身上带条纹的虎鱼。虎鱼生气地嚷道："上面到底怎么回事？"

美国政府希望将 311 号猪在宣传方面的潜力尽可能地发挥出来。于是，在 1949 年美国政府将它移出了海军医学研究中心——那时候它的体重已经达到六百磅了——并将它安置在一个光荣的位置，华盛顿市的国家动物园里。每一天，慕名而来的人在它的围栏周围缓缓地移步，敬畏地注视着这头神奇的不死之猪。并不是所有公众都不加质疑地把它当成希望的标志。一些人对它有所怀疑。动物园的园长向一位《华盛顿邮报》的记者说道，他不断地收到来自人们的询问，担心它仍然具有放射性，会威胁到访客和其他动物的安全，但是园长向每个人保证，它是彻底无害的。

爆炸区的生活

有战舰和猪能从一场原子爆炸中幸存下来挺好，但在 1949 年苏联引爆了一颗原子弹之后，美国政府终于回过神来，担心起保护平民的事了。

而且毫无疑问的是，美国人对于建立一个防弹的社会展现出了最大的热情，而大部分的欧洲人只是在这一领域缓慢地跟随着美国人的步伐，显然他们认为无论超级大国之间发生任何冲突，他们那里都会成为炸弹爆炸的地点，因此不管他们做什么，活下来的机会都十分渺茫。苏联大体上则更关心如何保证其党内最高领导人活下来，而较少关心如何拯救普罗大众。

为了平复公众越来越强烈的恐惧心理，美国政府建立了联邦民防署，调动科学资源研究平民该怎样才能在一场原子战争中活下来。从 21 世纪人的眼光来看，这些最初的尝试最让人吃惊的特点是，很多研究者竟认为保护居民免受核武器的伤害是一件十分简单的事。1950 年，放射学家理查德·格斯特尔（我们在神经症山羊的故事里遇到过他）写了一本小册子，名叫《如何在原子弹袭击中生存下来》。

在书中，理查德·格斯特尔语气轻快地建议读者："如果发生了突然袭击中，而你人正在户外，那么戴上一顶帽子至少会给你一点保护，使你少受强热的伤害。"一本来自美国政府的宣传册《原子弹袭击下的生存》给出了类似的建议："为了降低因爆炸受伤的概率，有一件重要的事是你可以做的：面朝下扑倒在地。"

20 世纪 50 年代早期的许多研究都低估甚至完全无视了放射性尘降物的威胁。1951 年，《社会卫生期刊》的一篇文章中，哈佛大学教授查尔斯·沃特·克拉克分析了原子弹袭击之后可能出现的公共健康问题，但是他对于爆炸留下的辐射没有表达任何担忧。相反，他担心爆炸可能会使人们过多地发生性关系而破坏人们的日常生活。他写道："许多背井离乡的人尤其是年轻人，如果预感袭击将再次发生，就会因此产生通常在大灾难之后出现的鲁莽的心理状态。在这样的状态下，人们的道德标准预计会放宽，滥交的行为会增加。"克拉克力劝所有被炸弹袭击的地区实施管制，"严厉打击卖淫活动，并采取措施阻止滥交"。他建议可以将牧师转移到被炸区域，带领人们把通奸控制在最低程度。

1954 年，华盛顿教会学院的两位研究者，生物学教授莱斯特·哈里斯和营养学教授哈丽雅特·汉森开展的一项实验，同样无视了辐射的影响。哈里斯和汉森想要了解，如果一个典型的美国家庭想在原子弹袭击后逃离一座城市，可能会遇到什么样的问题。可是，他们并没有把放射性尘降物视作危险之一，相反，在他们看来，挑战如何在补给有限且没有栖身之地的情况下在户外生存下来更重要。于是，他们提出了"生存行动"。这一行动涉及带领一群志愿者在马里兰州的森林里露营三天。参与者只能带一个睡袋和十二磅重的救生包，包括急救必需品以及诸如奶粉、干蛋制品、饼干和花生酱在内的食物。

大多数志愿者都是该学院的学生，但是为了让整个测试感觉起来更为真实，哈里斯带上了他的妻子玛乔丽，还有他们的三个孩子：六周大的查尔斯，二十个月大的黛比和三岁大的杰杰。

救护车警笛鸣响标志着实验的开始。所有志愿者都挤进汽车里，驱车驶离华盛顿市十一英里，然后他们徒步走到森林里一个偏远的地点。他们支好帐篷，然后在林中搜寻可食用的野草和漆树花，熬成漆树花茶。夜晚降临时，所有人都聚集到篝火前唱歌。晚上十点，他们躺到睡铺上睡会儿觉。差不多就在他们躺下来凝视星空时，研究者们意识到：如果在夏天开展实验，而非十一月才开展就好了，因为太阳落山后气温会迅速降到较为寒冷的二十八华氏度。早晨五点，哈里斯承认这对孩子们来说实在太冷了。在黎明前的黑暗中，他急匆匆地摸索着把孩子们抱起来，徒步走出森林，然后开车把他们带回了家。他告诉媒体："当孩子们的身体开始发青时，我想是时候带他们回去了。"那些成年志愿者则在外面费劲地多待了两晚，尽管在测试的最后，他们抱怨说马里兰郊外的地面在他们的背上印上了永久的痕迹。

生存城

1955 年，在距离美国拉斯维加斯西北八十英里的内华达荒漠的尤卡平地上进行的一场实验，给人们对原子弹下生存的了解又添了一些严酷的事实。海军通过把战舰停靠在原子弹爆炸现场，来了解其舰队的易毁性。和海军一样，民防署的官员做出决定，想要评估一场核战争中城市和乡镇可能遭受的损毁程度，唯一的办法是建设一个典型的城郊社区，然后在此引爆炸弹。美国原子能委员会、美国国防部和美国民防署联合开展了此次测试，代号为"线索行动"。

在荒漠中央，研究者们以超过一百万美金的开销，建起了一处人造社区，由十座家具齐全的房屋组成，这些房屋还拥有地下室、药柜、餐室和装满食物的冰箱等设施。房屋排成两行，一行距离爆炸点四千七百英尺，另一行在一万零五百英尺的位置，方便提供不同距离下爆炸效果的数据。社区里还有六家小商店，一座拥有两个发射塔的无线电广播站，两条电力线以及天然气线路，还有二十多辆卡车和拖车。研究者们乐观地给这片建筑群起名为"生存城"。然而他们显然是在阴郁得多的情绪下给街道选了名字：死亡街，末日路和灾难巷。

六十个玻璃纤维制成的人体模型被放进了房子，摆放成正在过日常生活的样子，比如洗碗、坐在餐室桌前或者躺在床上睡觉的样子。这些人体模型有个共同的名字，源于其生产商，叫达令家族。在其中一些房子里，研究者们还建造了室内的炸弹掩体，由水泥或者木架做成，希望由此确认这些最近开卖，每个大约五百美元的商品，能不能在爆炸中提供什么保护。在其中一个掩体里，他们放了一对斑点狗，在另外一个掩体中，他们放了一群受过跑迷宫训练的大白鼠。退伍军人管理局一位医生的妻子，四十三岁的玛丽安·雅各比太太写信给美国民防署，志愿和斑点狗及大白鼠一样，坐在一座房子的室内掩体里。但是民防署的官员拒绝了她的请求。当她听到这一消息时，她告诉媒体："我真是受够了失望。"关于她丈夫对她不同寻常的请求做何感想，没有相关报道。

5月5日，一颗3.5万吨级的原子弹在生存城爆炸。十座房子里的七座保存了下来，但它们的窗户全都炸没了，而且房子都被严重地摇撼过是以歪歪斜斜的。《洛杉矶时报》的一位记者事后获准参观这些房屋，他描述了现场可怕的画面：

> 一些（人体模型）被爆炸点燃了，在它们肉色的躯体上有难看的灰色伤痕。其他的则被玻璃和木头碎片刺中。

还有一些已经身首异处，或者因为爆炸而失去了腿或者胳膊。那些小孩的模型情况最糟——婴儿、学龄儿童、青春期的孩子，被冲击波甩出去而呈暴力死亡的样子，身体僵硬，直视着前方，就像死去的真人会表现出的那样。

令人高兴的是，那些躲在掩体中的动物们情况好多了。尽管两条斑点狗所在的房子如同"破坏的间歇泉"一样不时爆炸，但它们不仅活了下来，而且据线索行动的总指挥罗伯特·科斯比博士描述，"它们在冲击发生大约七个小时之后被发现时，还摇着尾巴"。那些受过跑迷宫训练的大白鼠同样平安地度过了爆炸。事实上，第二天被带回实验室后，这些大白鼠仍然能在迷宫里找到路，这促使科斯比提出，人类可能会展现出相似的耐受性，"能够承受核武器的爆炸并在数小时内充分恢复，继续他们的正常生活"。

研究者们意识到原子弹爆炸的幸存者也许会饿，想要吃家中的食物，于是在尤卡平地实验中加入了对冷冻食品的测试。在爆炸后，士兵们立即进入爆炸区域，从距离爆炸点四千七百英尺的一个房屋的冰箱里，以及距离爆炸点一千二百七十英尺、埋在地面以下五英寸的冰箱里取回了食物。这些食物——包括炸薯片、草莓、鸡肉馅饼、鳕鱼片以及橙汁——随后被拿给九名试吃员。仔细考虑之后，试吃员得出结论，大多数食物"适合端上任何家庭或饭店的饭桌"。只有两名试吃员给了差评，他们抱怨说从距离爆炸点较近的冰箱里拿出来的鸡肉馅饼和橙汁味道有点儿怪，但是没有怪到不能吃的地步。食物项目的负责人 H.P. 施密特总结说："在原子弹袭击发生时，如果冰箱里留下的食物没有被直接击中，那么就可以安全食用。"尽管尤卡平地实验得到了一些令人宽慰的结果，比如动物们的幸存和据推测可以吃的食物，但研究者们不得不承认，总的来说，情况看起来很糟。达令家族所剩下的扭曲的"遗体"证明，没有躲在掩体下的人类在核爆周围任何地方都无法生存。像"戴一顶帽子"或者"面朝下扑倒在地"之类的建议派不上什么用场。

转入地下

到了 1955 年，科学家对于放射性尘降物的危害已比以往要重视得多。1954 年，在比基尼环礁（十字路口行动之后，有测试继续在此开展）引爆的一颗氢弹，在长逾七千英里的海洋带上空扩散出核辐射云，令科学家和公众都为之震惊。在一条距离爆炸点四十英里的船上，二十三名日本渔民因为患上急性放射病，不得不在医院里住了好几个月，而船上的电报员则去世了。曾检测过 X 光辐射对果蝇影响的遗传学家赫尔曼·穆勒，和其他遗传学家就辐射能够破坏遗传物质、引发癌症发出了警告。如果有人能更关注 311 号猪的话，或许可以从它身上发现一些关于辐射的长期危害的警示，它在 1950 年 7 月 8 日死于美国国家动物园，死去时的年龄才四岁半。然而，动物园管理者并没有记录它死亡的原因，而媒体也从未对它的早逝有任何报道。

生存研究者们承认，爆炸现场遗留的辐射会造成威胁，他们总结说，如果人们想在一场核冲突中生还，他们必须找到掩体保护自己，而且不仅在爆炸发生时，还要在爆炸后的数日甚至数周都躲在掩体里，直到最严重的放射性尘降物消散。因此在 20 世纪 50 年代的后期，研究的重心从地上研究转向了对地下掩体中的生命进行研究。这引发了全新的担忧。假设一个掩体抵挡住了最初的爆炸，里面的人能从心理上承受在受限空间里连续生活数周所带来的压力吗？

掩体实验早在 1955 年就开始了，但最初的实验都是宣传上的噱头，出资赞助的公司想借此卖掩体给紧张的大众。例如，1955 年 6 月，休斯敦家宅建造公司将克里斯马斯一家（父亲、母亲、儿子和女儿）关在一个由钢板和钢筋混凝土制成的狭窄的掩体中三天。类似地，1959 年 7 月，梅尔文和玛利亚·米宁森夫妇被锁在一个八乘十四英尺的后院掩体中度蜜月，以展现炸弹掩体公司产品的宜居性。

第一次由普林斯顿的心理学家杰克·弗农开展的，长时间的、受到科学式监控的掩体实验——"藏身处项目"。他的实验对象是一个普通的美国家庭——高中教师托马斯·保纳，妻子玛琪，还有其三个年幼的孩子。

研究开始于 1959 年 7 月 31 日，保纳一家住进了普林斯顿心理学大楼地下室的一间九乘八英尺的一个没有窗户的房间。他们在接下来的两周都居住在那里。条件也相当简陋，没有电，没有自来水，没有抽水马桶，也无法与外界接触。他们用蜡烛和手电提供照明，用保暖锅加热食物。靠着忍耐这种囚禁似的生活，保纳一家得到了五百美元的报酬。

保纳一家直到最终走出来时才发现，一个由研究者组成的团队通过隐藏的麦克风监控和记录了他们的一切行动。弗农没有提前告知他们这一点，因为害怕知晓此事会让他们有自我意识。他后来承认："他们发现我们在窃听他们时非常生气，但没有我们想象的那么生气。"

保纳一家通过读书和玩拼字游戏等方式来消磨时间，而威士忌也起到了缓解压力的作用。玛琪忧虑的频率高到窃听的心理学家团队都经常担心，他们会提前结束实验。但只要托马斯给她一杯威士忌，她就会放松下来。三岁的二儿子托利，在这种环境里也变得情绪化、沉默寡言，而且又开始尿床了，但是一杯有镇定效果的威士忌很快能让他好转。

屋内最大的问题是气味。这家人上厕所用的是一个化学式马桶，被小心地藏在一个帘子后面。然而，马桶不能以任何方式分解或者破坏掉排泄物，因此很快就积聚了一股恶臭的气味。房间的门上安装着手摇式通风机，但就算用了它，气味也只是稍微有所缓解而已，根本无法消除。这两位家长很快就把通风机变成了一种奖励办法：如果孩子们表现得好，可以允许他们摇动手柄，呼吸一会儿新鲜空气。

保纳一家错误地把马桶里的排泄物倒入了装垃圾的箱子里。这不仅加剧了难闻的气味，而且还在垃圾箱中引发了化学反应，不断冒出的气泡发出的声音令人不舒服。甲烷气体从垃圾箱中泄漏出来充斥了整个房间，使两个成年人都犯起了头晕。

为了让自己打起精神，玛琪每天都擦口红。这让她感觉稍微正常一些，尽管周围环境是这样的肮脏和恶臭。但当她意识到他们的囚禁期比她预计的要多出一天时，她承认自己仿佛要"被击垮了"。然而，最后从房间走出来时，托马斯和玛琪都称赞这个实验"非常有益"。玛琪告诉媒体，全家人比任何时候都更了解彼此，她愿意再次进行这个实验。

掩体实验在接下来的十年里蓬勃发展。数千人曾在研究者的监视下，在狭窄的空间内度过数日或者数周。1963 年 8 月，研究者们甚至将两个男人和三十五头奶牛一起关了两个星期，来调查家畜生活在掩体中的反应。毕竟，在核战争之后，人们应该还会想要喝牛奶、吃汉堡，所以奶牛也应该受到保护！

通常大多数人（和动物）在被关的过程中，不会经历什么严重的困境，最大的问题是无聊感、失眠和难闻的气味。不过有一个例外，1960年一名男士参加了匹兹堡开展的实验，他确信研究者在秘密地通过单向透视镜用放射线照射他。他的实验不得不提前结束了。

心理学家了解到保纳一家所展现出来的反应相当典型。实验对象在实验开始时通常会出于一种冒险和兴奋的心态而感觉精神振奋，但是到了第四天就会变得抑郁和沉默寡言。随着实验临近结束，人们变得暴躁和易怒，但是在离开掩体时，所有的紧张情绪都会消散。实验对象几乎都会称赞研究组的团结一致，并就其经历的有趣之处做出评价。

然而，有一个问题令研究者们困扰。不管他们将掩体造得多么逼真，他们都无法模拟真正的紧急情况下的危险感。参与者们知道这个经历最终会结束，他们会回到正常的生活中。研究者承认这限制了他们研究的适用性，因此一些人试图围绕这一问题，找到创造性的解决方法。比如，一位与民防办公室签约，研究掩体内压力来源的研究者唐纳德·T.汉尼芬于 1963 年提出：可以使用催眠来使实验对象确信真实的袭击已发生，或者即将发生。他让自己的想象力信马由缰，详述了催眠可能促成哪些有趣的结果：

> 比如说，一个女性实验对象可以在催眠时被告知："警报已经响起，当你、丈夫和儿子向掩体跑去时，你丈夫和儿子被奔跑中的人流冲散，最后你一个人来到了掩体。"暗示她发现自己没办法接近儿子，又看到儿子被慌乱的人群踩踏，可以进一步增加她的压力。调控压力大小的方法数不胜数。如果催眠可以被应用，可

以很轻易地设计出一系列能提供大量有用信息的实验。

汉尼芬承认这一方法有道德上的问题，同时也有实际操作的问题，他声称"这些暗示不大可能在七天的时间里，在所有实验对象身上都同样保持有效"。但他主张在危机的时代，相较对知识的需求，这类担忧可能要被放在其次。幸运的是，事情从未走到这一步。或者至少，从未有研究者公开承认按照汉尼芬的建议做了实验。

掩体实验在 20 世纪 60 年代早期发展到了流行的顶峰，然后逐渐不再广泛开展，尽管离它们完全消失还有一段时间。直到 20 世纪 80 年代，仍然能发现一些研究者将实验对象锁进地下房间里观察他们的反应。

一系列因素导致了这些实验的衰落。有资金的问题。各国政府清醒过来，意识到即使掩体有用，建造足够的掩体来保护哪怕是一小部分人口的开销也太过高昂。冷战紧张局面的缓解，也降低了为核生存做计划的紧迫性。生存计划所引发的问题又令人们变得恐惧起来。例如，在 20 世纪 50 年代早期，美国密尔沃基市学区针对学龄儿童是否应该被刺上文身，以帮助人们在战争冲突发生后，更容易地辨认死去和受伤的孩童进行了辩论，但结论是反对的，因为文身在躯体被烧时会被抹掉。在 20 世纪 60 年代早期，一场被称为"枪击你家邻居"的论战在媒体上吵得沸沸扬扬。在论战中，宗教领袖们相互争论在紧急情况下，邻居试图进入一个基督徒家后院的炸弹掩体时，这名基督徒对邻居开枪在道德上是否可以被允许。面对这些两难的局面，越来越多的人决定，他们宁可听天由命，也不为生存做任何计划。

但是掩体实验以及普遍意义上的生存研究不再流行，最令人信服的理由是，人们越来越确信想要活过一场核战争是无谓的尝试。即使有人在最初的爆炸中因为藏在深埋地下的掩体里而活了下来，在数周里一直吃罐头食品和饼干为生，但也不能永远待在下面。

最终他们需要爬出掩体，然后走上被辐射污染的土地。在那里他们会发现自己不过是延迟了死亡，而非避开了死亡。1982 年，关注社会责任医师协会的会长海伦·考尔迪科特在被问及政府官员和民防研究者为何这么久以来一直相信，人们有可能在一场核冲突中生存下来时，她的回答很好地总结了生存研究留下的遗产。她直率地回答说："因为他们都疯了。就我的经历来看，他们全都对一场核战争带来的医学、科学以及生态后果一无所知。"

尽管科学界最终放弃了建立防弹社会的努力，许多这类尝试的物理设施仍然遗留了下来。在内华达的荒漠里，生存城的残骸仍然立在那里，除了作为观赏的景点，招揽来访拉斯维加斯的游客之外，别无他用。在很多房屋后院的地下，或者山体深处，炸弹掩体仍然留在那里等待着保护谁。它们的所有者从那时起给这些掩体找到了其他用途。它们成了老旧自行车、工具以及器具的储藏间。最近几年，尤其流行将它们改造成酒窖。也许这正是它们能有的最好的用途吧。人类或许没有能力在一场核屠杀中生存下来，但是如果这不可想象的事有一天真的发生了，至少最后活下来的人手头会有特定年份的醇酿酒，拿来为世界末日而干杯。

核爆月球

1962 年 7 月 8 日——夏威夷，凯卢阿。

一轮明亮的弦月从飘浮在天空中的云朵间探出头来。在下方，一座酒店楼顶的天台上，正在进行一场派对。身着色彩鲜艳的印花衬衫的游客们手举着饮品聊天。皮肤晒成深棕色的大学生们身穿 T 恤和短裤，在酒吧喝着啤酒消磨时光。在酒吧尽头，一盏熔岩灯慵懒地向上冒出荧光黄和绿色的液泡。

一个小男孩一直越过平台的一侧注视着黑暗的大海，随后转过身跑向他的父母，拽了拽他母亲的衬衫。"爸爸妈妈，还有多久才会开始？"

他的父亲拍拍他的头。"我们不知道，帅小伙。但愿快了吧。"

母亲瞥了一眼她的手表。"如果没有很快开始，我们得让你上床睡觉了。快要十一点了！早就过了你的睡觉时间。"

"但是妈妈！你答应过的。"

"嗨，大家！"一个坐在角落里一台收音机旁边的男人喊出声来，"听！他们在说火箭升空。"

"声音调大点！"另一个人喊道。

男人调节了收音机的音量。在派对的噪音中，响起一名广播员尖细的嗓音。人群安静了下来，每个人都开始聆听。声音开始倒计时。"还有十分钟。还有十分钟。"

广播给整个派对制造了安静的氛围。人们紧张地兜着圈子，不时瞥一眼天空，用压低的嗓音说话。突然其中一个大学生大喊："世界末日就要到了！"

"闭嘴！"一个和妻子站在一起的老人生气地制止他。

"也许是颗哑弹！"另一个大学生喊道，然后人群中漾起一阵紧张而压低声音的笑声。

"还有五分钟。还有五分钟。"广播宣布道。

人群聚集到平台的边缘，越过海洋注视着前方。他们可以看到地平线上几艘船上的灯光，听到下面海浪冲击海岸的声音。转向平台两边，可以看到凯卢阿的主要街道被每盏路灯下小片的光斑朦胧地照亮。

"还有一分钟。还有一分钟。"

小男孩紧紧握住母亲的手。"妈妈，我害怕。"

"别害怕，"她安慰他，"什么危险也不会有。科学家们知道他们在做什么。"

广播里的声音开始了倒计时："十，九，八，七……"随着数字接近零，音调变得更高了，广播员好像也激动起来。没人说话，人们都开始期待地凝视着黑暗的天空。"五，四，三，二，一。"

天空出现一道巨大的闪光。仿佛转瞬间太阳在天空中显现了一样，将整块大地照得如同白昼一样亮，然后又消失了。没有声音伴随闪光，但是在同一瞬，广播里的声音突然间切断了，被静音下的噼啪声所取代。同时街道上的路灯闪烁了一下然后熄灭了。

在天上，开始发生奇怪的事情。最初的白色闪光制造出一片翻滚、扭动的脏污绿云，迅速沿着地平线弥漫开来，就像有毒的化学物质从太空中被倒入大气层一样。不自然的颜色翻滚着，发着光，用鲜艳的光辉照亮大地，使海洋呈现出紫色，就像葡萄汁一样。

人群静默着观看。绿色物质的卷须扭动着，然后它们突然变成了火热的、愤怒的粉色，接着加深成为暗血红色。明黄色的月亮从云朵间露出了身影。

一位年老的女人大喊："可怕！可怕！"她双手交握挡住眼睛。她的丈夫搂住她的肩膀，带她走向房门返回室内。

小男孩的双眼因为恐惧而大睁着。"妈妈，世界要结束了吗？"他的母亲担心地低头看了他一眼。"哦，亲爱的，我不这么认为。我确信一切都会好的。"但就在她视线移回天空中那些扭动着的、变幻莫测的色彩秀时，她的双眼闪过了一丝疑惑。

到了 20 世纪 50 年代末期，美国和苏联为了超越对方，不顾一切地对各式各样的目标投下了核弹。他们曾炸平仿真城市、太平洋岛屿、海军舰队，以及相当一部分荒漠的土地。结果，公众变得自满起来，习惯于源源不断的新闻报道，宣布各种新的核实验的情况。将军们和军事计划制定者开始疑惑："我们还能炸点其他什么东西吗？"或者不如说，"还有什么可以炸的能吸引人们的注意呢？"

夜晚，答案呈现在他们头顶上，挂在半空中如同巨大的目标。看起来如此明显。核爆月球！

月球上的闪光粉

在月球上引爆一颗炸弹的想法其实并不新颖——它和乘火箭旅行的想法同样古老。罗伯特·戈达德，美国现代火箭技术的先行者，在 1919 年第一次提出这一想法，尽管他的建议是引爆一颗传统炸弹，而非核弹。

　　戈达德是一个安静的人，身体不太好，比起和人相处更喜欢读书，但是在十几岁时，他曾经深受太空旅行念头的吸引。他年长后给人们讲述那时的故事，在十七岁时，他爬上后院的一棵樱桃树，抬头仰望天空，想象如果升得更高，进入太空静谧的真空中会如何。他想象在行星中间飘浮，远离地面上拥挤的人群。他从未忘记那一幕画面。他花了余生的全部时间试图将它变为现实。

　　1916 年，三十四岁的戈达德作为一名物理学老师，在美国马萨诸塞州中部的克拉克大学工作。他在业余时间里设计火箭。他建造的最初的火箭并没有飞离地面多高，但是他已经有了宏大的计划。戈达德想象将火箭一直发射到月亮上，但他即刻意识到一个问题：自己没办法知道火箭有没有抵达月球。这时他想到了炸弹。如果他的火箭携带一枚炸弹，当火箭撞击月球表面时引爆炸弹，也许就能从地球上通过一台巨大的望远镜观察到爆炸。

　　为了确定这颗炸弹需要有多大才能制造可见的爆炸，戈达德在马萨诸塞州乡间开展了一些实验。在深夜里，他远离房屋和街灯的光线，测试最远可以从哪里观察到用镁闪光粉制造的小型爆炸。他一个人坐在那里，凝视黑暗，等待着小光点在远处出现。他想象自己正看向太空，而闪光是来自外太空源头的第一个信号，宣布着："成功了！成功了！"运用这种方法，他确定二十分之一格令[①]闪光粉生成的光亮，在 2.25 英里远处可以看到。根据这一结论，他计算出如果他的火箭携带 13.8 磅闪光粉，将会制造"极为醒目"的爆炸，从地球上用望远镜可以观察得到。

　　戈达德在 1919 年 12 月发表了一篇名为《一种抵达极限高度的方法》的小论文，文中描述了他的研究和闪光粉实验。论文的发表在公众中引起了强烈的兴趣，尤其是轰炸月球的主意。他收到志愿者写来的信，迫切希望被绑在他的火箭上——把火箭变成自杀式月球炸弹。然而，很多批评者嘲笑地否定了他的念头。例如，《纽约时报》发表了一篇评论文章，居高临下地告知戈达德，就连学校的孩童也知道火箭无法在太空的真空

――――――――――
[①] 格令：历史上使用过的一种重量单位，1 格令约合 0.06 克。

中运作，因为真空中没有火箭可以借助用来推进的物质。四十九年后，在阿波罗 11 号升空后的第二天，《纽约时报》发表了一篇道歉信，声称："进一步的研究和实验已经肯定了艾萨克·牛顿在十七世纪的发现，现在已经确定火箭在真空中可以运作得和大气中一样好。《时报》对我们的错误感到抱歉。"不幸的是，戈达德没有活到这篇道歉信发表的那天，也没能看到火箭向月球发射。他于 1945 年就去世了。

奶牛计划

科学的进步使得戈达德的月球闪光粉实验没有必要再开展了。研究者们了解到他们可以使用无线电波跟踪火箭穿越太空。然而，月球炸弹的念头仍然在航空航天研究者的想象中徘徊。抬起头看到月亮闪动信号的想法令很多乐于被震撼的火箭专家备受吸引。原子弹的发明使实验中可以加入更强的火力，因此太空时代的梦想家们自然而然地将戈达德实验中的传统炸弹换成了核弹。但是直到 20 世纪 50 年代中期，远程火箭的开发才真正使这一想法重新回到科学思想的前沿。突然间，借助火箭抵达月球似乎成为可能，所以为什么不试试投一颗核弹上去呢？

几位研究者分别提出了同样的想法。1957 年 3 月，芝加哥大学的哈罗德·尤里博士在《天文台》期刊中提出，用一颗洲际弹道导弹可以将一颗原子弹送上月球。他主张，这将成为一个有用的实验，因为爆炸可能会炸开月球岩石，这些岩石最终会掉落到地球上，人们可以收集这些岩石进行分析。

三个月之后，火箭专家克拉夫特·伊瑞克 和宇宙学家乔治·盖莫，在《科学美国人》中所写的内容，将尤里的想法又向前推进了一步。他们提出向月球发射两颗导弹。第一颗导弹投下一颗原子弹，第二颗飞过由爆炸引发的大范围烟云，并"带走一些月球表面爆炸的碎屑"，然后将其带回地球。由于第二颗导弹将会围绕月球飞行，他们建议将这一任务定名为"奶牛计划"。这一名字来自儿歌："晃来又晃去 / 小猫和提琴 / 奶牛跳过月亮去。"他们以激励的口吻给文章做了结尾："当人类成功地使奶牛跳过月亮，人类精神深处的某种东西将被激发出来。"他们可能会这样补充，如果这头奶牛还用核弹把月球炸了，那可就更激动人心了。

苏联人几乎核爆月球的一天

在这些建议激发人们想象的同时，它们仍完全停留在理论阶段，因为还没有国家成功地将火箭发射进太空。直到1957年10月4日，这一局面被改变了，当时全世界都得知苏联将一颗人造卫星斯普特尼克一号送上了轨道。不到一个月后的11月3日，苏联人又刷新了他们的成就，成功地升空了斯普特尼克二号卫星，卫星上携带着第一只生物——一条名叫莱卡的小狗——进入太空。对美国人来说，这些升空的卫星就像一记响亮的耳光打在脸上。美国领导人认为他们国家的全球影响力，依赖于国际上对其科技领先地位的承认，但现在这一领先的位置被下边的人超越了。突然间他们落到了第二。美国人热火朝天地推测着接下来苏联人会做什么，而一种不祥的猜测超越了其他的可能性——苏联人将会用核弹轰炸月球！美国人还认为自己确切地知道什么时候会发生这件事——1957年11月7日，俄国十月革命四十周年纪念日这一天。巧合的是，在这一天会发生月食，这会让观察月球上的爆炸容易得多。这将成为整个历史上最令人印象深刻的焰火表演，其舞台全球都可以看得到。

随着11月7日邻近，媒体几乎歇斯底里地对苏联计划核爆月球做出了报道。"苏联用氢弹轰炸月球的火箭或已上路。"《纽约时报》在11月5日警告说。苏联驻联合国代表阿尔卡季·索博列夫无意间吐露了苏联确实希望用一架飞往月球的火箭来纪念俄国十月革命，这加剧了人们的怀疑。史密森天体物理天文台台长弗雷德·惠普尔博士报告说：他听说了关于火箭已经在路上的传言。面对威胁，美国政府显得无能为力。艾森豪威尔总统能做的不过是安排一场"抬起头来"鼓舞士气的电视和广播讲话，来与预期的月球焰火同步播出。

月食将在太平洋很大一部分地区上空持续半个小时可见，这片区域从日本南部的马里亚纳群岛一直延伸到夏威夷。在11月7日到来时，当地球的阴影渐渐遮住月亮，美国的天文学家将望远镜瞄准月球的表面，紧张地搜寻原子弹爆炸的闪光。他们等了又等，但是并没有闪光发生。月球逃过了这一劫。

A119 计划

苏联的核爆月球事件被证明并未发生，但是美国意识到它本可以发生，未来也有可能发生，使他们不得不采取了行动。1958 年 5 月，美国空军受命进行一项最高机密的科学研究，代号为"A119 计划"。出于管理的目的，它被赋予了一个无伤大雅的标题"月球探索航行的研究"。然而，其真正的任务是确定一场发生在月球上的核爆的可见性和效果。该研究的基地设在芝加哥的阿默研究基金会。基金会的物理系主任伦纳德·雷菲尔领导整个研究团队。协助他的是一群顶尖的科学家，包括天文学家杰拉尔德·凯珀和一个名叫卡尔·萨根的二十三岁研究生，他后来因为主持科学电视系列片《宇宙》而名声大噪。

空军没有给研究者们提供任何关于月球投弹何时发生的细节，而是告诉了他们空军希望这一事件的发生出人意料。他们也没有给予研究者多少关于核弹规模的信息，只是暗示它的大小与在广岛投下的那一颗差不多。根据这一信息，空军想知道投核弹的最佳地点，以确保地球上看得最清楚。他们同时想要研究者想出正当的科学理由来开展这样的实验。人人都知道：核爆是一个公共关系的噱头，一种胜过苏联人的手段，只是它需要裹上一层科学的外衣。

科学家们手持计算尺和计算器，开始着手工作。分配给萨根的工作是为月球表面的气体和尘埃云会怎样扩散建模。这是确定爆炸在地球上可见程度的第一步。坐在桌前，萨根想象着核爆的场景——一颗导弹从黑暗的太空中落下，向着灰色的月球地表飞去，接着是一道耀眼的闪光。因为月球几乎没有大气层，爆炸并不会像在地球上一样形成独特的蘑菇云。相反，力量将会即刻向所有方向散开。

巨量的尘埃将会被炸起升到太空中。萨根推测这一尘埃云如果在月亮的边缘处形成，将最容易看到，而太阳光线也将会照亮月亮边缘的尘埃云，从而产生震撼的效果。他还提出，对尘埃云进行光谱分析，能够为月球表面的构成提供有价值的信息，包括那里是否存在有机物质。

研究者对核爆月球的问题研究了将近一年，才于 1959 年 6 月发表了最终报告。这是一份有趣的文件。科学家们显然对核爆月球的想法感到不安。报告一开始就承认，这样的行动在政治上是否明智本身就超越了本研究的范畴，但仍然声称这可能在全球引起"相当严重的负面反应"。但是说完了这些提醒的话，研究者们继续履行他们的职责，对这样的事件可能会生成的各种科学信息进行了分析。相对而言，收获并不大。除了我们已经提到的光谱分析之外，报告还提出爆炸可能会生成有趣的地震数据，同时为辐射在太空中的扩散提供新知。这些信息，以及其他更多的数据，在那之后的几十年里都以不那么暴力的手段获取到了。

令人庆幸的是，A119 计划从未从科学研究进展到实践的地步。美国空军得出结论，这一计划风险太多回报太少，最终把它束之高阁。然而，如果美国空军知道苏联人同时在进行一个类似的项目，进展比他们要靠前一些，他们可能会改变主意。

虽然美国人害怕苏联人在俄国十月革命四十周年核爆月球，苏联人却并没有这样的计划。在那个时候，这样的做法超出了他们的能力范围。但是在 1958 年初，在核物理学家雅科夫·鲍里索维奇·塞尔杜维奇的敦促下，他们启动了"E—4 计划"来研究这一想法的可行性。这一努力最终催生了一颗月球炸弹的全尺寸模型。这是一个看起来很邪恶的创造物，像一颗球形的地雷，所有面上都伸出了引爆杆，用来在火箭撞击月球表面时引爆核弹。

然而，和美国人一样，苏联人最终也在核爆月球这个想法面前退却了。他们主要担忧的是火箭有可能无法将核弹推离地球的轨道——火箭在当时并不是非常可靠的技术。一旦失败，全副武装的核弹就会缓慢地螺旋下坠到地球上某个随机地点，由此可能引发尴尬的政治问题。苏联人还得出结论，即使核弹成功地抵达了月球，核爆也不会给人们留下深刻的印象。地球上的人们，如果恰恰在正确的时刻看向月球，只会看到一个小亮点，然后就什么也没有了。所以，这样的结果似乎根本不值得付出那么多努力。

太空核爆

月球表面仍然没有核弹的痕迹。但这给军事计划制定者们留下了一个问题。他们仍然想要核爆某种新的、引人注目的、令人激动的事物。还有什么可以炸的东西呢？

氢弹的著名制造者爱德华·特勒有一些主意。他曾是核爆月球的热情支持者，但作为代替方案，他建议核爆直布罗陀海峡。他声称，几颗放置在合适位置的氢弹，可以把海峡封住，由此使整个地中海像浴缸一样灌满水。这可能意味着包括威尼斯在内的一些沿海城市会不幸被淹没，但是另一方面它会浇灌撒哈拉沙漠，所以这看起来是一个公平的交易。即使这个建议听起来如此吸引人，却全无下文，但随后特勒想出了一个更好的计划，并为此投入了极大的热情，认真地推动了数年之久：核爆阿拉斯加！

从特勒的眼光来看，阿拉斯加与月球有许多相似之处。它离我们很远，看起来很荒瘠，而且相对而言杳无人迹。他的想法是五或六颗氢弹可以在阿拉斯加西北沿海，靠近汤普森角的地方制造一个人造港湾。这将会是核弹力量的绝好展示。不幸的是，阿拉斯加的居民，尽管人数没多少，却并不喜欢这个念头。他们指出，一个新的港湾没有大用，因为阿拉斯加沿海地带一年里有九个月都会被冰封。特勒并没有让这样的逻辑挡住他的路。他不懂为什么他的批评者们不明白，不管这个主意有没有用，瞬间出现的港湾将极为引人注目。从 1958 到 1962 年的四年间，他一直与批评者们争论，想要制造出他的核爆港湾，然而批评者们最终成功地让这个想法沉寂了下去。

在将直布罗陀海峡和阿拉斯加排除在外之后，美国国防部最终想到了一个目标。他们将目光再次投向天空，开始思索核爆太空本身这一想法——说得再具体点，是太空中被称为"范·艾伦带"的区域。

范·艾伦带是幻影一样的辐射带，围绕着地球存在，由太阳风投下的电子和质子带组成，延伸数千英里，受地球磁场的影响而处于现在的位置。物理学家詹姆斯·范·艾伦在 1958 年初，通过分析美国第一颗成功发射的卫星探索者一号上的盖革计数器的数据，发现了它们的存在，这一区域由此而得名。当他公布这一发现时，一些出版物为了想出比喻来描述它们而绞尽了脑汁。例如，《科学通讯》将这些辐射带形容为"太空甜甜圈"，因为在作者的想象中，它们就像巨大的甜甜圈状的辐射带，包围着地球。

虽然"核爆太空甜甜圈"听起来没有"核爆月球"那样的震撼，但是从美国军方的角度来看，范·艾伦带作为目标，较月球有着明显的优势。首先，它们更容易被炸到；其次，虽然从地球上看月球焰火效果可能会令人失望，但范·艾伦带的核爆可以制造无与伦比的光影大秀。高能粒子将会倾泻下来，落在地球大气层上，制造生动的极光般的效果，绵延数千英里。所以这必然会引起人们的注意。

同时，美国国防部猜测爆炸具有非常吸引人的军事用途。希腊人尼古拉斯·克里斯托菲洛斯是一名电梯修理工转变成的核物理学家，他预测爆炸将会围绕地球制造人造辐射带，这不仅会干扰通信系统，同时还可以作为一个屏障，毁掉任何穿过它的导弹上的电子设备，这能够使洲际弹道导弹成为历史。克里斯托菲洛斯想象通过每年在太空中引爆数千颗核弹，来制造一个永久性的保护罩。

以太空为中心制造导弹屏障的想法促使美国国防部决定，实验性地在范·艾伦带引爆一颗核弹。有军官在范·艾伦公开宣布发现辐射带之后的第二天找到了他，看他是否愿意合作，计划这样的一个实验。他同意了。历史学家詹姆斯·弗莱明曾写道，这显然是一个独特的事件，一位科学家"刚发现某个东西，即刻就决定把它炸掉"。

1958 年 8 月和 9 月，一系列先期的、使用一千吨级核弹的绝密实验，在南大西洋实施。正如克里斯托菲洛斯所料，爆炸制造了人造的辐射带，将地面包裹起来，造成了大范围的无线电和雷达干扰，但是这些收效较小的核弹不过是完整规模实验的热身而已，军方计划于 1962 年夏季在太平洋进行一百四十万吨级的氢弹实验。

美国军方并不打算将 1962 年的实验当成秘密。核弹的效果太过于明显，也成不了秘密。事实上，这将在太平洋的上空造成可见的变化，成为历史上被最多人见证的实验。预见这将带来一场夺目光影秀的媒体给它取了个外号叫"彩虹核弹"。

然而，全球的科学家发出了警告。剑桥的马丁·赖尔博士担心这样大规模的爆炸可能会永久性地扭曲范·艾伦带，或者令它们完全消失，而后果无人知晓；宇宙射线可能穿过大气层倾泻而下，毁灭地球上广阔的区域，这可能会引发全球灾难；抗议者在全球各个城市的美国使馆外示威游行；九十岁高龄的哲学家伯特兰·罗素形容这一实验计划为"一种荒唐的轻率行为，以及对所有心存理智的人和国家的蓄意侮辱"。

为了平息这些恐惧，美国国防部发表了一篇新闻稿，向每个人保证他们已经对情况做了分析，没有发现任何需要担心的事，而且确信范·艾伦带"几天或者几周内"会恢复正常。

人们做了详尽的准备工作。位于夏威夷以西八百英里的约翰斯顿岛被选作了发射的地点。美国海军将电子设备运送到整个太平洋各处偏远的岛屿上，来记录核爆的效果。在夏威夷，随着发射日期的邻近，酒店的管理者宣传着酒店房顶即将举行的彩虹核弹主题派对。

1962 年 7 月 8 日晚上十一点前的几分钟里，一颗雷神导弹携带着核弹升上了天空。这次升空的核弹代号为海星一号。在海拔二百四十八英里的高度，核弹爆炸了。

巨量高能粒子向四面八方飞出。在夏威夷，人们首先看见夺目的白色闪光穿透云层。没有声音，只有光亮。随后，随着粒子落入大气层，出现了一条条绿色和红色的光带。《生命》杂志记者托马斯·汤普森报道称："蓝黑色的热带夜空突然间变成了明亮的柠檬绿色。比正午还要明亮。绿色变成了粉红色，最终变成了可怕的血红色。就好像谁倒了一桶血水在天空中一样。"人造的极光持续了七分钟后渐渐消逝。

天空中的光亮并非实验带来的最奇怪的效果。一阵电磁脉冲的能量在整个夏威夷电网中传开。输电线的保险丝被烧断，防盗警报器蜂鸣声大作，车库大门神秘地自动开了又关，电话线断了，电视和广播出了故障，岛上数百盏街灯同时熄灭。

美国军方终于如愿引爆了引人注目的核弹，但是他们从整个过程中学到了重要的一课：氢弹和卫星不能"混搭"。当时有二十一颗卫星正在轨道上运转，电磁脉冲严重损坏了其中的七颗。受损列表中包括世界上第一颗商用通信卫星电星一号，事出意外，其发射时机安排得很糟，由AT&T公司在海星一号升空之后的那天发射，使这颗卫星直接冲进了由爆炸制造的辐射云中。爆炸同时令地球磁场产生了暂时性的倾斜。在三十分钟里，夏威夷的磁场移动了三分之一度。尽管美国国防部做出了相反的保证，但范·艾伦带许多区域的辐射水平却直到很多年之后才回归正常状态。

美国政府意识到他们必须在测试太空核弹爆炸，与发展卫星技术两者之间做出选择。他们选择了卫星，第二年他们与苏联签订了《部分禁试条约》，禁止一切在大气层、水下和外层空间进行的核武器实验。其结果是，全世界再也没有见过氢弹在太空中爆炸所带来的古怪的亮光。如果我们真的再次见到这样的场景，全球的经济很可能会崩溃，因为爆炸会毁坏数百颗现在正围绕着我们运转的卫星，它们在向我们提供诸如电视、导航以及气象预报在内的重要服务。

军事战略家时不时地警告道：如果任何流氓国家或者恐怖组织想要发表声明，最好的方法就是向太空发射核弹。它不会杀死任何人，却会通过毁坏卫星，使整个世界陷入混乱。不幸的是，面对这样的情形，却没有什么防御手段，因为强化所有的卫星抵挡核爆的攻击，开销将太过巨大。

核爆月球的狂热

尽管彩虹核弹在天空中制造了壮观的光影秀，核爆月球的热情支持者却并不满意。毕竟，这颗核弹距离月球超过23.5万英里。其结果是，自那以后，将携带核武器的设备送到我们的太空邻居那里的想法一直深藏在集体潜意识之中，就像没有搔到的痒处一样，这种对核爆月球的强烈热情，时不时浮出水面。

1990年秋天，美国爱荷华州立大学的数学教授亚历山大·阿维安向他的班级分发了一篇文章。在文章中，他提出了核爆月球的好处，并宣称：月球的重力造成地轴倾斜二十三度，这样的结果是，太阳对地表不均匀地加热。如果没有月球，地球的天气将极大地优化，进入到"永恒春天"的新纪元。而且，他还建议道：这可以通过使用核武器，对月球进行一次"受控的完全销毁"而实现。

他写这篇文章的原因，是想把它当成一个煽动性的思想实验，以鼓励学生们思考关于行星重构的大问题。但是他班上一名年轻的女学生在《爱荷华州日报》中写到了他的想法，这一想法又传进了媒体网络，激发了全球媒体的狂热。最后，阿维安的核爆月球计划，在全球的报纸上出现了。一家德国电视台派出一队人马去采访他，一份英国小报的头版头条上写着"科学家们计划炸掉月球"，《华尔街日报》写下了一篇长文章分析这一建议。显然这一想法在公众之中产生了共鸣。

美国宇航局的科学家们徒劳地抗议了这一想法。他们指出：虽然地轴确实有偏斜，但其形成却不大可能是由于月球的重力，更可能的原因是两极地区累积的冰雪。而且，任何毁掉月球的尝试，都会不可避免地造成大块月球碎块落到地球上，会产生灭绝人类的潜在危险。环境保护组织同时还担忧地提出，毁掉月球可能会破坏南太平洋矶沙蚕的交配周期，因为这些脆弱的生物只在满月时才从地下爬出来繁殖后代。

2002年，核爆月球的狂热又浮现了，互联网上一个网站"imao.us"发表了一篇文章，建议把核爆月球当成实现世界和平的有效手段，使得这一想法再度流行起来。

其主要的论点是，如果美国开始向月球投核弹，全球其他地区将会因此被惊吓得顺服于美国："所有其他国家会大喊，'我的……他们在核爆月球！美国疯了！我最好在他们以为我不喜欢他们之前去吃麦当劳。'"

直到今天，"imao.us"的"核爆月球"文章仍然热门。

核爆月球的热情支持者们，终于在2009年得到了小小的满足。美国宇航局宣布，他们不仅打算用 LCROSS（月球坑观测与感知卫星）撞击月球，而且将会通过电视转播这一事件。这是为了确定月球坑深处，是否藏有小块冰冻水而做的部分工作。在抵达月球时，卫星将会分成两部分。第一部分会撞进月球南极的一个坑中，这有望腾起巨大的尘埃云。美国宇航局提出升起的碎屑烟云将能从地球上通过天文望远镜看到。第二部分将会紧随其后，飞过尘埃云，收集并分析样本，然后也撞上月球地表。从本质上说，这是伊瑞克和盖莫 1957 年提出的奶牛计划的无核版本。

在撞击当晚，由于受此计划的吸引，位于硅谷的美国宇航局艾姆斯研究中心外，聚集了一大群人。户外立起了的巨大屏幕上，播放着之前收集样本的火箭传输的实时画面。同样的画面也会在美国宇航局的电视频道中播出。随着月球崎岖的表面进入视野，人群屏息凝神地等待着，宇航局的播报员也开始为撞击倒计时。撞击的时刻到来了，所有目光都锁定在屏幕上……然而什么也没发生。摄像机上看不到碎屑烟云，从地球上的天文望远镜也观察不到任何东西。美国宇航局事后坚称火箭确实按计划撞击了月球，但他们解释说，烟云无法在可见光范围内看到。这一次，核爆月球的热情支持者们又一次扫兴而归。

目前（所幸的是），人们能看到月球核爆的可能性不大。但谁知道呢？

也许某个傍晚你坐在户外欣赏夜景，凝视着宁静的月亮，突然间看到月球表面亮过一道奇怪的闪光。这一刻，复述《人猿星球》片尾查尔顿·赫斯顿所扮演角色的台词将十分应景："我们终于做到了！你们这些疯子！你们把它给炸了！该死的！你们都见鬼去吧！"

不可思议的原子太空船

1958 年 6 月——加利福尼亚州，拉荷亚市。

"呼！哔，哔，哔！呼！"五岁的孩子在玩他的玩具太空船，一个圆锥形的锡制火箭，侧面装饰着大红色的彩条，还有相配的红色尾翼。他把太空船举过头顶，以平滑的抛物线轨迹上下滑行。"呼！呼！"

一辆车停进车道的声音通过打开的窗子传了进来。顷刻间男孩丢下玩具大喊起来："爸爸回来了！"他跑到外面，奔向绿白双色的雪佛兰汽车。他的父亲，一个深色头发的清瘦男人，坐在驾驶座上，车窗摇了下来。

"爸爸！爸爸！"男孩大喊着，无法控制自己的兴奋，"是真的吗？你在建一艘太空船？"

他的父亲低头看着男孩，脸上显出困惑的神情。"你听到新闻了？"

"是真的吗？是真的吗？"

他的父亲微笑起来，轻柔地说："是的，乔治。是真的。"

他的母亲走出来站在他的身后。"你好，亲爱的。他已经说这个说了一整天了！"

"你会飞向哪里？它看起来什么样？有多大？"男孩的问题连珠炮一样地脱口而出。

他的父亲瞥了一眼手表。"跟你说，乔治。上车来，我带你去看点你可能会感兴趣的东西。"

乔治即刻绕着车跑到另一边，拉开车门，跳上了他父亲身边的座位。

"你会给我看太空船吗？"

"我们到了你就知道了。"男人看了一眼他的妻子，"我们就去一小会儿。"

"玩得开心。"她答道。

父亲将车缓缓开出车道，开上主路。他沿着棕榈树成行的大街开了几个街区，然后拐上了一条蜿蜒的斜坡路。在他们左侧，太平洋在午后的太阳下闪着微光。

在路上，男孩不断用问题纠缠着他的父亲。"它能开多快？可以带我一起去吗？"

他的父亲一脸神秘地瞥了他一眼。"这是最高机密。我什么也没法告诉你，但是我会给你看一件东西。"

男孩急迫地点点头表示他明白了。

他们抵达了山顶，又开了一分钟。随后父亲将车停在路边，路的下面就是山谷。"我们到了！"他下了车，儿子紧跟在他身后，然后他们站在一起，注视着眼前的景色。

沿岸的矮树丛在他们面前伸展开来，在风中起伏摇曳，随着太阳在天空中西沉，树影愈加狭长。他的父亲指向峡谷边缘，大约半英里远的位置。"看那里。"男孩沿着父亲的手指，看到某个恰似一艘太空船的东西停在整个场景中间。这是一个巨大的环形物体，大约一百五英尺宽，三十英尺高，四周由厚实的钢制扶壁支撑。环绕着这个物体的窗户明亮地反射着太阳光线。

男孩大口喘息着。"是那个吗？那就是太空船吗？"

他的父亲在他身边跪下身来。"不，倒不是这样。那是我工作的地方，我们在那里设计太空船。但是你可以从那座建筑了解太空船大概会长什么样子。把它想象成基座。然后是太空船本体，形状像一个巨大的鸡蛋，坐落在基座上面，超过两百英尺高。"

男孩向下看去，他的嘴巴大张着，想象着巨大的飞船从地面升空的壮观场景。

"你们要去哪儿？"男孩问道。

他的父亲微笑着说："去向星星，乔治。我们将向群星进发。"

20 世纪之前，那些梦想家们想象着各种奇妙手段，来实现太空航行。一位 17 世纪的主教，赫里福德郡的弗兰西斯·戈德温，想象自己乘坐一辆由二十五只天鹅拉的双轮马车前往月球。到了 19 世纪，人们则见证了独创性方案的大丰收。儒勒·凡尔纳建议用一门九百英尺的加农炮将一艘船发射到太空。埃德加·爱伦·坡描述了一段乘坐热气球前往月球的旅途。爱德华·埃弗里特·黑尔想象将一艘砖砌的太空船沿山坡上一条巨型滑轨滚下山，然后再用两个水驱飞轮给予它最后的推力，使它飞上绕地球的轨道。乔治·塔克则描绘了由一种想象中的反重力金属"钥"提供浮力，飘浮进太空的画面。

到了 20 世纪 20 年代，得益于罗伯特·戈达德的工作，人们已经清楚化学火箭是将物体发射进太空最实际的手段，但是发明者仍继续想象着其他的技术。技术的进步令他们的想象更加的夸张了。于是在 20 世纪 40 年代中期，所有方案中最具想象力的一个出现了，单单是其大胆程度就无人能敌，离谱得令戈德温的天鹅方案相较而言也显得还算神志清醒，有理有据。其想法是使用一颗原子弹将一艘太空船推进太空，并把它推向更远的地方。

冲浪太空

1945 年 7 月，新墨西哥州的荒漠地带，为原子太空船概念的诞生提供了背景。曼哈顿计划的科学家们聚集到一起，见证了三位一体核实验——原子弹的第一次爆炸。随着巨大的火球在白沙实验场上空升起，该计划的科学主管，J. 罗伯特·奥本海默，想到了印度教经文中的一句广为人知的话："现在我成了死神，世界的毁灭者。"但他的同事，波兰裔美国人斯塔尼斯拉夫·乌拉姆的想法就明快得多。当他看见蘑菇云在天空中形成时，就在想原子弹释放出的巨大能量能否以某种方式用于和平的目的。他沉思着：它能否推动一艘太空船前进呢？

化学火箭的主要局限在于，从燃料中获取的能量比较低，如果尝试使燃料在更高温度下燃烧，以获取更多能量，火箭本身也会熔化。乌拉姆想到了一种解决办法。他想象不用化学燃料，完全拆掉火箭外壳，将它们用一颗原子弹取代。然后在太空船后方引爆原子弹，这样就能释放同等重量火箭燃料几百万倍的能量。如果太空船设计得当，有一块巨大的钢板承接爆炸的力——想象一块直径一百二十英尺，重一千吨的钢板——这样的爆炸可能不会毁掉太空船，而是以巨大的加速度将它推向前方。乌拉姆的想象类似于冲浪手乘着一波海浪冲向海滩，只是海浪换成了原子能的冲击波，它将带一艘太空船升空，然后穿越太空。

当人们第一次听到乌拉姆的想法时，通常会认为这是个疯狂的念头。难道原子弹不会直接把太空船炸毁吗？即使没有，暴露在辐射下该怎么办，如何驾驶太空船？对于核物理学家以外的任何人来说，诸如此类的担忧可能会令这一想法止步于猜测和幻想，但是乌拉姆无法摆脱这个念头，它就留在他脑中，不断地对他絮絮低语。直到 1955 年，他写了一篇报告，详细地探究了这一想法："关于运用外部核爆推进射弹的方法"。

乌拉姆的报告引起了泰德·泰勒的注意，泰勒是美国顶尖的核武器设计者之一，1956 年，他刚刚开始在位于圣迭戈市的通用原子能公司工作，该公司致力于将核能充分运用在和平的用途上。泰勒做了一些粗略的计算，意识到尽管看起来很奇怪，但乌拉姆的想法也许可行。他询问了自己的朋友，被普遍认为是世界上最杰出的数学家之一的弗里曼·戴森的意见。戴森表示怀疑，但他也做了一些计算，令他自己也感到惊讶的是，他与乌拉姆和泰勒得出了相同的结论。一艘由原子弹作为动力的太空船也许真的能飞起来。

卢·艾伦的球和太空中的井盖

在 20 世纪 50 年代进行的核实验过程中发生的数个事件，意外地为乌拉姆的原子弹推进概念提供了实际证明。1955 年，美国空军物理学家卢·艾伦将大个的钢制球体（被其同事开玩笑地称为"卢·艾伦的球[①]"）挂在数次核爆附近，希望能够测试冲击波对于球体内所装的各种物质的影响。艾伦预计冲击波的力量仅会将球体抛出，但是实际结果是球体被推出了很远的距离，比他预计的要远得多。事实上，他找它们时都费了番功夫。它展示了乌拉姆预见到的核爆的推进效应。

另一个事件提供了更为戏剧性的证明。1957 年夏季，美国军方执行

①卢·艾伦的球："balls"在非正式场合也有男性睾丸或胆量的意思，在这里是卢·艾伦同事的一句玩笑话。

了一系列核实验，包括位于拉斯维加斯西北方的内华达实验场，进行的数次地下核爆。在其中一次地下实验过程中，爆炸的力量将一块巨大的钢板——直径四英尺，厚四英寸，重量几乎达一吨的钢板——从爆炸竖井的顶部推飞了起来。提前预见到此事可能会发生的工程师们已经将一台高速摄影机对准了井盖，以便计算其飞起时确切的速率，但是它的运动速度太快，以至于仅在胶卷上出现了一帧，就消失不见了。人们再也没找到它。

然而，实验的设计者罗伯特·布朗利博士估计，爆炸的力量与通道会聚力量的效应加在一起，将钢板加速到了逃离地球重力所需速度的六倍多。事实上，这块钢板的加速度可能大到足以离开整个太阳系，直冲太空，就如同一艘由原子弹推进的太空船的微缩版本一样。

太空中的井盖很快就家喻户晓，成为原子时代的传奇之一。那些热衷者们喜欢指出，尽管 1957 年 10 月 4 日由苏联人升空到地球轨道的斯普特尼克这颗一百八十四磅重的球形卫星，通常被看作是第一个抵达太空的人造物体，但实际上太空井盖在一个多月前就抵达了太空。可不幸的是，事实上井盖很可能没有进入太空。它的初始加速度肯定足够，但是大气层会使它的速度急剧降低，或者彻底烧掉它，将它烧成了微小的金属颗粒，撒在内华达的广大区域里。但是，想象井盖确实飞出了地球轨道，现在仍然在太空里的场景仍然十分有趣。它可能在冥王星外的某个地方，作为人类第一个，也是最不寻常的使者向着群星继续它的旅程。

猎户座计划

卢·艾伦的球和奇特的井盖，为原子弹或许能将物体推送到太空中提供了实物证据，但是真正给乌拉姆的概念以机会，使之从幻想中的念头发展为真实计划的，是斯普特尼克卫星。这颗苏联的小型卫星，穿过天空在地球轨道上旋转着，令美国军方惊慌失措。顷刻间，他们对于那些快速进入太空的想法——甚至是看似不着边际的想法，都变得包容起来。

　　泰德·泰勒意识到此时时机正好，他说服通用原子能公司向美国国防部高级研究计划局提交了一份建议书，为原子弹太空船寻求经费支持。1958 年 6 月 30 日，他收到了好消息。计划局将给通用原子能公司一份百万美元的合同，以开展一项"由核弹推进太空飞船的可行性研究"。看起来原子弹太空船将会成真了。

　　泰勒很快召集了一群顶尖的工程师和研究者，包括弗里曼·戴森。招募人才并不困难。项目本身就有充分的吸引力。哪个核工程师不想协助建造一艘围绕太阳系飞行的太空船呢？这满足了他们的好奇心和幻想，他们就像是一群孩子，在玩一个巨大的、非常强有力的玩具。泰勒将此次行动命名为猎户座计划。这个名字倒没有任何特别的含义。他只是觉得这听起来很酷。

　　弗里曼·戴森的儿子乔治·戴森，后来写下了猎户座计划的历史，在文中，他回忆起 1958 年 6 月的一天，他第一次听说他的父亲在协助建造一艘太空船时的情形。他当时只有五岁，觉得这是世界上最令人惊叹的事。父亲一回家，乔治就用问题缠着他："太空船有多大？""你们要去哪儿？""可以带我一起去吗？"为这一计划工作的工程师们和年幼的乔治有着同样的热情。

　　那时，其他太空工程师的想法比较局限。想将任何东西发射到太空中，都需要巨量的燃料，因此，所有东西的重量都必须尽可能地控制在最低限度。为此，水星计划里的第一个载人太空舱非常小，也就比包裹在宇航员身体周围的外壳大一点点。然而猎户座计划的工程师们，从一开始就雄心勃勃。对他们来说，更大则更好，因为巨大的太空船更容易抵挡住原子弹的轰击。所以他们最初预计建造一艘四千吨重，二十层高的太空船，差不多和一艘核潜艇一样大，而他们认为这是保守的预计。一块一千吨重的圆盘——"推进板"，将会吸收爆炸的能量，同时通过一种吸收冲击的机制，保护船上的船员。他们计算这会需要一百颗原子弹，大约以半秒的间隔爆炸，来将这一巨型船只送上轨道。

　　美国宇航局的工程师们认为月球是一个充满野心的目标，而猎户座计划则将视线投向了更远的地方。月球仅仅是太阳系宏伟旅行的第一站而已。无畏的冒险者们想象着：用原子能推进的太空船，巡游到金星仅需一个月，随后他们将奔向火星，再冲向土星，最终返回地球。"1970年抵达土星"成了该计划的战斗口号。

在圣迭戈市郊，拉荷亚悠闲的热带背景下，通用原子能公司的总部里，一种狂热的乐观主义攫住了猎户座计划的工程师们。他们开始想象各种宏伟的可能性。弗里曼·戴森得出结论，没有理由认为太空船重量不能达到八百万吨，这将使太空船的个头成为泰坦尼克的一百六十倍。一艘这么大的超级猎户座太空船可将两千名居民送上一百五十年的旅途，前往半人马座阿尔法星系。戴森同时意识到，猎户座太空船的强大使得大规模的外星环境地球化改造项目成为可能。他想象开展一个"洪水计划"，将大量的水从土卫二（土星的卫星之一）运往火星，由此将我们的邻居行星转变成一处适合人类居住的天堂。

洛玛岬的升空实验

在任其想象信马由缰之前，猎户座计划的工程师们意识到他们需要测试核弹推进太空船的概念，以确保它在实际中和理论上一样可行。这要求他们建造一台原型机。很明显他们不能运用原子弹，所以他们依赖传统炸弹开展实验。

实验在洛玛岬进行，那是与圣迭戈海湾北部边缘相连的一座半岛。猎户座计划的工程师们建造了一个高一米，重三百磅的模型，他们称之为"热棒"。他们建造它以喷射小炸药筒装的一种塑性炸药——C-4炸药，穿过其底部的平板发射。当套上玻璃纤维外壳时，它看起来就像一颗非常宽大的子弹。不装外壳的话，它就像一只海上的浮标一样——一座小塔立在圆形平台上。1959年的整个夏天他们都在鼓捣它，试图让它运作起来，随后在1959年11月14日，他们准备好迎接最后的实验了。

此计划的爆破专家杰里·阿斯特尔拍下了整个过程。当C-4在装置下方被引爆时发出砰的一声巨响，然后装置向上腾起。第二发炸药落下，然后"砰"又一次爆炸，装置腾起得更高了。砰、砰、砰。每一次爆炸发生时，热棒看起来都像是要翻倒、坠回到地面一样，但是它却令人难以置信地摇晃着越升越高。六次爆炸将它推到了一百八十五英尺高的地方，随后一顶降落伞撑开，它安然无恙地降落了下来。这是一次完美的测试飞行。这一实验的运作与工程师的预想别无二致。

据说，当高级研究计划局的评审组看到录像时，评审员们都沉默了。很多评审员怀疑过猎户座计划的可行性，然而现在证据就摆在他们面前，证明至少从理论上来说，这一概念是可行的。工程师们信心焕发，开始着手设计全尺寸的太空船。

也许猎户座太空船最神奇的地方在于，工程师们相信他们可以运用1958年已有的技术建造它。他们知道如何造炸弹，也知道如何建造巨大的建筑结构，如航空母舰。猎户座太空船只是简单地将这两种形式的技术知识结合在了一起。

但显然，太空船的设计仍然面临着巨大的技术困难。毕竟，让一米高的模型配合C-4炸药飞起来是一回事儿；建造一艘四千吨的太空船，靠原子弹飞起来完全是另一回事儿。

第一，减震器的问题。如果在推进板和太空船之间没有减震器，来自核爆的突然的推力会要了船员的命，这样就糟糕了。但是该如何建造减震器，才能承受多次原子弹爆炸而不损坏呢？

第二，销蚀的问题——钢制推进板的损耗又该怎么办呢？这块板子在解体之前又能承受多少次爆炸的冲击呢？

第三，具体又该怎样在太空船后侧射出核弹呢？在加速度峰值时，核弹必须每隔半秒就引爆一颗。人们要么通过推进板上的活板门发射核弹，然后祈祷活板门永远别卡住，要么就从推进板侧面抛射核弹，指望核弹别飞向错误的方向。两个选项都不算理想。然而，这些都是工程设计上的问题。猎户座团队确信，时间充足的话，这些问题都可以解决。

猎户座计划的终结

最终，毁掉猎户座计划的并非技术困难，而是政治原因。美国政府在 1958 年组建了美国宇航局，期望它能够承担所有非军事太空项目。然而，宇航局不想以任何方式涉足猎户座计划。让他们的宇航员坐在载满核武器的装置上，对这样的想法，宇航局的人不大"感冒"。同时，正如宇航局管理者在一份报告中所说："政治上能否批准使用这样的装置的问题，将沉重地打压了反对的一方。"因此，为了继续得到经费，猎户座计划必须划归军事项目。在某一段时间里，它就是这样被安排的。1960 年，高级研究计划局将猎户座计划的管理权移交给了美国空军。然而，空军没有兴趣开展宏伟的太阳系观光旅游。相反，他们要求从军事上利用该项目。由此催生了猎户座战船。

猎户座战船将是一艘真正令人惊恐的造物。想象死星①围绕地球轨道运行，集聚的火力足以将整个星球摧毁，使之不再适合居住。该战船受其一百二十英尺长的钢板保护，几乎可以免受任何攻击的伤害。如果探测到有导弹袭来，它可以直接以原子速度迅速离开，然后躲到月球的背后。

美国空军建造了一个八英尺的模型来展示猎户座战船的概念。它身上载满了武器——五百个民兵式弹头，以及多个五英寸口径的火炮——还同时载有多个辅助登陆艇。1962 年，在肯尼迪总统观摩范登堡空军基地时，托马斯·鲍尔上将骄傲地向肯尼迪总统展示了这一模型。据说肯尼迪惊恐地后退，怀疑军方最高官员疯了。那时他正在试着缓和与苏联的紧张关系，公布猎户座战船将会造成反面影响。所以这个模型被悄悄收了起来，从那以后再也没人见到过它。如今它很可能仍藏在某个政府仓库里。

1963 年，美国和苏联签署了《部分禁试条约》，禁止一切大气核实验。《条约》使太空船升空从政治上变得不再可能，从而宣告了猎户座计划的终结。1965 年 1 月，美国空军撤销了对该计划的拨款。

直到今天，猎户座计划仍然是太空时代一大未能实现的辉煌梦想。

----

①死星：《星球大战》故事中虚构的卫星大小的战斗空间站，其装载的武器具有能摧毁整颗行星的威力。

随着人们对某次火星任务的讨论热烈起来，那些猎户座计划的死忠粉——确实有相当数量这样的人——指出一艘猎户座太空船，可以用化学火箭十分之一还绰绰有余的时间，将船员送到火星。但是，这会带来放射性尘降物的问题。这对身处推进板后方受到保护的宇航员来说，问题可能还不大，但对所有地球上的人来说，推送猎户座进入轨道需要一百次核爆，要生活在这些核爆造成的余后效应中，问题可就大了。据戴森计算，猎户座太空船的一次升空会生成足以杀死约十个人的放射性尘降物。他推论道：这令该技术的应用变得不可能。

猎户座真的可行吗？受聘于该计划的大多数工程师——很多仍然在世——依然坚称它可行。在这样的前提下，认为猎户座计划或许并没有被完全封存会是很诱人的想法。也许美国军方秘密地将该计划纳入了五十一区，在那里继续着开发工作。也许今天有完工的猎户座太空船存在于世，被藏在内华达荒漠地下，或者西伯利亚的偏远地区。

不幸的是，其存在会被公之于众的唯一时机，将会是在诸如核战争或大规模小行星撞击等大灭绝事件中。政客和最高军事官员将会列队登上太空船。然后它将会在核爆的推进下前进，载着它的乘客去往安全的太空。这将会是壮观的景致，但也将是我们所有普通人能够看到的最后一景。

第三章

欺骗性方法

DECEPTIVE WAYS

天文学家制造了巨大的天文望远镜，以观察群星；物理学家建造了数十亿美元的超级对撞机，以解开亚原子世界的秘密；生物学家使用电子显微镜，观察细胞结构。相对而言，心理学家似乎轻松得多，他们不需要任何特别的装置就能看到他们的受试对象，人们就在他们面前。但是他们确实会面临其他科学家没有的麻烦。与群星、原子和细胞不同，人会说谎。你不能信任他们！例如，有人问你感觉怎样，也许你会说："很棒！"虽然你实际上感觉很糟糕。虽然人们经常扯这样的谎，但这是个善意的小谎言。而且，这样的假话便利了社交互动，只不过会给心理学研究造成极大的麻烦。为了应付这些欺骗性的倾向，心理学家开发出了他们自己的欺骗策略，其理论依据在于，他们的实验对象在不知道自己被研究的情况下，或者在不知道研究的真实目的的情况下，说谎的可能性会更小，就像以毒攻毒。这在科学中制造了一种独特的情形——研究者成了骗局制造者，制造种种精致的骗局，令那些未曾起疑的人们上当受骗。

以科学之名打斗的人们

1901 年 12 月 4 日——德国，柏林。

西蒙几乎要睁不开眼睛了。他抑制住想要把头靠在面前桌子上的冲动，试图把注意力集中在冯·李斯特教授身上。教授在教室前面念叨着些什么。

自己能来上课就已经是个奇迹了，西蒙想，因为昨晚又和几个朋友痛饮了一番，凌晨三点才踉踉跄跄地走回家，四个小时后就挣扎着起了床，浑身散发着难闻的烟酒味。起床时，沮丧地意识到自己仍处于醉酒的状态，喝了一杯浓黑咖啡也只有轻微的缓解而已。西蒙他赶紧出门，走进了早晨清冷的空气里。

西蒙还是准时赶到了，现在他安坐在报告厅里，周围是二十四张陌生的面孔。他唯一的任务，是在一个小时里保持清醒，然后就可以回家钻进温暖的被窝了。这张木椅子能让人坐得舒服点吗！学校为什么不能把暖风打开？毕竟现在是冬天了！

西蒙费力地听着教授讲课。他听到教授提到法国犯罪学家加布里尔·塔尔德的名字。"据塔尔德称，构成社会的根本力量，"冯·李斯特解释道，"是模仿和创新。"西蒙觉得听课太费力气了，他转而开始在书本空白处涂鸦。

靠近教室前排，一名年龄大一些的学生高举手臂。教授停下来向他致意："你想补充些什么吗，赫尔·K？"

"哦，不！别让那蠢货发言。"西蒙想，"那个人总是有意见。他应该闭嘴让教授讲完，这样我们就都可以回家了！"

"是的。"赫尔·K站起来说道，"我想从基督教道德观的角度来分析塔尔德的理论。"

西蒙翻了个白眼，继续他的涂鸦。他无意听取赫尔·K的任何言论，但他的注意力被响亮而急促的声响引回了教室前方。坐在赫尔·K旁边的男生手掌向下用力拍了一下课桌。"别讲你的基督教道德观，"男生大嚷，"我受不了！"

西蒙微微一笑。说得好！突然间讲座变得更有意思起来。

赫尔·K转过身来面对指责他的人。他在愤怒的沉默中盯着这个人看了一会儿，气得从脖子红到脸。最后他脱口而出回应道："先生，你冒犯了我！"

"闭嘴！"他的对手回嚷道，"每天你都没完没了地啰唆你的基督教道德观。我受够了。一个字也别再说了！"

　　赫尔·K的脸涨得更红了。一根血管在他的太阳穴搏动着。"你怎么敢这样对我说话！"

　　接下来的事发生得太快，西蒙差点儿没弄明白是怎么回事儿。赫尔·K向前冲去，把他面前的桌子撞翻在地。突然间他手持一柄手枪，指向另一个人。他肯定是从大衣下面拔出来的手枪。他的对手跳起来，和他扭打了起来。在两人打斗时，枪忽上忽下地运动，没办法看清。冯·李斯特教授冲过来制止打斗。三个人缠斗着，胳膊和腿都扭在一起。

　　"当心！"有人尖叫，"小心！"随后枪响了……

　　在20世纪早期，根据当时德国学生的生活文化，很容易想象一个诸如西蒙一样的醉酒学生，在柏林大学参加冯·李斯特教授的冬季犯罪学研讨班的情形。虽然他是一个虚构的人物，但是整个场景的其他部分，包括激烈的对话、暴力的缠斗和枪响，确实曾经发生过。

　　但当时有个意外的转折。在枪响之后，冯·李斯特退后，手里拿着冒烟的枪，用引人注目的夸张动作宣布，刚才所有人看到的是一个预先安排好的事件——是应用心理学的一项实验。枪里装的是空弹。赫尔·K和他的对手为了全班假装争执。冯·李斯特解释说："这一实验的目的，是探究目击证据的可靠性。"全班所有人都看到了同样的争斗，但是每个人对它的回忆都会是一样的吗？为了弄清此事，冯李斯特要求学生写下一段话，描述他们看到了什么。

　　还没从争斗的惊吓中缓过神来的学生们，顺从地趴在桌子上，开始动笔。但是当他们在记忆中搜寻时，能不能完整描述出他们刚才见证的事件的全部真相，这一点值得怀疑。他们无疑都见过舞台上的演员，但是他们以前从来没有见过在研究项目中表演的演员，因为这次事件是科学上的第一例。虽然实验者们在过去偶尔使用欺骗性的方法，但却未曾有人制造过像这次这样精心策划的骗局。

　　21世纪的我们已经习惯于观看播放了几十年的《偷拍》这样的电视节目，因此，对我们来说，欺骗可以成为一种有用的（常常还是好笑的）

工具，用来研究人类行为。但是如果你审视 20 世纪以前的科学，行为研究者故意欺骗实验对象，或者对他们隐藏信息的案例就很少见了。而且即使你找到了相关事例，其欺骗程度通常也很轻。例如，1895 年，卡尔·西肖尔在开展感官研究时，要求实验对象手握一根电线，同时他给电线通上较弱的电流。"你感觉到电流了吗？"他问道，然后实验对象点点头。西肖尔偶尔会在没有打开电流时，问同样的问题，而他经常发现他的实验对象仍然会点头，示意他们感到了电流。西肖尔令他们相信电流已打开是欺骗性行为，但这只是个善意的小谎，没人会为此感到不快。

然而，当人们开始在冯·李斯特的教室里打斗，还拿出一柄手枪时，就完全是另一个量级的欺骗了。在演员和道具都小心地编排过的情况下，相较科学实验，这更像是一部舞台作品。随着 20 世纪的发展，在心理学研究中使用演员最终变得十分常见，但研究者会把他们称为"共谋者"或者"同伙"，而非演员，也许这些字眼听起来更正式也更科学一些。

一周前天气如何

尽管冯·李斯特实施了实验，但他并非是想出这个点子的人，只是提供了实验环境而已。这一实验的根源可以追溯到八年前——1893 年 3 月。那时哥伦比亚大学的 J. 麦基恩·卡特尔要求心理学专业低年级班的五十六名学生针对四个看起来很简单的问题写下答案：

> 一周以前天气如何？
> 栗树和橡树会在早秋落叶吗？
> 旷野中的马会迎风站着还是背风站着？
> 苹果的种子会指向哪个方向？

每一道题学生们都有三十秒的时间写下答案。这是垃圾食品或者汽车出现之前的时代，所以卡特尔认为马和苹果是学生们在日常生活中能经常观察到的事物，但是当他查看答案时，结果令他惊讶。学生们的回答花样百出。例如，他们对天气的回答"出现了所有三月初可能出现的天气"。他们的猜测包括"晴""雨""雪""暴雨""多云""局部多云"和"局部晴朗"。正确的答案是：一周以前，早晨下了雪，在下午晚些时候放晴了。对于所有其他问题的回答也显现出了类似的混乱。然而，当问及他们对自己的答案的准确度有多少把握时，学生们却表达出了强烈的自信。

卡特尔把他的研究结果发表在了《科学》期刊上，吸引了法律界学者和心理学家的注意。长久以来目击证词不是很可靠一直为人所知，而卡特尔的研究则暗示了它们可能有多么不可靠。受高等教育的哥伦比亚大学的学生，坐在相对安静的教室环境里，回忆上周的天气尚且如此费劲，那么想象一下，一名目击证人在法庭高压力的环境下作证得有多容易犯错吧。

卡特尔的研究尤其吸引了一位年轻的德国心理学家的注意，他就是路易·威廉·斯特恩。斯特恩是一名杰出的创新者，浑身充满不竭的能量，在多个不同的研究方向上都投入了激情。在其职业生涯早期，他发明了"可变音调发声器"或称为"音锤"的装置——能够令研究者就人们对音调微妙变化的敏感度进行研究。后来，他对海伦·凯勒开展了一项研究，还发明了智商的概念。这些都是他在四十岁之前的成就。19世纪90年代末，在他还不到三十岁时，读到了卡特尔的研究。于是他决定对目击证词，进行了心理方面的研究。他开展了一系列"回忆"实验。给实验对象看一张照片，然后要求他们描述刚才看到的细节。实验对象无一例外，全都犯了许多错误——即使他们事前知道自己会被问及看到了什么，甚至当斯特恩要求他们只描述自己完全确信的东西时，情况依然如此。

斯特恩的回忆实验，令他确信法律体系亟待改革。他确信基于错误的目击证词，有许多无辜的人被送进了监狱。但是他很快意识到他的实验，以及卡特尔的那些实验，对于法律界来说过于抽象，难以造成影响。律师们会把它们当成实验室人为制造出来的概念而弃之于不顾。他认定，当下需要的，是更为戏剧化、没人会遗忘，且毫无疑问真实的东西。他想出了在一间教室里安排一场罪案的想法。斯特恩推测，这将尽可能近似地模拟证人目击一场真实罪案的情形。他把自己想出来的这个点子称为"仿真实验"。随后，他说服自己的朋友冯·李斯特，用他的课堂作为开展实验的场所。

斯特恩很清楚目击证词的不可靠性，所以实验结果并没有令他惊讶。正如所料，冯·李斯特的学生提供的罪案描述充斥着省略、改动和彻底的错误。在描述谁挑起了打斗时，学生们提供了八个不同的名字。他们对于打斗持续了多久、枪是什么时候响的，以及冯·李斯特是怎样介入干预的，意见各不相同。他们对两个人之间的对话断章取义。有些人甚至声称持枪者逃离了现场。但是让冯·李斯特和斯特恩觉得最困扰的是，对最激烈的事件——带枪的缠斗——的描述，产生的错误最多。换句话说，当学生们最是集中注意力关注正在发生什么的时刻，也是他们的回忆最为模糊的时刻。

全世界的报纸都报道了这一不同寻常的实验。"作为教室实验的虚假争吵。"《纽约世界报》的头版头条这样写道："洛根斯波特报则使用了更耸人听闻的描述：人们以科学之名打斗。"

斯特恩和冯·李斯特都利用宣传，提出对法律系统做出重大改革的必要性。"如果我们的刑事司法体系最可靠的根基——值得信赖的证人的证词——被严谨的科学研究所动摇，整个体系会变成什么样呢？"冯李斯特发问道。他暗示，答案是在法庭中依赖心理学专家的建议。但是这一建议在法律界反响并不好。法庭程序依照的是数个世纪以来的古老传统，法官和律师是社会的支柱。但是心理学家又是谁？他们不过是初出茅庐的新手罢了。所以律师们问道："为何要在法庭上授予他们一个荣耀的位置呢？"面对着这样的阻力，改革毫无进展。

打斗还在继续

尽管真人实验没有给法庭带来多少变化，但对课堂却影响不小。法学与心理学的许多教授都酷爱这个实验。

现在终于有办法避免学生们在讲座中昏昏欲睡了。那就是把他们吓醒！突然间课堂和学术会议都无一幸免，面临着随时闯入持枪或持刀陌生人的风险。在接下来的几年里，实验安排中加入了很多的转折，但是基本的情节仍保持不变。

1906 年，在哥廷根一家科学协会举行的会议中，一名小丑突然间闯入会议厅，身后紧跟着一个系着亮红色领带，身穿白色裤子，挥舞着手枪的黑人。两个人都大嚷着不连贯的词语。小丑摔倒在地上，黑人跳到他身上。枪响了一声，随后两个人突然间跑出了房间。协会的会长走上前来，只有他知道这个场景是预先安排好的，但他还不想就此摊牌，他要求受到惊吓的参会人员写下他们的所见，万一此事被搬上法庭，将供法庭参考。人们一共提交了四十份报告。这些受人尊敬的科学家都近距离见证了闯入事件，但是他们的描述在一些最基本的内容上也大相径庭，如两人身穿什么衣服，或者缠斗持续了多久。会长估计只有六份报告中没有包含绝对错误的说法。

1914 年，在维也纳一个法律学会的会议上，弗朗茨·科布勒律师在一名同事的演讲过程中站了起来，开始对他恶语相向。"你这个白痴！""你这个傻瓜！"他们相互威胁。科布勒的同伴以为他疯了。被侮辱的同事随后对科布勒提起了刑事指控，特别法庭为了做出裁决询问了目击证人。直到那之后，科布勒才向所有人坦言，整个事件——争执和特别法庭——都是一场真人实验。对证词的分析显示，目击者对争执发生前平静时刻的描述比较准确，但是随着房间中紧张气氛逐渐升级，他们对事件的记忆变得越来越混乱。

1924 年，在华盛顿市，心理学家威廉·马斯顿正在美利坚大学上课时，一个陌生人敲门走了进来。这个人走向马斯顿，递给他一个信封，然后从口袋中取出了一把绿色手柄的长刀。随后转身面向学生，威胁地在他戴着手套的拇指上擦拭刀子。在这神秘的示威之后，他离开了房间。马斯顿要求他的学生写下刚才发生的事。神奇且有些令人难以置信的是，他声称没有一个目击者注意到那把刀。

1952 年，在伦敦经济学院的一场讲座中，两名听众，一名英格兰人和一名威尔士人，争吵了起来。英格兰人站起身，抽出一把手枪，击中了威尔士人。听众震惊地坐在那里，随后劳伦斯·高尔教授说明这一切都是预先的安排，并要求每个人描述他们所看到的情况。这一次同样，对现场细节的各份报告之间存在着显著的差异。

到了 1975 年，心理学家罗伯特·巴克霍特、达里尔·菲格罗亚和伊桑·霍夫在《心理规律科学公报》上撰文，带有一丝疲倦地评论道："数十年来，假冒的'罪犯'经常会跑进心理学课堂，犯下一些'罪行'，并制造出目击者，而这些目击者的证词在之后会被证明不可靠、不准确。"然而，他们继续写道，"虽然对回忆不可靠的演示如此令人信服，但目击证词却仍在法庭中被高估，仍然是给许多无辜者定罪的依据。"于是他们安排了另一场真人实验，安排一名加州大学的学生海沃德在一百四十一名旁观者面前"攻击"一位教授。同样，目击证词被证明是易于出错的。

在这几十年的模拟教室罪案中，似乎从来没人想过这一实验是有潜在危险的。如果有人手里有枪，把它用在假冒的攻击者身上该怎么办？如果虚假的打斗引发了实际的冲突该怎么办？那些被迫目击冲突的学生们的感受又有谁管？今天，我们必须要问这些问题，因为校园暴力——真正的而非模拟的暴力——已经如此常见，如此令人悲伤，使真人实验看起来如同更单纯年代里的一项奇怪遗俗。事实上，一名教师会有意安排暴力冲突作为课堂练习，这在 21 世纪简直不可想象。

然而，让人回想起真人实验的各种场景，不断地在新闻中出现，常见得令人吃惊。2004 年，在田纳西州的卡特县，武装者闯进了政府官员的会议中大喊着："不会再有新税了！这里所有人必须投否决票！"这是由地方紧急事务管理局长策划的一场未经公布的恐怖主义"演习"。2007 年，田纳西州斯凯尔斯小学的学生们收到警告，有一持枪男子在周边活动，当一名身着连帽衫的男子试图闯入教室时，学生们纷纷四下躲藏。他们的老师在事后坦言，他们觉得让学生们了解置身人质事件是什么感受会是个好主意。2010 年 3 月，在伍斯特市的布莱克明斯特中学，一个不知从哪儿冒出来的男人在惊恐的学生面前，开枪"击中"了一位科学课的老师。结果他只是在参与教职工设计的角色扮演练习而已，他们设计这个练习，目的是教孩子们学会如何"调查，收集事实，分析证据"。

　　对学生们来说，这些冒牌攻击者轮番上场的影响很明显：在课堂上睡觉还是行不通的。

躲在床下的心理学家

　　1938 年——宾夕法尼亚州，布林茅尔学院。

　　"我觉得我们不该待在这儿。"

　　"嘘！安静！"

　　"但他们看见我们怎么办？"

　　"他们不会的！记住，我们是在做科学研究。"

　　"但……"左边的女人用一只手捂住了她紧张的同伴的嘴。就在那一刻一扇门旋开了，两个女人赶紧在她们藏身的床底下又往里挪了一点。

　　她们听到有脚步声接近。几个女人的腿进入了视线，随后传来了她们的说话声。

　　"贝蒂，我真的很期待这次派对。"

　　"我也是。我只希望食物够每个人吃的。"

　　"我想应该够。咱们看看，饼干、薯片、派……"

　　在床底下，两个研究者开始记笔记，但是因为她们趴在地上试着不制造任何噪音，所以很难找到舒服的写字姿势。她们笨拙地将重心从一只胳膊肘转移到另一只胳膊肘上。她们听到上方有往桌子上摆放物品的声音。随后是更多的对话。

　　"你听说萨拉在和谁约会吗？"

　　"没有，跟我说说！"

　　"布拉德！"

　　"我的天！我不信。"

　　"他太可爱了。"

一个研究者在笔记本上翻页，翻的时候失手把铅笔弄掉了。铅笔掉在硬木地板上发出了很响的敲击声。转瞬间，说话声停了下来。研究者在原地僵住了，屏息祈祷着不会被发现。几秒钟的沉默感觉像是过了几分钟一样久。两个女人心脏突突跳动着。终于，在她们头顶响起：

"贝蒂，你听到什么了吗？"

"听到了，还有谁在这里吗？"

长长的停顿。"我想可能是老鼠。你知道，在这些老建筑里有很多老鼠。"

"哎。多恶心！我会告诉宿管备些鼠夹的。"

隐蔽式观察作为一种科学调查手段，开始时相当地单纯无害。1922年春季，每晚七点三十分左右，亨利·T.摩尔教授会离开他在纽约市的家，沿着百老汇大街著名的"白光大道"散步，这条街因被闪耀的店面招牌和广告牌灯光照亮而得名。他走在吵架的情侣身后，站在公交站闲聊的商务人士身边，等在剧场外面倾听那些看完表演出来的人交谈。他总是在笔记本中记下他听到的谈话，尽管他经常不得不在过往交通的轰隆声中竭力分辨，才能听清人们说了什么。

摩尔这样系统性地偷听的目的，是研究男人和女人在日常对话中是否会强调不同的主题。他发现在交谈的各类话题中，女人聊男人较男人聊女人要频繁得多。这种暗中监听的方法是带有欺骗性的，但是程度还很轻微。毕竟，他的实验对象都处在公共场所。其他人可能会听到他们的话，对这一点他们肯定是有心理准备的。摩尔仅仅是为了他的科学研究，利用了这一点而已。

两年后，卡尼·兰迪斯和哈罗德·伯特扩展了摩尔的研究，在更多不同类型的场所窃听人们的对话。他们穿着橡胶跟的鞋，以一种"不引人注目的形象"，在俄亥俄州哥伦布市的火车站、百货商店、酒店大厅闲逛，记下他们偷听到的所有对话。就像摩尔一样，他们得出结论："关于人的话题在男人的思想中占的比重较小，而在女人的思想中占的比重较大。"

1938 年，在宾夕法尼亚州的一所女子文理学院——布林茅尔学院，隐蔽式监听的技巧发展到了下一个合理阶段。玛丽·亨勒为了她的心理学博士学位在那里展开了研究。她受到儿童心理学家让·皮亚赫特曾经提出的一条假说的吸引。皮亚赫特观察发现，儿童在交谈时，大量地提及他们自己。皮亚赫特将这种自我沉浸的原因归结为儿童时期的"自我中心"，并从理论上说明，随着儿童年岁的增长和社会化程度的提高，他们将不再这样关注自身，致使他们话语中提及自己的次数减少。亨勒决定对这一理论加以测试，方法是暗中听取成年人的对话，并记录他们提及自己的次数。幸运的是，她手头就有大量的成年人可供她偷听——她在布林茅尔的同学。

为了开展研究，亨勒请她的朋友玛丽安·哈贝尔帮忙，她们俩一起启动了一场全面的间谍行动。

但是和以往的研究者不同的是，她们并没有限制自己只在公共场所收集数据。相反，她们将调查的范围延伸到了最私密的场所。正如她们所说："不知情的实验对象在街道上、百货商店里和家中被追踪。"她们蹲在女生宿舍的洗手间隔间里，偷听洗手间八卦；她们拿起电话接收器监听私下的讨论；她们溜进同学的房间，藏在她们床底下。

在宿舍暗中监视年轻女性不是好色者幻想才会出现的情形吗？人们禁不住好奇两名研究者到底看到或者听到了什么。她们是否暗中听到了室友间悄声坦白性方面的秘密呢？她们偷听到什么与犯罪相关的内容了吗？另外，亨勒和哈贝尔会在床下藏多久？她们被抓到过吗？不幸的是，我们对这些问题的好奇没法得到满足，因为研究者没有分享太多细节。她们仅仅提到数据收集过程"很艰辛"，没有再说其他的。

至于她们的实验结果，证明了皮亚赫特是错的。成年人，至少那些被亨勒和哈贝尔偷听的成年人，谈论她们自己就像儿童一样频繁。两组人提及自己的谈话次数占比都在 40% 左右。但是谁在乎呢？（除了一些心理学家）亨勒和哈贝尔的研究，绝对是调查方法比研究内容有趣得多的一例。事实上，要不是研究手法是非正统的，这项研究很可能会沉寂下去，从人们的视线中消失。然而，这项研究在探讨研究伦理学的教科书中，获得了较次要、却被反复提及的位置，同时伴随着这样的警告：开展实地考察不推荐采取藏在床下的方法。

午夜顶点

亨勒和哈贝尔可能太谨慎了，没有将她们研究中的全部有料细节都写进报告。然而，隐蔽式观察被动机不纯的人用在与色情相关的事情上，不过是时间的问题。1955 年，那一刻到来了，一家妓院在美国旧金山开业。表面上看，它就和这座城市中的任何一家相似的场所一样。内部装潢得很花哨，康康舞演员和虐恋主题的女性照片挂在墙上，每个抽屉中都可以找到性玩具，饮料无限畅饮。但是那些和妓女做伴的男人们不知道的是，他们的一举一动都在被观察，观察者是美国中央情报局雇佣的心理学家，就藏在单向透视镜的后面。他们也无从知晓自己喝的饮料中被加入了致幻剂——麦角酸二乙基酰胺（LSD）。虽说第二天早晨，当他们醒来时，回想昨晚的经历——必定是他们此生最奇怪的夜晚，有可能猜到自己无意间喝了什么东西。

美国中央情报局称其为"午夜顶点行动"。其目的是在不知情的实验对象上使用 LSD，以为中央情报局提供关于 LSD 应用的真实心理学数据——诸如该药能否被用作吐真剂，或者洗脑工具——同时也给了中央情报局一个机会，磨炼他们在性要挟方面的技巧。美国纳税人的税金发挥作用了！

就像我们对亨勒和哈贝尔的研究很感兴趣一样，我们也十分好奇，随着实验对象的意识被卷入眩晕的旋涡，堕入致幻剂造成的精神错乱中，中央情报局的研究者们到底看到和听到了什么。但是这些细节仍属国家机密。该行动在 1963 年被终止，直至 20 世纪 70 年代中期，此行动的存在才在参议院听证会上被公开披露。所有相关文件都受到了严格审查。没人知道那些不知情的参与者后来怎样了，或者他们可能承受什么样的长期影响。

情人、朋友、奴隶

当然，中央情报局从事的就是监视的行当，他们在午夜顶点行动中的行为虽然并未因此得到容忍，但是也不是完全出人意料。然而同样的借口，并不适用于社会工作者玛莎·斯泰因。

1968 年，斯泰因考虑到应召女郎和男性顾客的行为缺乏科学信息，于是就此主题开展了一项为期四年的研究。六十四名纽约市的应召女郎参与了合作，因为她们觉得一位受过良好教育的研究者尊敬她们，认为她们的工作很重要而感到高兴。斯泰因也开始暗中监视起妓女和男性顾客互动的全过程。在多数情况下，应召女郎已经在住处安装了单向透视镜和窥视孔——要么是为有窥视癖好的顾客准备的，要么是用来让别人观看正在"受训的女孩"的。这时候斯泰因的工作就很容易做了。但是在其他情况下，斯泰因必须躲在衣橱里，偷偷从门缝里向外窥视正在发生什么。应召女郎则通过确保顾客背朝着她来协助此项工作。

与亨勒和哈贝尔以及中央情报局研究者不同的是，斯泰因并不羞于直率地公开披露她观察到的每一个细节。得益于她仔细的研究，我们了解到在她观察的一千二百三十名男性中，4% 有易装癖，11% 要求三人性交，17% 想要在性交过程中被绑起来，30% 喜欢刺激肛门，36% 法式亲吻了应召女郎，几乎所有人都要求口交。她的出版商，希望这样的坦率可以转化为出色的销售业绩，在诸如《华盛顿邮报》《芝加哥论坛报》和《纽约时报》等报纸上对她的书——《情人、朋友、奴隶：男性的九种性类型》——大加宣传。承诺读者可以通过"透视镜观看超过一千二百名男人身处性交易中的场景"。当然，在书中斯泰因也完全兑现了这一点。

其实，在科学研究中使用隐蔽式观察的简短历史，还不至于把我们吓得妄想症发作，经常要检查床下和衣橱里面。可以肯定，大多数心理学家，不会经常性地监视他们的邻居。然而，如果你来到不熟悉的环境，比如酒店或者宿舍，迅速查看一下四周，避免古怪研究者的骚扰可能不失为一个好主意。

金属性金属法案

1947 年——纽约州，纽约市。

苏珊正在准备晚餐时，电话铃响了。

"亲爱的，你可以接一下吗？"她喊道。

"我忙着呢！"一个男性的声音从起居室回答道。

电话铃又一次响起来，急迫的铃响要求着回应。苏珊瞥了一眼坐在高脚椅中年幼的本杰明。他在仔细地检查他的食物，这会儿看起来心满意足。她将熬炖菜的炉火调小，走到电话前，在它响起第三遍时拿起了话筒。

"喂？"

"你好，夫人。我代表舍曼马奎德公司，正在开展一项公众意见调查。我可否占用你一分钟的时间？"

苏珊看了一眼炉火。"我现在有些忙。我正在准备晚餐。"

"调查非常简短。我保证。"

她叹了口气。"好吧，我想可以吧。"

"谢谢你，夫人。这个调查只有一个问题。我们想知道以下哪个说法与你对《金属性金属法案》的观点最为接近？a.这对美国方面来说将是一项良好举措；b.这将是件好事，但应该留给各州颁布；c.对外国这样要求没问题，但是不该在本国这样要求；d.这完全没有价值。"

苏珊停顿了一下。"呃，可以重复一下问题吗？"

"当然，夫人。"来电者重复了问题和四个选项。

苏珊想了一会儿。"嗯，我想我会选 b。"

"b 选项？《金属性金属法案》将是件好事，但应该留给各州颁布？"

"是的，这就是我的答案。"

"谢谢你，夫人。抱歉在晚饭时打扰了你。"

"哦，没关系的。再见。"

"再见。"

苏珊小心地把话筒放回电话机上，脸上带着轻微的困惑神情，然后她耸了耸肩，回去继续搅拌她的炖菜。一分钟之后，她的丈夫走进房间，胳膊下夹着折好的报纸。"谁打来的电话？"他问道。

"哦，没有谁，"苏珊回答，"只是个公众意见调查罢了。"

1947年3月，舍曼马奎德公司的研究主任山姆·吉尔在广告业的一份贸易期刊《浪潮》上发表了一个有趣的发现。他询问实验对象的正是上文中来电者提出的问题：你对《金属性金属法案》持什么样的观点？他在报告中称，70%的受访者迅速地提供了意见。在这群人中，58.6%偏向将《金属性金属法案》留给各州颁布；21.4%认为这对美国来说将是一项良好举措；15.7%认为不应该做此要求；4.3%认为它完全没有价值。

这个发现有趣的地方在于，《金属性金属法案》并不存在。这完全是一个虚构的法规，但是很多人显然仍对它有自己的看法。吉尔提出，他的调查收到的回复显示"美国一般的'街头百姓'虽然并非世界上最糟糕的骗子，但也总是乐于对任何主题提供他们的'观点'，不管他们对该主题有没有了解"。

无知观点

吉尔的研究成了调查方法论讨论中经常被提及的经典案例，提醒人们调查对象的回答，可能并非是充分掌握了信息的或有意义的回答。如果你问调查对象一个表面上看来合理的问题，通常他会给予你回复，即使他并不清楚自己在说什么。发生这种情况，也有很多可能的原因：也许这个人感觉到有压力，认为有必要提供某种答案；也许他很尴尬，不愿意承认他的无知；也许他将这个问题与另一个类似的问题搞混了，而对那个问题有合理的观点。后续的研究表明，如果调查者提供"没有意见"或者"不清楚"的选项，能够减少胡诌回复的数量，但是并不能彻底避免。看来有些人就是喜欢提供观点——任何观点都行！

吉尔的研究为"无知观点"现象提供了广为人知的案例，但它并不是唯一的例子。使用虚构的问题引发胡诌回应是公众意见和社会学研究之中相对较小但却持久存在的方法类别。

这一手法最早的案例来自 1946 年，吉尔开展研究的前一年。尤金·哈特利当时在调查美国大学生对几个外国国籍所抱持的态度。他问他们："对法国人、意大利人、墨西哥人和中国人等有何感受？""这些国家的人应该被允许进入美国吗？""你会愿意让他们中的谁成为你的邻居吗？""你会与其中哪国人结婚？"在做这项调查的过程中，他把三个不存在的国籍纳入了他的问题列表里：沃隆人、丹尼人和帕瑞尼人。他发现很多学生很爽快地表达了对这些不存在国籍人士的观点。特别是，如果一名学生已经显现出对外国人不太容忍的倾向，他绝对不会想让任何一名沃隆人、丹尼人或帕瑞尼人进入美国。

研究者就虚构的法规和虚构的政府组织收集观点的做法更为常见。因此，我们得以了解到公众对诸如《宗教验证法案》《1975 公共事务法案》和"国家消费者投诉署"等虚假的概念有着明确的看法。

1976 年，数个牛津大学的研究者发现，人们也会乐于对虚构的地理位置提供反馈意见。他们旅行穿越伊朗时，系统性地询问了陌生人去德黑兰不存在的美洲酒店和伊斯法罕不存在的阿巴丹酒店怎么走。陌生人——至少那些愿意和他们说话的人——很愉快地给他们提供了详细的路线，这些路线只能害真正的游客白白浪费时间。为了确保这并非针对外国人的恶作剧，研究者同时询问了前往真实且著名的地点的路线，对这个请求，人们给予了确切的答复。

牛津大学的研究者随后又在英国重复了这项实验，他们装作外国人，询问去往虚构的榛子园酒店的路线，结果远没有那么多英国人提供虚假路线。这令研究者们做出假设，近东文化中有什么东西使人们奇怪地急于显得有知识和乐于助人，尽管这一表象并没有现实的基础。"如果假设为虚构地点提供路线的行为，能够展现人们相比实质更关心形式的话，那么这一研究收集到的数据或许可以表明，显然有更多伊朗人比英国人更注重形式而非实质。"

有模式可循

除了指导问卷设计和为游客指路，"无知观点"现象还有着更为深远的影响。例如，选民已证明，他们即使在不认识任何竞选者的情况下，仍然愿意投票。消费者也经常性地被迫在产品和服务商中做选择，即使他们对这些备选项一无所知。比如，你有没有从电话黄页中以随机选择的方式来雇佣管道修理工，或者曾经站在杂货店里在看起来都差不多的品牌之间做决断？

社会学家麦考密克·佩恩意识到，当面对一系列不熟悉的选项时，人们并不是以纯粹随机的方式回应的。他们不知情时的选择是有模式的。第一，他们展现出一种寻找任何种类的"中间立场"的倾向——这可能也是大多数吉尔的回复者都倾向于将问题留给各州这一暧昧选项的原因；第二，他们根据未知词汇与已知词汇的相似度，读出这些未知词汇的含义；第三，他们经常选择性地给出最后一个选项；第四，也最为重要的是，他们会被找寻熟悉事物所吸引。如果一个人哪怕在某个选项中认出一个熟悉的字眼，他就有可能会选这个选项。广告公司深谙此道，这正是他们花这么多钱在我们面前展示其产品的原因。他们希望当我们沿杂货店过道一路走下去时，本能地去选择那些我们模糊地记得在电视上看到过的产品。

《金属性金属法案》的故事还有最后一个意外进展。1978 年，研究者霍华德·舒曼和麦考密克·普雷瑟决定将吉尔在《浪潮》杂志中发表的报告原文找出来。毕竟，这个实验已被广泛引用，似乎却没有人看过吉尔的实际数据。最终，他们找到了《浪潮》发表报告的那一期——这项任务可真不简单，因为收藏这本杂志的图书馆屈指可数。他们读到的东西令人大失所望。在已经给出的数字之外，吉尔几乎没有提供任何研究细节。他既没说他是怎么开展研究的（他是通过电话还是面谈的方式），没说什么时候做的研究，也没说他询问了多少人。舒曼和普雷瑟得出结论：实验几乎等同于趣闻逸事。事实上，除了吉尔自己的话，没有任何证据表明他确实开展了这项实验。他这番著名的虚构问题所做出的

"无知回应"的描述，可能本身就是虚构的，这给他的研究添加了讽刺的结尾。

　　然而，即使吉尔的结果只是编出来的（这件事我们并不能肯定），但他的基本观点——特别是关于《金属性金属法案》的内容——看起来仍是合理的，因为其他研究者已经证明了这一点。1981 年，市场营销研究者戴尔·霍金斯和肯尼斯·科尼从波特兰、凤凰城、辛辛那提和布法罗市的电话簿中随机挑选了五百人，给他们每人寄了一份问卷。作为对吉尔的致敬，他们的调查中包括了以下问题："等待颁布的《金属性金属法案》中的内容将极大地强化美国的经济地位。是或不是？"他们报告说大部分回应者感到该法案会强化美国的经济地位。所以，如果未来你听说美国的政客跟谁大谈"金属性金属"的法规，就应该知道是怎么回事了。因为如果"街头百姓"都乐于对不管他们了解与否的话题表达意见，那么想要当选的政客会热切地对任何民意调查结果良好的问题予以口头支持，而不管这些问题是否有意义，就是不出所料的事了。

满屋都是"托儿"

　　1951 年——宾夕法尼亚州，斯沃斯莫尔学院。

　　杰森一路沿着走廊冲向教室。他正好停在教室门前，停下来平复了一下呼吸，然后在打开的门上敲了敲。"这里是视觉研究的教室吗？"

　　教室里六名年轻人围坐在一张方桌四周。一个清瘦、秃顶的男人身穿灰色夹克衫，系着领带，站在教室的前方。"你来对地方了。"男人微笑着回答。他的声音很轻柔，带着一点东欧口音。"请进。"他向一把空椅子做了个手势。

　　"对不起我迟到了，"杰森一边坐下一边说，"公交车开得真慢。"

　　"没关系。谢谢你能来。我正在对其他志愿者做自我介绍。我是阿施教授。我在斯沃斯莫尔学院的心理系工作。你们来到这里因为你们回复了我在你们学院报纸上刊登的广告。"

阿施停顿了一下，从身边课桌上的一堆卡片中拿起了两张，把它们放在一个支架上，这样志愿者能看到卡片的内容。一张卡片上画了三根长度不一的竖线，标号分别为1、2和3。另一张卡片上只画了一根竖线。

阿施继续道："正如广告所说，这是一个视觉判断方面的心理学实验。程序很简单。我想也就占用你们不到半个小时的时间。我将给你们看一系列成对的卡片。左边的卡片，"他指向那张卡片，"总是会展现单独一根竖线。右边的卡片总是会展现三根不同长度的竖线。我想让你们选出右边卡片与左边卡片上的竖线长度相同的那根线。"

他停顿了一下，等这些内容被消化。杰森看了一眼卡片。他即刻看出2号线和左边卡片上的那根线的长度相同。

"你们每个人都按照座位顺序依次说出自己的选择。明白了吗？"每个人都点点头。"好，那么我们开始吧。"阿施对紧挨他左侧的第一位志愿者做了个手势，这名志愿者身穿熨得很平整的衬衫，外表十分整洁，"请开始。"

"2号线，"这名志愿者说。下一位志愿者重复了这一选项，再下一位也是，再下一位仍然答案相同。杰森坐在倒数第二个。轮到他的时候，他也说："2号线。"这会很简单的，他想道。

第二轮以相似的方式进行了下去。七名志愿者全都选择了1号线。多没意义的实验，杰森想。

随后第三轮开始了。阿施将新的卡片放在架子上，向第一名志愿者点头示意。

"1号线。"年轻人说。

杰森眨了眨眼。1号线？他更仔细地看了看卡片。3号线看起来才是正确答案。事实上，这点还挺明显的。杰森认定是这名志愿者犯了错误，等待着下一个人纠正他。然而相反，第二名志愿者也说1号线。下一名也是，再下一名也是。

杰森感觉很困惑。他听错了说明吗？为什么每个人给出的都是错误的答案？"1号线。"他旁边的学生说，随后轮到他了。他没时间考虑情况。"不可能其他所有人都错了，"他想，"我肯定是误解了研究者的意思。"

"1号线。"他脱口而出。

他旁边的人在椅子里换了个姿势。阿施的视线向下瞥了一秒。杰森的胃稍微收紧了一些。他仅仅模糊地听到他左侧的志愿者同样说出了1号线。接着他们就继续进行第四轮了。

同样神秘的现象又一次发生了。当阿施将新卡片放上架子时，杰森看出来答案是2号线，但是第一名志愿者说3号线，其他人也做出了同样的回答。当轮到杰森时，他心想："我不知道到底发生了什么，但我不想毁了这个人的实验。"他也选了3号线。

接着又经过了三轮。正如前几轮一样，其他志愿者选择的线很明显是错误答案，但每一次杰森都重复了他们的答案，尽管每次这样做都会加深他的不安感。他奇怪自己怎么会对实验说明有这么大的误解。在刚听到说明时，他觉得它们特别简单。他们是在比较线条的宽度吗？或者涉及什么视错觉了？但是这两个解释都说不太通。杰森想，如果其他志愿者在给出答案时听起来没那么自信，可能也不会这么糟。

现在到了第八轮了。阿施在架子上放上了新的卡片。杰森看出答案应该是2号线，但是当第一名志愿者说出1号线时，杰森也不是那么惊讶了。第二名到第六名都做出同样的选择也没令他感到震惊。又轮到他了。一种不舒服的、沮丧的感觉蔓延到了杰森全身。他真希望实验能结束。他也希望自己能明白到底发生了什么。

每个人都在等他说话。他可以感到他们的双眼盯着他，打量着他。他看向卡片。2号线显然是正确答案。

"1号线。"他说。

到 20 世纪 50 年代，美国的居民已经强烈地意识到"从众"的危险了。这一词汇会在人们心中唤起极权主义控制的画面——比如纳粹的宣传。但在美国人看向他们自己的国家时，他们担心类似的令人不安的群体思维迹象，正在潜入他们的社会，美国的自我形象中最基本的组成部分——坚定的个人主义——正在悄然而逝。年轻人都如此竭力地想要看起来相似，说话也相似，每个人都穿相似的运动衫，戴相似的戒指、相似的学校徽章……这难道不会令人不安吗？那些通勤的商务人士，看起来是不是有点儿像一支身穿统一的灰色法兰绒套装的克隆大军？ 1958 年，在《纽约时报》的采访中，数量上占绝对优势的美国大学生表示，他们预计自己人生中感受最深切的个人问题将是：他们对成功的渴望和抵抗"社会从众压力"之间的矛盾。

一项针对从众的实验

所罗门·阿施对从众的压力和危险尤其清楚。他出生在波兰的一个小型犹太社区中，但于 1920 年，也就是他十三岁时搬到了美国。作为在纽约下东区生活的一名青春期少年，他拼命想融入美国社会，最后也成功了。到 20 世纪 50 年代，他成了布鲁克林学院的心理学教授。之后他看到战争肆虐他的故乡和人民，而他的回应是研究纳粹宣传和教化的方法，希望了解纳粹是如何成功地掌握政权和控制德国公众的。然而和很多同事不同，阿施拒绝相信个人在面对群体压力时无计可施的心理——即使压力是国家施加的。他感到个人显然有内在的力量去抵抗压力。1951 年，在搬家到宾夕法尼亚州的斯沃斯莫尔学院之后，他决定对个人的信念加以测试。

犹太习俗是阿施的灵感来源。一天，他回想起自己七岁时在波兰吃过的一顿逾越节① 晚餐。作为传统，额外的一杯酒被放在桌子上，敬献

① 逾越节：犹太宗教节日，纪念犹太人出埃及的节日，一般自阳历 3 月或 4 月开始，持续七八天。

给先知以利亚。"看着，"一位叔叔俯身对他说，"以利亚会喝上一口的。"年幼的阿施在享用晚餐的过程中，都热切地盯着杯子，希望目睹以利亚喝酒的样子。最终他说服自己相信这杯酒的液体高度降下去了一点点。以利亚来过了！

现如今，阿施再以成年人的眼光回想当时的经历时，意识到了是暗示的力量使他看到了从未发生的事。因此他想到，群体压力会不会也有相似的能力，以改变成年人眼中看到的东西，或者至少改变他自称亲眼看到的东西？例如，如果一群人声称两条线长度相同，即使它们显然并不相同，那么他们一致的观点会不会足以令一名不知情的实验对象表示同意呢？所以，哪一个更有力：是他们自己的感觉，还是依从群体的压力？阿施决定弄清此事。

正如蜘蛛吸引猎物飞进自己编织的网一样，阿施在附近的哈弗福德学院的学生报纸上刊登了广告，并向志愿者承诺，如果他们参与了一个"视觉判断方面的心理学实验"，就会得到一小笔报酬。于是，受试者一个接一个掉进他的陷阱。

实验的进展与引文场景中所描述得很像。一名哈弗福德的学生，在约定的时间来到现场，发现一批志愿者已经等在房间中了。他没有对此作任何感想，径直坐了下来。随后阿施走了进来，解释道志愿者的任务是比较线条的长度。这肯定听起来很容易，容易得近乎荒唐，但是很快，实验在哈弗福德的志愿者眼里开始变得超现实起来，所有其他受试者都开始给出错误答案——这本来不算太糟，但他们给出的都是一样的错误答案。心理学家罗杰·布朗在事后描述，这种安排如同"认识论的噩梦"，因为它给了受试者一个严酷的选择：是我疯了，还是其他所有人都疯了？

当然，困惑的哈弗福德学生不曾知晓，他其实是房间里唯一真正的受试者。其他围坐在桌边的年轻人都是"托儿"——与阿施串通好的斯沃斯莫尔的学生。阿施指导他们在十八轮实验中的十二轮给出错误的回答。如果哈弗福德的学生有一种妄想式的怀疑，感觉房间里所有人都在看他的话，那是因为他们确实都在看他。

阿施的研究助理亨利·格莱特曼偶尔协助开展这项实验，很多年后他讲述了这项测试是怎样令人深感痛苦的。当志愿者们开始重复明显错误的答案，整个过程就像在观看慢放的火车事故一样，让人很难不感觉尴尬难忍。"你会为他感到羞愧，"格莱特曼说，"我会有一种和看到演员念砸了台词一样的尴尬感。我想和他一起钻到地底下去。"

格莱特曼回忆起其中一些从众实验的受试者，在最终被告知真相之后，崩溃流泪——也许他们流下的是解脱的泪水，庆幸自己并没有疯掉。

阿施预想多数人会抗拒群体压力。但是结果却辜负了这样的期望。阿施测试了一百二十三个人。其中足足有 70% 的人至少在某些时间里屈从了群体压力，25% 的人在超过 50% 的时间里表现出从众，另外的 5% 是核心从众者，他们总是与大多数人意见相同，不管其观点错得多么明显。

但即使是不从众的人——那些持续抗拒群体压力者，也常常表现得不自信。他们支支吾吾，在椅子中身体前倾，眯着眼睛看向卡片，一再道歉。"对不起，伙计们，"他们会说，"我总是有不同的意见。"当被问及他们是否认为其他人错了时（在真相被揭开前），他们不愿意直接承认，相反，他们倾向于对抗性不那么强的字眼，说他们"看法不太一样"。

阿施开展了数个变体实验。他发现，存在一个支持的伙伴——另外一个愿意反对群体的人——极大地增加了受试者不从众的可能性。同时，从众效应只有在个体面对三人或三人以上的群体时才真正奏效。但总体来说，实验结果令阿施感到不安。他沮丧地指出："我们发现从众的倾向在我们的社会中如此强大，以至于相当聪慧和善意的年轻人情愿把白的说成黑的，这是一个值得关注的问题。它对我们的教育方式和指导我们行为的价值观提出了质疑。"

欺骗的黄金年代

1955 年 11 月，阿施在《科学美国人》上发表了一篇文章，描述了他的研究。这很快引发了全新的担忧，尤其是在教育者中间，他们担心美国在向从众的方向发展。布朗大学的校长巴纳比·基尼数周后在一次教堂礼拜中告诉他的学生，他想在他们中间少看到一些从众的现象。巴纳比·基尼开玩笑地建议，他们应该通过做一些极为不同的事，来表现他们的个性，比如打扫宿舍房间。在哈佛大学，神学家保罗·蒂利克成功地在《圣经》中找到了一句关于从众的箴言，他拿来与会众做了分享："不要效法这个世界，只要心意更新而变化。"（《罗马书》第 12 章第 2 节）

但被阿施的研究影响得最深刻的还是心理学家。到了 1955 年，已经有许多研究使用了欺骗性的手段，但是从来没有人如此大规模地运用欺骗。从来没有人像阿施这样，在整个房间装满演员。他的同行被深深地打动了，他们迅速地着手设计自己独创性的欺骗手法。其结果是，接下来的二十年，成了在心理学研究中运用欺骗的黄金时代。欺骗变得迷人且赫赫有名。如果你不这么做，你就不是心理学"圈内人"。到了 20 世纪 70 年代早期，心理学期刊中发表的半数以上的文章都报告了对欺骗的使用，这个数字在 20 世纪 50 年代早期才不过 20%。当然，一项关于从众的研究引发了这一不诚实的热潮，这其中也是稍有讽刺意味的。

受阿施实验的直接启发，许多研究，包括一些本身就十分著名的研究得以开展。例如，曾经作为阿施的助教工作过的麦考密克·米尔格拉姆，为了撰写博士论文，开展了一个经过修改的从众研究，想知道如果有比线条长度更利害攸关的东西加入实验会怎样。如果有人被迫做道德上令人难以接受的事，诸如向无辜的受害者放出致命的电击这种事会怎样？他或她仍然会愿意依从吗？

为了探索这一问题，米尔格拉姆像之前的阿施一样，通过在一份报纸中刊登广告的方式召集了志愿者，并向志愿者承诺了一小笔报酬，作为参与听起来无伤大雅的一项"记忆与学习研究"的回报。但从这里开始他的研究就与阿施的研究不一样了，他抛弃了由同谋者组成的圆桌小组，用一名权威的研究者取而代之——实际上是一名身穿白色实验室工作服的演员而已——他指导受试者对一名受害者放出越来越强的电击。研究者装出研究电击的威胁是否会协助记忆的样子。

电击是假的，但是志愿者对此并不知情，他们会听到受害者痛苦的叫喊声。每次志愿者表现出犹豫，伪研究者就会神秘地声称："实验要求你继续下去。"令米尔格拉姆惊讶的是，三分之二的受试者没有任何质疑地接受了这一命令，继续按动按钮电击受害者，即使受害者看起来已经死了也仍在继续。米尔格拉姆的"依从研究"大概是 20 世纪最著名的心理学实验了。

在哥伦比亚大学，心理学家约翰·达利和比布·拉塔内想知道自我保护的本能能否压过从众的影响。也就是说，如果依从群体行为的做法会置自身于险境，人们还会不会从众？

达利和拉塔内的志愿者们以为他们会参与到一场对城市生活问题的讨论中，但是研究者告诉他们首先需要填写一些表格，随后引导他们进入一个房间，在那里还有几个人已经就座，忙着写问卷。志愿者也开始填表，但是在几分钟后，烟雾开始通过墙上的一个小通风口进入房间。四分钟之后，烟已经多到令视线不清，影响呼吸的程度了。

研究者们建造了一个系统，将烟雾送进房间，但是志愿者并不了解这一点。他们只知道，烟雾是起火的迹象。无一例外地，志愿者所做的第一件事是环顾四周，查看其他人的反应。但由于房间里的其他人都是研究者的秘密同谋，所以他们毫无反应，只是抬头看了看烟雾，耸耸肩。如果紧张的志愿者向他们提问，他们会说"我不知道"，然后继续填问卷。采取行动报告火情完全要靠志愿者自身做决定。达利和拉塔内描述了接下来发生的事：

> 十名受试者中只有一名……报告了烟雾。其他九名受试者就在等待室中，待了整整六分钟，整个过程中烟持续不断地充满房间。他们顽固地填着问卷，挥手将烟雾从他们眼前赶走。他们咳嗽，揉眼睛，打开窗户——但是没有报告烟雾。

从众效应轻易地胜过了自我保护。

阿施的研究还影响到了许多更为奇怪的研究。麦考米克公司是一家香料、香草和其他调味料的生产商，其研究人员数年来一直使用偏好讨论组来测试其产品的可口性。但是在读过从众实验之后，他们意识到可能一两个口味独特的人，就会影响整个小组的观点。于是他们决定弄清真相。在一个五人组成的蛋黄酱偏好讨论组中，他们暗中安排了几个"蛋黄酱托儿"，他们受训表达对诸如"肉味""柠檬味"或"苦芥末味"的偏好。令食品研究人员沮丧的是，他们发现"由讨论组单个成员发表的极为强烈的观点"确实会改变其他小组成员的意见。人们迅速采取了措施解决这一问题。

然而，大多数美国人并不是通过任何心理学研究，包括阿施的研究，了解到的从众效应。相反，他们是通过一个热门的电视节目《偷拍》得知的这一效应的影响。节目的制作人艾伦·丰特曾经受过一些心理学方面的训练。作为康奈尔大学的本科毕业生，他曾经在心理系做过研究助理。节目中常常提到他的这段背景。

1962 年有一段名为"面朝后"的节目片段，开场展示了一个秃顶的男人身穿一件黑色军大衣，站在一个电梯间里的画面。丰特的画外音说明他是这次的"偷拍明星"，不知情的被摄者。其他乘客：一个女人和两个男人进入了电梯，他们都是《偷拍》的演员。但是他们没有像习惯的那样面朝电梯门，而是面朝着背后的墙面。身穿军大衣的男人朝四周看了看，感到很困惑。丰特的画外音提供了心理学方面的描述："你会看到这个身穿军大衣的男人如何尝试保持自己的个性。"男人蹭了蹭鼻子，看了看手表，来回瞥向其他的乘客。随后，缓缓地，无法抵抗群体静默的压力，他转身朝向了后墙。

接下来是在其他被摄者身上重复这一圈套的场景。一名商务人士，脸上带着困惑的神情，几乎立即转向了后墙。接着，丰特的演员成功地使一名吃惊的年轻人整个转了一圈。"现在我们来看看能否利用群体压力做点好事。"画外音说。所有演员都摘下了帽子。年轻人也迅速地照做了。

这段节目片段被认为是这个节目长久以来最经典的一段内容。而且，当然，它对群体压力的力量让人几乎无法抵抗的描绘，正是直接从阿施那里得来的灵感。

阿施的从众实验的其他版本，自 20 世纪 50 年代以来已经被重复了数百次，在包括肯尼亚、斐济、津巴布韦、科威特、新几内亚，还有因纽特人所在的巴芬岛以内的，几乎世界上的每个角落都做过。研究者在不同文化间，发现了一些差异。例如，英国人似乎不是那么习惯于从众，更令人惊讶的是，日本人也不太从众。但是总的来说，从众效应在整个人类社会都显得十分强劲。然而，一项针对跨越五十年的一百三十三项研究的系统分析发现了一些有趣的证据，显示这种效应好像随着时间弱化了。如今的人们似乎更愿意违抗群体的权威。这是件好事，还是人类社会开始滑入无政府状态的先兆，还需拭目以待。

砰

1972 年——宾夕法尼亚州乡间的一家精神病院。

罗伯特的卧室是一间狭窄的隔间，有一扇小窗和一张古旧的军用折叠床。空气里医院消毒剂的气味很重。他坐在床边，盯着墙面上剥落的油漆和褪色的地板砖。随后他拿起笔记本，开始写：

第一日

我以为混进一家精神病院会很困难，但是我进来了。当我来到住院处时，心里忐忑不安。我以为自己肯定是要暴露的。其实我没必要担心。当时的交谈大致是这样的：

主治医生："你的问题是什么？"

我："我听到声音。"

"声音？什么样的声音？"

我直视他的双眼，看起来尽可能地真诚。"一个男性的声音。"我暂停了一下以加强戏剧性的效果，"他说'砰'，有时说'空'。"

他与我对视了一会儿，我们两个人都没有移动。我担心他不会相信我，但是随后他拿起笔，在一本便笺簿上写下了一段笔记。我猜他相信我了。

"'砰'和'空'。"他重复道。

"是的。偶尔说'空无'。"

他点点头，好像这说得通一样。

"声音什么时候开始的？"

"大概三周以前。"

"你觉得这个声音很打扰你？"

"我自然感到担忧。"

"你和哪位医生聊过这事吗？"

我摇了摇头。"我不认得这一片的任何医生，但我的朋友告诉我这是个不错的医院，所以我决定直接来这里。"

他再次点了点头。对话换了话题。我们聊了一会儿我的家庭生活。我告诉了他实情。比起父亲，我和母亲更亲近，但是和父亲的关系在改善。他觉得这很有意思。接下来我就了解到，我被安排入院了。就是这么简单！

对医院的第一印象：干净但简陋，墙边缘都腐坏了。

不知道接下来会怎样。我会在这里待多久？几天，几周，几个月？我突然紧张了起来。我让自己陷入什么样的境地了？

不远处一扇沉重的门砰的一声关上了。罗伯特抬起头来。从走廊尽头传来脚步接近的声音。声音在他的房门附近停了下来。随后一名护理员的声音尖厉而嘲讽地响起："关灯了，混蛋们！"

突然间，所有灯都灭了。罗伯特叹了口气，靠回到床上，听着规律的脚步声在走廊里渐渐远去。他松开了拿笔记本的手，本子滑落到了地面。"砰。"他说，然后大笑起来。然后他又说了一遍，但是这一回说得更轻，也没有笑。"砰。"

大约在 1970 年的某个时刻，斯坦福大学的大卫·罗森汉教授给他几个朋友打电话，向他们力荐了一个疯狂的点子：嘿，让我们都装作疯了，混进精神病院吧，然后我们可以弄清医生能否看出我们和真病人之间的差别！ 这一建议得到的回应大致是礼貌的静默或者得体的回避——这主意很有意思，大卫，但我有点儿忙。然而，罗森汉继续争取——来吧，这会是一场冒险！ 最后他说服了他的朋友。他们想：毕竟，干吗不呢？

这是 20 世纪 70 年代——每个人都在做疯狂的事！

用欺骗手法混进精神病院并不是新念头了。多年来，士兵们一直这么做来逃避战争。军医管这个叫佯病。1887 年，记者内利·布莱为了调查纽约布莱克韦尔岛女性精神病院的条件，装疯混进了医院。她的卧底工作的结果发表在《纽约世界报》上，引发了一桩丑闻，并导致陪审团调查了该精神病院。1952 年，人类学家威廉·考迪尔为了研究精神病院的社会结构，装作病人，进入了耶鲁精神病学研究所。但罗森汉的目的略有不同，而且比那些早期尝试更加雄心勃勃。他对躲避服兵役并不感兴趣，不想公开某个特定医院的条件，也不想开展人类学研究，他想曝光的是整个精神病学的实践本身。

反精神病学运动

时间到了 1970 年，对精神病学专业的不信任已经流行并累积了一段时间。20 世纪 60 年代的反主流文化捍卫个人的自由——表达的自由，不扮演约束性社会角色的自由，以及只要你没有伤害其他任何人，就可以按自己喜欢的方式思考和行动的自由。但是整个社会运动似乎与精神病学擦肩而过。躲在四周围满了高墙和铁丝网，建筑渐渐腐坏的精神病院里的精神病学家，开始越来越像某个已逝年代——诸如 15 世纪的特兰西瓦尼亚① ——的古旧事物一样。很多反主流文化运动的人带着怀疑的眼光看他们，认为他们不过是现状的守卫者而已，是"正常"行为的执行者。解放你的思想？这些"思想警察"——作家肯·凯西这样称呼他们——要是有话说可就没指望了。

凯西所写的 1962 年的畅销书《飞越疯人院》将这一反精神病学的感受传递给了广泛的受众。他的小说讲述了一个生性自由的罪犯兰道尔·帕特里克·麦克墨菲的故事，他由于相信精神病院的生活会更好过，为了从监狱的劳改农场转移到精神病院而装作精神失常，但是一到了精

---

① 特兰西瓦尼亚：旧地区名，指今罗马尼亚中西部地区。

神病院，麦克墨菲就发现患者的神志看起来比工作人员和医生要清醒得多。小说以悲剧式的调子结尾。医生给麦克墨菲做了额叶切除手术，摧毁了他的反抗天性。

20世纪60年代，在专业学者中同样出现了一场"反精神病学运动"。这项运动的一名领导者罗纳德·莱恩本人也是一名精神病学家。他谴责传统的精神病学使人丧失人性。他声称精神病成了一种标签，当权者用来排斥持不同政见者和自由思想者。他暗示，精神病学上的诊断，不过是社会用来归类并无视那些它所不能理解事物的手段。把那些疯子锁起来，然后忘了他们！

罗森汉是斯坦福大学的一位心理学和法学教授，他曾经听过一回莱恩的讲座。他坐在听众席中间，仔细地聆听，虽然他并不是对他听到的一切都感到赞同，但莱恩的主张的确引起了他的思考。精神病学诊断能有多准确？那些被锁进精神病院的人不应该受此待遇吗？在他思考这些问题时，他想到了开展一个实验的点子。他想象自己作为一个精神完全正常的人，却被关进了一家精神病院的场景。如果某个图表中的标签显示他精神不正常，他有精神疾病会怎样？医生会弄清诊断是错误的吗？他们能看出他和一名真正的患者之间的区别吗？如果他们不能——如果几天或者几周的观察之后，仍然坚持错误诊断的话——这不就能说明莱恩是对的，精神病学诊断过程中确实存在着严重瑕疵吗？

这一念头烦扰着罗森汉。他没法把它抛诸脑后。也许他也遇到中年危机了。他已婚，有两个孩子，过着稳定的市郊生活。也许他是在寻求冒险。不管理由是什么，他决定把想法付诸行动。他连续几天不洗澡、不刷牙，让自己看起来很粗犷，衣服的边边角角都有些破损。1969年2月，他走进了医院大门，告诉那里值班的工作人员他的名字是大卫·卢里，他有幻听。那个声音说："都是空的，里面什么也没有。是中空的，它在制造空洞的噪音。"他当场就被收治入院了。诊断结果：精神分裂症。

一进了医院，罗森汉就成了神志清醒的典范。

他表现得很礼貌。按时洗漱，也很合作。每次大夫问他关于幻听的事，他就会向大夫保证他不再有幻听了。他等待他的精神正常被识别出来，但是这并没有发生。时间一周周地过去，终于，罗森汉被安排出院了。然而，精神分裂症的标签就这样留在了他的身上。医生们仅仅是在标签后面附加了"缓解期"的字眼。

罗森汉感觉他的怀疑得到了证实。精神病学专家确实不能透过精神分裂症的标签看出他精神正常。对他来说，这意味着精神病诊断过程有严重的瑕疵，但是他知道这一测试并不能令批评家确信这一点。他们会认为这是一场意外。而且，不管怎样，他都稍微破坏了一点实验的完整性，他事前通知了这所医院的首席精神病学家——作为万一有什么差错他还可以逃离的路子。于是罗森汉开始炮制一个更为宏大的计划，一个没人能忽视的测试。他想象一群"伪患者"在北美各个医院出现，不提前通知任何内部人员。这将是一场全面的对精神病学界的正面攻击。就在这时，他开始给他的朋友们打电话了。

伪患者研究

罗森汉集合了八名志愿者：五个男人、三个女人，其中包括一位儿科医生、一位画家、一位家庭主妇，以及他自己。罗森汉仔细地训练他们该做什么以及该如何表现。当他们第一次出现在医院时，抱怨了一种特定的问题——幻听。具体表现是：一个没有实体的声音说"砰""空无"或"空洞"。他说，他选择这些词是为了引导观察者怀疑对方有一种有趣的存在主义方面的问题。

一旦志愿者入院，这一症状就会消失，他们将表现出神志完全清醒的样子，不会吃任何药。罗森汉还给他们示范了如何通过把药片压在舌头下面，装出已经咽下药片的样子。他让志愿者们都给自己取了假名字，然后就放他们出门了。1969 年到 1972 年间，他们一个接一个地出现在美国东海岸和西海岸的医院里。

这些伪患者事后回忆起他们走向医院大门时，感受到一种复杂的情绪。他们因为该计划的大胆而感到激动，但同时又感到紧张，担心自己没法通过入院的面谈，担心值班的医生会即刻看透这一计策。他们还担心一旦成功入院，等待他们的会是什么。尽管其中有几个人曾经在精神病院的护士站工作过，但他们中除了罗森汉以外，没有一个人曾经有过做患者的经验。他们只听过故事，讲述这类地方夜里或者周末会发生什么。这些故事没有一个能减缓他们的不安。

其实他们根本不必担心入院的问题。他们全都轻易地过了入院面谈的一关。他们都一样被诊断为患有精神分裂症，除了一个人，同样的症状他被给予了"躁狂抑郁症"的标签。一经入院，他们就被带领到一个房间，医生给他们做了身体检查：伸出舌头，弯下腰，把裤子向下拉，咳几声。护士和护士助手在整个检查的过程中不断进进出出，看起来未曾察觉患者的裤子已经褪到脚踝处的事实。这是罗森汉的团队学到的医院生活的第一课：他们现在是没有隐私权的患者了。

精神病院病房的日常生活看起来没有像他们所担心的那么吓人。事实上，最大的问题是无聊。他们没事可做。患者大部分时间都在休息室闲逛、看电视，而工作人员坐在一个玻璃墙围住的空间里，它有一个别名叫"笼子"。两组人极少互动，工作人员给患者送药时除外。他们走出来，看似全无差别地给每个人大量的药片：阿米替林、三氟拉嗪、康帕嗪、氯丙嗪等等。伪患者将药藏进洗手间里，结果发现已经有其他患者把药丢在马桶底部了。

为了给自己找点事做，伪患者在走廊里来回走动，试图和身边其他患者攀谈，或者在笔记本中写下他们的观察发现。写东西的行为很快引起了其他患者的怀疑。有一次，在罗森汉坐下来写笔记时，一名患者拖沓着步子走过来，身体前倾靠近他，偷偷地说："你没疯，你是一名记者，或者教授，你在查这家医院。"

"我来之前病了，"罗森汉坚称，"但现在我感觉好多了。"

所有其他伪患者都有类似的经历。有些时候，他们还注意到其他患者开始模仿他们，勤勉地在自己的笔记本上写下神秘的词句。

然而，伪患者的行为似乎没有在医生和工作人员中引起任何怀疑。而且事实恰恰相反：做笔记经常被解读成了精神不安定的迹象。"患者从事书写行为。"一名护士在一名伪患者的记录中这样写道，仿佛这会引发什么问题一样。

　　伪患者曾希望一两天内就出院，但是日子一天天过去，他们一直没有被安排出院，随着时间流逝，一种无力感在他们心中升起。罗森汉开始怀疑，医生和工作人员并没有把患者完全当成人类来看。相反，他们把患者看作动物，患者的观点无足轻重。例如，他注意到医生们避免和患者对视，并忽略他们的问题。工作人员经常公开谈论某个病例，无视他们正在谈论的患者就在现场或坐在休息室里，听得到所有内容。罗森汉描述了一个印在他脑中的特别场景："一名护士解开制服的扣子，当着整病房男人的面调整她的胸衣。你不会有她在诱惑谁的感觉，反倒是觉得她并没有注意到我们。"

　　伪患者也经历了精神病院生活残酷的一面。工作人员经常尖叫、辱骂患者。一名伪患者每天早晨都被这样的喊声吵醒："快点，你们这些混蛋，起床！"

　　护理员因为患者轻微的不端行为就狠狠地出手打他们。在罗森汉看来，这些惩罚"太过分，即使对精神病学准则最激进的解读也无法证明其正当性"。他看到一个病人仅仅因为走向一名护理员并说"我喜欢你"就被打了一顿。伪患者从未受到惩罚，但那时他们表现出了模范患者的样子，堪称"合作者中的典范"。然而，那种易受伤害的感觉令他们身心俱疲。施加身体暴力的威胁蓄势待发，完全靠着工作人员随性的决定才暂且消停。在整个实验过程中罗森汉安排了一位律师随时待命，以防出于任何原因，需要迅速将伪患者撤出医院的情形发生。

　　随后有一天，突然间，一名医生把他们叫进房间，告诉他们可以出院了。其决定没有明显的逻辑。为什么是现在，而不是早些时候？他们的行为怎么改变了？出院的通知没有给出任何说明，也没有暗示对他们是否为真正的患者有任何的怀疑。正如罗森汉曾经经历过的，伪患者之前的诊断上简单地加上了"缓解期"的字眼。他们住院的总时长从七天到五十二天不等，平均时长为十九天。

插入精神病学心脏的一把剑

在罗森汉公开发表实验结果之前，关于这次实验的传言就已经在精神病学界散播开了。一家医院联系了他，坚称伪患者不会骗到他们，他们可以看出假冒的病人！罗森汉让他们证明给他看。他告诉他们在接下来的三个月里，一个或一个以上的伪患者将会尝试进入他们的医院，他们要做的仅仅是发现闯入者。这家医院的工作人员和医生进入了高度戒备状态，向每个走进其大门的人都投下怀疑的眼光。在三个月中，一百九十三个人申请入院。工作人员将其中四十一人标为虚假病人，而另一方面，医生挑出了二十三个可疑的人。工作人员和医生在十九例诊断中意见相同。而事实上，罗森汉没有派出任何伪患者。他本想派人去的，但是他的志愿者病了。精神病学界：0 分；罗森汉：2 分。

1973 年 1 月，罗森汉在《科学》期刊上发表了他的实验结果，《科学》是全世界最顶尖的科学期刊之一。用一位卓越的美国精神病学家罗伯特·施皮策的话来说，这就像"插入精神病学心脏的一把剑"一样。人们的愤怒显而易见。批评汹涌而来，谴责这一研究"由于方法不适当而存在严重的缺陷"，是"被当作科学的伪科学"。

很多批评者质疑：医院的医生能有什么不同的做法？他们应当指责伪患者说谎吗？但是他们有什么证据呢？将一个有幻听的人留院观察显然是正确的决定。

罗森汉回应道，他的批评者都误解了他的主张。问题不在于医院收治了伪患者。"如果有床位，"罗森汉写道，"收治伪患者是唯一人道的决定。"他坚称，问题在于最初的诊断，精神分裂症，随后变成了永久性的标签。这一诊断合理吗？为什么同意入院的医生对患者的描述不是患有幻听，然后就止步于此呢？为什么他们又向前进了一步，在精神分裂症内含如此众多负面意义的情况下，仍然声称它是他们问题的原因呢？这就像有人去家庭医生那里抱怨自己有咳嗽的毛病，却在完全没有开展任何检查的前提下，被当即告知他们患有肺结核一样。罗森汉提出精神分裂症已经成了"废纸篓诊断"——一种模糊的、笼统的类别，作为标签用在了几乎所有精神问题上。

　　从历史的视角来看，罗森汉在这场论战中获胜了。在他的研究发表之后，20世纪70到80年代，使用诸如精神分裂症等宽泛的诊断类别的做法急剧地减少了。为了更客观统一地进行诊断，精神病学家想出了数百个全新的、更具体的疾病类别，随后通过一个检查清单式的诊断模型来进行系统化的疾病诊断。病人有症状X、Y和Z吗？如果有，他就有W综合征。

　　其实，罗森汉只是稍微影响了这一改变。显然保险公司才是毋庸置疑的改革催化剂，因为他们在那之前已经开始抱怨，为诊断模糊的精神病症支付治疗费，而这些病症却从未有所好转。但不管怎么说，罗森汉仍站在论争获胜的一方。

　　然而，就算罗森汉对诊断过程的批评确有先见之明，他的批评者也同样有些道理。从科学的角度来看，他的伪患者研究，虽然获得了诸多关注，但确实非常奇怪而且并不是特别严谨。它缺少一个对照组，容易受到具有实验偏差的指责（他的伪患者可能无意间表现得疯狂以获得他们想要的回应）。实验结论在很大程度上靠的是逸事一般，甚至可能是择优选取出来的证据。罗森汉同时并未提供太多所涉医院规模和特点的相关细节，使人们很难了解它们有多大的代表性。人们真的能从这些少量案例就推出精神病学整体的情况吗？

　　但是话又说回来，也许这些批评并没有说到点上。罗森汉的实验在客观性和无偏性上的问题，不比他的（伪）病人被诊断为精神分裂症的严重程度来得更深。但他并未打算开展一个无懈可击、逻辑上严谨的研究。相反，他想要撼动一下现状。他想给精神病学的传统守卫者们一记当头棒喝。而他确实做到了这一点。他这一击正中目标。砰！

吸引人的福克斯博士

　　　　1972年——加利福尼亚州，太浩湖。

迈克尔·福克斯看着几个人走进房间就座。尽管他已经有好几年的表演经验了，但想到接下来要做的事，他心里还是七上八下的。

"至少通过这件事我赚得到了太浩湖免费旅游的机会，"他想，"但这不可能奏效。"

他身体靠向坐在他身旁的研究者，在对方的耳边低语："会有人认出我来的。"

"放松，迈克尔，一切都会好的。"

"我没说几句话，他们就会知道我是冒牌的。"

"放松！"研究者用强调的口吻重复道。

又有一个人走进来就座。

研究者看了看手表。"好，我们该开始了。你准备好了吗？"

迈克尔耸耸肩。"我随时都可以。"

研究者站起来转身向观众致意。"我想感谢所有人来听今天的演讲。我很荣幸地介绍我们著名的演讲者，来自阿尔伯特·爱因斯坦医学院。他是将数学应用在人类行为方面的权威。我确信，你们中的很多人，对他的工作都非常熟悉。他将向我们讲述'数学中的博弈论在体育教育方面的应用'。有请迈伦·L.福克斯博士本人上场。"

迈克尔从座位上起立，在一阵礼貌的鼓掌声中，走向房间正前方。他看向观众——十一张面孔充满期待地仰着脸，等着听他传授智慧。然后他无所顾忌地咧嘴一笑，开始了演讲。

1972年，迈克尔·福克斯是好莱坞的一名性格演员，当时以扮演《佩里·梅森》剧中一名反复出现的验尸官而为人熟知。他与因《回到未来》而出名的迈克尔·J.福克斯没有关系，后者当时才十一岁。然而，他确实是这位年幼的演员随后在名字中间加上字母"J"的原因，因为演员工会有规定，禁止以重复的名字注册。

福克斯在找工作时，三位南加州大学的教授——约翰·韦尔、弗兰

克·唐纳利和唐纳德·纳夫图林——携带着一份不同寻常的提议找到了
他。他们想要聘用他，扮演一位虚构的学术人物迈伦·L.福克斯博士，
并在南加州大学继续教育会议上做一个小时的讲座，会议将有精神病学
家、心理学家和社会工作者参与。

　　讲座的话题是他完全不了解的主题，而这恰恰是重点。教授们对学
生给教师的打分有所怀疑。他们已经开始怀疑学生给教师评分根据的是
他们的个性，而不是作为教育者教书的效果。因此他们决定弄清观众会
对一名充满魅力且听起来有权威，但同时知识又极为匮乏的演员作何反
应。即使福克斯完全是在胡言乱语，他也能诱使人群相信他在给他们授
课吗？

充满娱乐性的胡言乱语

　　为了制造骗局，教授们决定从十年前《科学美国人》上发表的一篇
名为《博弈论的应用和误用》的文章入手。这是一篇及其深奥的文章，
但它面向的却是非专业人士。随后教授们对其做出调整来适应自己所需。
他们虽然保留了术语，但是去掉了术语的含义。然后训练福克斯谈论这
一主题，"大量运用含糊其辞、旧词新义、不当推论，以及相互矛盾的表
述"——同时混进大量的插入语法幽默。当他们确信福克斯已经掌握了
表现"不相关、自相矛盾和毫无意义"的艺术时，他们就放手让他去做
这次演讲了。

　　福克斯担心自己能否成功，但他其实用不着担心。在这一个小时
里，他用自己的才智和幽默感征服了观众。观众们因他的笑话而开怀大
笑，并对他的解释会意地点头。在即兴表演的杰作之后，他又答疑了半
个小时。

　　福克斯在十一人的观众面前做了现场的演讲，随后，教授又将讲座
录像放给几组人看。加起来，共有五十五个人观看了福克斯博士的表演。
在每次讲座之后，教授们都当即要求观众填写一份由八个问题组成的问
卷，从而评估他们的反应。在这里有一个坏消息：50%的观众说福克斯

博士阐述了显而易见的事实。但好消息是：90% 的观众说他以一种有条理的方式演讲，100% 的人说他激发了他们思考。一个人在评论区写道："出色的演讲，听得很愉快。有亲和力。很流畅。看起来充满热情。"另一个人很奇怪地声称曾经读过福克斯博士的一些著作。没有一个人注意到福克斯博士演讲的内容纯粹是"垃圾"——研究者用了这个词来描述它。

为什么观众对福克斯博士的反应如此积极？研究者将其归因于光环效应。爱德华·桑代克是第一位于 1920 年描述了这一现象的心理学家。他发现人们给其他人的某些特点评分存在困难。相反，我们倾向于对一个人形成整体的印象，而这种印象，就像光环一样，影响着我们对他或她的所有观察。例如，如果我们有一个不喜欢的同事，我们会批评他所做的每件事；或者，如果有一位教授，我们觉得他是一个好人，我们会忽视他对所授课程一无所知的事实。纳夫图林、韦尔和唐纳利沮丧地总结道："学生们对学习的满意度能体现出来的东西，可能就比他们自以为已经学到、实际上子虚乌有的东西多那么一点点罢了。"他们略带挖苦地推荐——教授应由受过训练的演员取代。

而对观众群体来说，他们对最终听说的这一欺骗表达了困惑。他们中的很多人坚称即使福克斯博士是个假老师，他仍然激发了自己对这一主题的兴趣。为了证明这一点，他们还写信给研究者，要求得到讲座的基本材料——《科学美国人》原文的复印件。

福克斯博士研究后续

福克斯博士的研究很快成了某种流行经典。尽管没多少人读过原文，但很多人都听过这项实验。因为这项研究发表在了《医学教育期刊》，一个相对小众的期刊上。在商业管理类书籍和如何做有效演讲的书籍中，不断有提及这一实验的内容冒出来。随便在哪个教员休息室里待上一会儿，只要学生评估的话题出现，而且几乎无可避免地，会有人提及这一实验：你听说得到所有学生喜爱的假教授了吗？ 1974 年，一篇发表于英国医学期刊《柳叶刀》的文章提出了一个词"福克斯博士效应"——学生们将得到娱乐与得到教育等同的倾向——这个名字就这样沿用了下来。

　　尽管实验获得了名声（或者恶名），批评者抱怨该研究存在方法上的问题。例如，它缺乏实验对照组，给予观众的调查范围有限。怀疑者声称即使有可能用一次讲座吸引观众，但如果他们整个学期都跟着福克斯博士学习，大多数学生难道不会弄清其中有诈吗？

　　为了回应这些批评，约翰·韦尔和里德·威廉斯说服了迈克尔·福克斯，让他在一系列关于"记忆的生物化学原理"的视频讲座中重演迈伦·L. 福克斯的角色。在其中三次的讲座中，福克斯仍表现出了魅力；但是在另外三个讲座中，他以一种单调无趣的口吻讲课。韦尔和威廉斯发现，观看了"高吸引力"表现的受试者不仅给了福克斯博士更高的评分，而且他们在一个关于讲座材料的课堂测验中分数更高。福克斯博士效应看起来是一个强有力的现象。这相当自相矛盾地意味着，如果你可以在一个有趣但愚笨的老师和聪明但无趣的老师之间选择，你应该选那个有趣但愚笨的老师，这样你可以学到更多东西。换句话说，知识若不用一点演技来传授，并无用处。

　　迈克尔·福克斯回去做演员了，继续他长久而成功的演员生涯。

　　他在哥伦比亚广播公司电视台的肥皂剧《大胆而美丽》中扮演了索尔·范伯格一角，并在诸如《急诊室的故事》《纽约重案组》等电视节目中崭露头角。他避免扮演福克斯博士的同类角色。然而，在那之后五十年里，迈伦·L. 福克斯很可能仍是他最为人所熟知的角色，尽管他从未把它列在自己的官方履历之中。

第四章

猿猴实验

MONKEYING AROUND

很久以前，两群猿在一片森林中各居一隅。一群猿，出于并不是很清楚的原因，在它们居住的地方留了下来。另一群走出森林，走进了非洲大草原。这一群中的一些成员继续前行，走得越来越远，直到它们穿越了整个地球。数百万年过去了，那些探险猿的后代，样貌已经很不一样了（他们已经没有了大部分毛发，并且已经直立行走），他们回到森林中遇到了他们祖先很久以前与之告别的另一群猿。"真奇怪，"无毛的、好探险的"猿"思忖，"这些林中的猿与我们很像。我想知道它们在其他方面像我们吗？"随后另一个点子在无毛的"猿"脑中出现："通过研究这些森林中的猿，也许我们能了解到一些关于我们自己的事情。"根据这一独特的前提，灵长类动物学这样一门科学就此开始了。

与猴子交谈的人

1893 年 4 月——西非，弗南瓦兹环礁湖南岸。

理查德·林奇·加纳，一个身材魁梧的白人男性蓄着厚厚的、梳理整齐的小胡子，坐在一个笼子里。他越过笼壁的金属杠盯着环绕着他的植被。空气炎热而潮湿，还夹带着昆虫低沉的嗡嗡声。他凝视着阴影深处，找寻着动静，任何表明他并非独自一人的迹象。他什么也没看到，于是将注意力转回到了面前桌上打开的笔记本上。他拿起一支笔，把笔放下，然后又拿起来，开始写：

　　我就坐在这里，坐在几乎如同坟墓一样的寂静中……无法言喻的寂静……虽然这个大森林确实充满生命，仍然有这样的时候，一切都如同无止境的、无声的孤独……

　　每一阵微风都充满腐烂植物的臭气。每一张叶片都呼出死亡的气息。

　　加纳停下笔，将笔记本推开。桌椅是笼子里仅有的家具。他的左侧是一堆肉罐头，他的右侧，容易够到的地方，放着一支步枪。他身体仰靠在椅子上，等待着。

　　一小时过去了，他仿佛听到了什么，抬起了头。一根树枝折断了，证实了他的怀疑。他急切地四下转悠，却只看到了一只肥硕的犰狳慵懒地逛进空地。犰狳用它圆滚滚的眼睛打量着加纳，但没看出一个关在笼子里的人类有什么需要它担心的。它漠不关心地嗅着地面，继续前进，回到了丛林中。加纳叹了口气，坐回到椅子上。

　　又过去了几个小时，赤道地区的热度达到了午时的最高点。就连持续的虫鸣也在太阳无情的暴晒下弱了下去。一切都静止着。加纳用一块手帕抹了抹眉毛，从水壶里喝了口水，继续等待。

　　最终，下午的凉爽到来了，丛林恢复了生机。在远处，一只动物发出尖叫的声音。这声音得到了更远处一声嚎叫的回应。

　　随后加纳紧张了起来，前看后看着。他听到了树叶的窸窣声。一分钟后，他看到了一双深棕色的眼睛，正从阴影中看向他。围绕着眼睛四周看去，他勉强能分辨出那是一只大猩猩头部的轮廓。

　　顷刻间，他站起来走向笼子边缘。他能感受到大猩猩巨大的体形，部分遮掩在枝杈后面。

　　他能感受到它的力量。保护他的金属杠突然间显得又细又脆弱。

　　在加纳回视大猩猩时，它没有移动。注视继续了一段时间。一种紧绷的静默弥漫在两个灵长类动物之间，随后加纳向后仰头，发出轻柔而低沉的喊声。

"哇——呼啊……哇——呼啊。"

惊讶的大猩猩向丛林里退后了一步。它犹豫片刻然后站了起来，脸整个露了出来。

加纳重复着呼唤声："哇——呼啊……哇——呼啊。"

他用手指扣紧金属杠。他的脉搏剧烈地跳动着，汗水沿着他的脖子流了下来。他本能的冲动是看向别处，不去面对这个大个儿动物的威胁。但他还是站在了原地，等着看会不会得到回应。大猩猩张开嘴，仿佛要说什么。加纳靠过去。但随后这只动物改变了主意。它响亮地咕哝了一声"呜姆"表示没兴趣，转身离开，安静地消失在了丛林中。

回溯 1884 年，人们可能会发现，理查德·加纳也是站在笼子的金属杠前注视着对面。但那时候情况是倒过来的：加纳站在笼子的外面，身穿夹克衫，胳膊处打着皱褶，袖口上挽，专心地观察着一群锁在笼子里面的灵长类动物——一群小型的、棕色的猴子和一只大型的、吻部很长的山魈。

就职业而言，加纳是一名商务人士。他出售股票和房地产，这份工作需要他在全国各地奔波，与客户见面。1875 年，一次他来到辛辛那提市，决定拿一天的时间去当地刚开业的动物园看看。这是美国的第二家动物园，正如当时大多数美国人一样，加纳以前从未去过动物园。

人群在加纳周围移动着。因为外出而兴奋的孩子们手握着烤花生的袋子从他的身边跑过。其中一些孩子停下来对猴子大笑，然后又赶忙跑向熊或狮子的笼子。年轻的情侣牵着手从他身边逛过去。加纳对他们所有人都全无留意。他只关注那些猴子。

猴子的区域由几个大笼子组成，中间由砖墙隔开，猴子可以随心情通过一个小门走到别的笼子里。但是尽管有这种移动的自由，所有猴子却都聚在一个笼子里，紧张地看着蹲坐在旁边区域的山魈。山魈的每一个动作都会在猴子中间引发激烈的喧闹。

加纳已经观察猴子几个小时了，他看得越多，越觉得它们的喧闹并非随机的噪音。他可以确信这些声音有什么意义——最清楚地看到山魈的那些猴子在用特别的叫声告知它们的伙伴，这只有威胁的动物的一举一动。咦——咦：小心，山魈站起来了！呜——呜：安全了，山魈躺下了。

加纳那天在笼子前站了几个小时，第二天他又来了，第三天也是如此。每次来访，他都更确信猴子在用原始形式的语言与彼此交流。事实上，如果他闭上眼睛，他相信自己能仅通过猴子的叫声，就知道山魈在做什么。

当时加纳三十六岁，从未受过任何正式的科学训练。在那一刻前，他的人生一直在不同职业间摆荡，最开始他受训做一名牧师，然后他抛弃了这一职业成了一名学校教师，随后又成了商务人士，但是在他注视着喧闹的猴子时，他知道自己找到了真正的人生使命。他下决心要冲破人类与其他灵长类动物之间的语言藩篱，成为第一个掌握"猿猴语言"的人。他决心成为与猴子对话的第一人。

学习猿猴语言

从1884年那一天起，加纳就启动了一个自我引导的猿猴语言研究项目。不管在哪里，只要发现猴子，他就会花上几个小时耐心地观察它们，记录它们的行为和发音。他观察巡回表演中手风琴演奏者身边的猴子，以及作为家庭宠物饲养的猴子。他成了纽约、费城、辛辛那提、华盛顿和芝加哥动物园的常客。一开始当他走上前宣称"我想要听听你们的猴子说话"时，动物园管理员以为他是个怪人，但渐渐地他们接受了他，即使仍然认为加纳有点儿古怪。加纳最大的困扰是，如何准确地将猴子发出的声音记录在纸上，这样他可以更有深度地比对和分析这些声音。很多声音简直没法记录。例如，为了把声音记对，他想出了"咦咯"这个音的五百种变体。二十年前，一位英国的博物学家塞缪尔·理查德·蒂克尔上校在试图记录亚洲西南部白掌长臂猿音调优美的求偶叫声时，也遇到了类似的问题。蒂克尔在一篇发表于《孟加拉亚洲学会期刊》的文章中说明了他想出来的解决办法——将叫声转换为音乐符号。然而，加纳大概并不知道蒂克尔的工作，即使他知道，也不会对他有多大的帮助。恒河猴和卷尾猴刺耳的叫声可没那么容易用音乐符号来表示。

另一个问题是如何让猴子按照他的要求重复它们的叫声。猴子就好像故意要为难加纳一样，在他拿出笔记本时拒不开口，或者拒绝发出加纳想听的声音。工作令人疲惫，收效甚微。他后来坦白，他的工作已经濒临失败，而突然间，一个问题的解决方案自己冒了出来。

在 19 世纪 80 年代末期，临街店铺摆出了一项新发明。人群聚在一起，惊讶地注视这个从机械内脏中说出词语的奇怪装置。"我是爱迪生留声机，"这台机器播放着预先准备好的广告词，由新世界的大魔法师创造，用来取悦那些有旋律想唱和想被逗笑的人，"如果你对我唱歌或说话，我会保留你的歌声或话语，然后如你所愿地向你重复。我会每一种语言。我可以帮助你学习其他语言。"

一瞬间，加纳就想到了一个点子——用一台留声机来录制猴子的叫声！他想到这个点子时太兴奋，以至于此后好几夜都没怎么合眼。他躺在床上翻来覆去，想象着所有的可能性。最终，他凑足了钱买了一台爱迪生留声机，并以全新的活力再次投入了猴子语言的研究中。

加纳的第一步是播放一只猴子的录音给另一只，测试这一只猴子的反应。他将这一概念描述给弗兰克·贝克，一位史密森学会的解剖学家。贝克同意这将会是一项有趣的实验，并准许加纳拿华盛顿动物园的一公一母两只猴子做实验。加纳将这一对猴子分开，并促使母猴子发出了一些叫声，录进了留声机里。他随后将录音播放给公猴子听。猴子即刻做出了反应。它困惑地盯着机器看，随后走近留声机，看向它的后面。它围着机器看了个遍，充满疑惑地盯着喇叭。最终，它将胳膊插进了喇叭中，一直插到肩膀，抽回胳膊，然后再一次盯着里面看。加纳认为这次实验彻底成功了，很显然猴子认出了叫声。

加纳带着他的留声机去其他动物园，他的高科技实验很快吸引了记者的注意。然而，他们很难认真看待他的研究。他似乎是一个有点儿荒唐的人物，围着笼子追逐着猴子，试图说服这些小动物对录音喇叭说话。记者怀疑加纳有点儿精神不正常。但至少，记者们认为加纳的事迹很好笑，很有娱乐性。于是他们给加纳取了个外号，叫"猴子先生"。

给猴子录音可真不容易，因为每次加纳拿着留声机接近它们，它们总是拒不开口。一名《纽约先驱报》的记者目睹了加纳的努力之后写道："这些小淘气很自由地发出叫声，但是就连最精明的律师也不会比它们更小心地看紧自己的嘴巴，拒绝录音了。"但是通过坚持，加纳渐渐积累了一个猴子的叫声库。这使他可以开展计划的第二步了，学习模仿它们的叫声，测试猴子对他发出的声音有何反应。他想象自己成为一名成熟的"猿猴语言学家"。夜复一夜，当一切归于安静时，他聆听着圆筒留声机中的录音，重复他听到的声音。从屋外路过的人如果听到他房间里传出来的猴子的叫声和他模仿的声音，肯定会感到很困惑。

最终加纳准备好了，他要在一个活的实验对象身上测试他的发音技巧。他来到南卡罗莱纳动物园，找到了一只名叫约克斯的棕色小卷尾猴。加纳发出一个声音，他认为这个声音意味着"警告"或者"攻击"。加纳说，英文字母不能准确地代表这个声音，但是他描述这个声音像是短"I（依）"，"音高大约比女人的声音高两个八度"。加纳刚一发出这个声音，约克斯就向后一跃，跳到了笼子里最高的杠子上。他盯着加纳，眼睛充满恐惧地大睁着。虽然加纳用上了他最具安抚性的手段，但约克斯拒绝从那个位置下来。几天后，它仍然用怀疑的眼光打量着加纳。

尝试与猴子交流得到了积极的结果，这令加纳很高兴，但是他迫不及待地想要得到更多收获。虽然拿动物园中的猴子做实验也挺好的，但他想，如果他旅行到非洲，在自然环境中研究那里的大猩猩，又能学到什么呢？这个点子一在他脑中形成，他就没法摆脱它了。他决定必须把这件事做了。他要去非洲！他任想象驰骋，不仅预见自己能与黑猩猩和大猩猩交流——他认为人类拥有比猴子强得多的语言能力——还想象自己能和它们建立交易关系。"我考虑尝试的一个非常重要的实验，"他写道，"就是看看我能否达成一个有限的交易约定。我相信有可能和这些猿猴交换特定的物品，这会在它们心中构成一种微弱的对价值的了解，以及对交换法则的了解。"遗憾的是，他从未详述他想要和猿猴交换的物品到底是什么。

尽管加纳的野心很大，他的资金却很少，所以他不得不向公众呼吁，给他投资和捐助。他不知疲倦地将他的远征讲给每一个愿意倾听的人，将其描绘为了科学的目的而开展的高科技冒险——某种儒勒·凡尔纳式的远征，配备最先进的器具和设备。而儒勒·凡尔纳此后很应景地写下了一本小说：《空中村落》，正是受到加纳的事迹启发而作。当然以往未曾有人尝试过类似的探险。他计划带一台留声机进入丛林来录下猿猴的声音，但并不是随便哪一台留声机都可以。它将是一台特别的双轴式留声机，由爱迪生的工程师专门为他定制（他希望如此），这让他可以同时录制和播放声音。在整个丛林中放置的电话接收器将把声音传回留声机，这样可以极大地扩展他能够监听的区域。由诱饵触发的相机将会围绕在他的营地周围。为了确保他的安全，加纳计划坐在一个钢制的大笼子里，笼子通上电以阻止猎食动物靠近。最后，他会带上一系列武器——枪、钢头的箭，以及装有氨的弹筒——以备动物袭击时用。这个想法得到了大量媒体报道，但是资金汇集得很慢。到 1892 年初，加纳只募集到一万美元。一部分原因可能是人们仍然很难重视他，学习猿猴的语言听起来不像真正的科学。他开始担忧自己没法成行了。然而他坐了下来，重新设计了这次探险，抛弃了诸如丛林电话机和触发式相机的细节。这不再是他想象的那场宏大旅行了，但是他觉得自己能应付。于是他购买了必需品，订好了行程，然后于 1892 年 7 月 9 日从纽约市出发，向非洲丛林进发了。

进入丛林

直到这一刻之前，科学界仍然没有给予加纳多少关注。正如其他所有人一样，他们都认为他是一个善意的，或许有些误入歧途的业余爱好者。但当加纳宣布他将出发去非洲时，人们开始很难忽略他了。尽管加纳的探险，可能很古怪，但却是在野外对黑猩猩和大猩猩开展的第一项科学研究。而且如果他真的找到了一只会说话的猿猴呢？仅有的一些对猿猴有所了解的科学家认为这不大可能，但他们对这些动物知道得太少，只得承认也存在可能。如果加纳是对的，这将成为一个非凡的发现，将会打破人们广泛持有的观点，认为只有人类掌握语言。

加纳自己完全相信他从非洲丛林回来时，会带着证据，证明语言学存在"缺失的一环"。在他的白日梦中，他想象自己会被誉为下一个查尔斯·达尔文——他的偶像。他幻想着到时候在所有曾经质疑过他的人面前炫耀他的成功，尤其是那些专业科学工作者。他愤慨地觉得，他们本该对他的想法更接受才对。

然而，科学界并不用担心会被他抢去风头。加纳有表现无能的本领，正是出于这种本领，甚至在出发之前，事情就已经开始出岔子了。出于某种无法解释的原因，当他仍然身在美国时，他没有购买对他的探险来说最重要的设备——留声机。相反，他想他可以在去非洲途中经停的英国买一台带上。但是当他出现在爱迪生公司英国的分支机构时，那里的销售代表尽管提前得到了他要过来的警告，却仍向来访的加纳开出了高昂的价格——加纳承受不起的价格。他发脾气地咒骂着，大喊他们是无脑的官僚主义者，但是他们不肯让步。加纳无意间被夹在了国际商业的政治问题中。爱迪生公司的英国代表们并不认为他们的工作是销售留声机。相反，他们的主要关切是执行爱迪生的专利，避免欧洲的竞争公司销售这一机器。对他们来说，带着奇怪要求而来的加纳只不过是件麻烦事罢了。最后，加纳不情愿地空手而归。

加纳将没能买到留声机的失败完全怪在了爱迪生公司代表的头上，但是他自己差劲的计划当然同样成问题。事实上，爱迪生曾对加纳的研究表示支持。这位著名的发明家后来提出，他曾邀请加纳来门洛公园，和他的工程师一道设计定制留声机，邀请长期有效，但是加纳从未赴约。也许他没有时间或者没有钱赴约。不管理由是什么，缺少留声机被证明是一个严重的阻碍。

然而，加纳拒绝承认失败。1892 年 9 月，在利物浦的码头边，他在一群人的注视下把他的笼子装上了船。他向每个人挥手道别，登上船，继续他的旅程。一个月之后，他抵达了加蓬的海岸，在那里他将设备转移到了一艘小型轮船上，沿奥果韦河向上游航行了二百五十英里，然后径直穿越乡间抵达了弗南瓦兹环礁湖的南岸，卡米部落的领地。1893 年 4 月，就在那里，他立起他的笼子，给它命名为"大猩猩要塞"，住了进去，在丛林中开始了他预计的"漫长而孤独的值守"。

在加纳坐在笼子里时，他对非洲的第一个发现，是这里并不像他想象的那样孤独。这里其实人很多，包括很多欧洲人。问题在于如何避开他们。距离他的营地一英里远处有一个法国布道所，距离近到他可以听到小教堂传来的钟声，而本地人常常走过来盯着看一个人被锁在笼子里的有趣景象。对他们来说，这就像某种角色反转的动物园——白人探险者关在笼子里面，而动物在他四周的丛林里自由地漫步。

他发现的第二件事是非洲满是蚊子和异国疾病。他有两个月的时间都在发烧生病。最终，当他坐在那里等待野生的黑猩猩和大猩猩出现时，他意识到自己的研究有个严重的设计缺陷。留在一个地方，希望猿猴们来找他，对想要接触这些警惕性高的动物来说不是一个好方法。他深入到了猿猴众多的乡间，而且周围有很多的猿猴，但是它们都明智地避开了一个令人不安的男人，这个男人拿着枪坐在通电的笼子里。

有时，在夜晚，加纳躺在笼子里尝试入睡时，觉得自己听到了远处丛林中大猩猩的喊叫声："哇——呼啊"。"哇——呼啊"，得到的回答是"啊呼——啊呼"。他想象其意思是："你在哪儿？"和"我在这儿！"偶尔大猩猩在漫步去附近的香蕉林寻找水果时，甚至会出现在他的视线中。有一次他听到有什么东西爬过树丛，抬头看到一只大猩猩距离自己的笼子 7 码远，一手握着一丛树枝，嘴巴仿佛吃惊地张着。加纳僵住了，不敢移动，以免把自己的访客吓走。大猩猩盯着他看了一会儿，发出了一声响亮的"唔姆"，随后漫步离开了。这也是加纳与猿猴距离最近的一次接触了。

为了消磨时间，加纳买了一只年幼的黑猩猩，他给它取名叫摩西。他把它关在笼子旁边的一个小围栏里，在漫长的白天试图教它说话。这倒不是他一路前来非洲的目的——他也可以在美国研究一只被关起来的黑猩猩——但是这让他有了事干。他报告说他教会了摩西说"Feu",法语中的"火"这个词。他推论说,这是由猿猴所说出的第一个人类词汇,或许他是对的。

丛林里的生活已经过去了九个月。摩西得病死了。加纳伤心地埋葬了他的小朋友。反正也没有钱了,于是他收起了"大猩猩要塞"踏上了回家的漫长旅途。他为了寻找和记录说话的猿猴的大探险归于失败。

找寻还在继续

1894 年 3 月末,加纳回到了美国。他回国的消息登上了头版新闻,但并没有他一直希望的对英雄归来的欢迎。相反,记者用恼人的问题纠缠他:留声机怎么了?说话的猿猴在哪儿?加纳没有激动人心的故事可以讲给媒体听,因此,为了取悦读者,记者们捏造了古怪和挖苦的流言,对他的探险加以夸张和讽刺。例如,有报道称加纳用一面镜子催眠了一只黑猩猩,还找到了一只红毛猩猩,会唱《雷鸣和闪电》①。加纳意识到他一直渴望的科学上的赞扬仍然同以往一样遥远。他仍然是人们的笑柄,仍然是古怪的"猴子先生"。

换一个人在这一刻可能会就此放弃,回到销售股票和房地产的行当,然而这可不是加纳的风格。他最大的特点就是固执。相反,他对这项自己认定终生的工作更加投入了。他痴迷于找到一只说话的猿猴的念头,决心不管需要付出怎样的努力,也一定要回到非洲,继续他的研究。在漫无目的地四处寻找了一段时间之后,他发现了一个赚大钱的工作:为美国不断建立起来的诸多自然博物馆去非洲收集标本。诸如为芝加哥的菲尔德博物馆(建立于 1893 年)、匹兹堡的卡内基博物馆(建立于 1895年),以及美国自然历史博物馆(建立于 1869 年)收集标本。一只大猩猩的头盖骨可以拿到两百美元。一头非洲海牛可以赚一百美元。这足以

---

①《雷鸣和闪电》:一首圣诞歌曲。雷鸣和闪电分别是圣诞老人两头驯鹿的名字。

给他的旅途提供资金了，而这成了他的新职业。

　　加纳余生的大部分时间都在非洲度过，他寻找着蝴蝶、鸟类、猴子和任何可以卖给博物馆的标本。但正如追逐白鲸的亚哈船长①一样，他仍然经常保持警惕，注意着任何说话的猿猴的迹象，尽管这些行迹难寻的动物总是在他的搜寻范围之外。

　　时间一年年过去，加纳老了。似乎他永远也找不到自己想找的动物了。但随后，1919 年，《纽约时报》报道说，在加纳七十一岁时，终于实现了一生的雄心壮志，他找到了一只说话的猿猴。文章声称，事情发生时，探险者正在根据非洲当地人给的小道消息，寻找一群奇特的似乎是大猩猩和黑猩猩杂交物种的动物。在夜晚黑暗的掩护下，加纳靠近了这些动物的栖息地，然后偷听它们的声音。它们听起来就像一群人坐在那里交谈。

　　几天之后的夜晚，加纳又回到了那里。他听到其中的一只猩猩正在呼唤它的伴侣："哇——呼啊……哇——呼啊。"在预感下发抖的加纳站起身，喊了回去："啊呼！啊呼！"一开始，没有回应，所以他又试了一遍。"啊呼！啊呼！"随后有了回音："啊啊呼呜呜呜！"加纳的心欢跳着。他终于和一只大猩猩对上话了。但是几秒之后他意识到自己犯了个错误。那只雄性的大猩猩，跟随着它以为是自己伴侣的声音，正冲过丛林向他跑来。它越来越近。加纳没有任何保护措施。大猩猩就在几码之外了。害怕自己有生命危险的加纳做出了本能的反应。他举起步枪，开了枪。大猩猩应声倒地，受了致命伤。

　　如果故事是真的，那这就代表了这位探险者职业生涯的一个奇怪而悲剧性的结尾。他一辈子都在找一只说话的猿猴，终于找到了一只，却把它射杀了。但是同样的，这也可能是记者开的一个玩笑。

　　在加纳与说话的猿猴相遇的故事见诸报端之后不久，加纳回到了美国。他没有公开评论过这篇报道。第二年，在田纳西州的查塔努加市，他在酒店房间里突然病了，很快就被送到了医院，最后死于肺炎。即使

————————
① 亚哈船长：19 世纪美国小说家赫尔曼·梅尔维尔所写的小说《白鲸》中的主人公。

在死后，加纳渴望被公众认可的心愿也未能实现。他的遗体躺在太平间好几天，没人认出他是谁。最终，在整理他的物品时，医院的员工意识到了他是谁——理查德·加纳，著名的"猴子先生"！然而玩笑仍在继续。第二年，一名专栏作家，可能对他已经去世并不知情，用带有修辞手法的口吻问道："（不知）那位去非洲研究猴子语言的理查德·加纳教授现在怎样了？"用这一句引出了接下来的俏皮话："他大概已在纽约扎营，"这名记者继续逗趣道，"在那些浪子和时髦女郎中间试图解读他们的对话。"

加纳死的时候，灵长类动物学正开始成为一门重要的、有声望的科学。通过教授猿猴人类的语言而与它们交流的想法，将成为这一新兴学科的一个关注焦点，但是加纳提出的猿猴具有它们自己的语言的理论被当成了玩笑，加纳本人也被当成玩笑。他没有被写进这个学科的历史之中。

在接下来的几十年里开展的为数不多的几次猴子语言实验，更像是公开作秀，而不是正经的工作。例如，1932 年，一位波兰研究者塔德乌什·哈纳斯，穿上了一身猿猴的仿装，然后住进了华沙动物园灵长类动物的笼子里。他宣称，自己希望通过这样的方法，了解猿猴的生活习惯和语言。当他八周后离开他的灵长类伙伴时，他说它们的语言和人类的语言非常相似。

五年后，华盛顿国家公园的工作人员录下了红毛猩猩苏茜的"求爱叫声"。动物园的主任威廉·曼将这些录音带到了苏门答腊，希望会有一只求偶的猩猩听到它可爱的叫声而走出丛林。遗憾的是，蜡质唱片在路上损坏了，所以苏茜只能用更传统的方法寻找伴侣了。

但是 1980 年 11 月 28 日，猴子的语言突然间被重视起来，当时《纽约时报》的头版出现了一个有趣的标题：非洲的研究工作发现猴子能使用最基本的"语言"。这篇文章描述了一群洛克菲勒大学的科学家的工作，他们研究了肯尼亚安博塞利国家公园中的野生狨猴。

在观察这些猴子时，研究者注意到这些灵长类动物会用警告的叫声提醒彼此猎食动物在靠近，它们针对每种猎食动物的叫声听起来有所不

同，它们似乎有特定的词汇描述豹子、蛇和鹰。科学家录下了这些叫声，
然后将录音放给这一群的其他猴子听。很显然，当群猴听到对鹰的警告
时（一系列不连贯的呼噜声），他们跑进了草丛中。蛇的警告（高声地尖
叫）令它们检查四周的地面。豹的警告（类似喳喳的叫声）引起了一阵
骚动，它们疯狂地蹿到距离最近的树上。《纽约时报》指出："科学家把
这些叫声看成真正的信息，此前人们认为这些信息在动物交流中并不存
在或者极为罕见。"

文章没有提及加纳。研究者后来承认他们从未听说过加纳这个人，
这能让人感受到科学界是怎样完全地遗忘了他。但对于任何熟悉他工作
的人来说，安博塞利的研究就像昨日重现。既有说话的猴子，又有录制
下来的警告的叫声，就像某本讲加纳的书里的一页一样。

后续的研究支持了安博塞利的发现，象牙海岸的猴子被观察到使用
类似的叫声交流信息。换句话说，加纳关于说话的猴子的想法或许有点
儿疯狂，但它并不是像所有人想得那样彻底的疯狂。一些猴子确实运用
声音，以一种说话一样的方式，交流特定的信息，而这方面的证据如今
已经很令人信服了。

可以想见如果加纳听得到这一新闻，他在坟墓里也会变得躁动不安
起来。如果你更靠近倾听，你或许会听到他在喃喃自语："我是对的！我
是对的！哇——呼啊！哇——呼啊！"

黑猩猩管家和猴子女佣

1898 年——密西西比州，史密兹。

"最好是件好事，曼格姆，我汗流得像下雨一样。"帕克斯从
口袋中拿出一块手帕，在晒伤的脖子上抹了一把汗。

曼格姆微微一笑。"我想你不会失望的。我们快到了。"

两个人继续安静地沿着泥路前进。很快，他们走到了一个被
藤蔓覆盖的路堤前，没几步曼格姆就跳了上去。他的伙伴气喘吁

吁地在后面慢慢地跟着，抓牢植被以获得支撑。

路堤顶上可以俯瞰一片广阔的棉花田，棉花田在路堤另一边延伸了几英亩。热浪在植被上方的空气中闪着微光。

帕克斯调匀呼吸之后，曼格姆向这个景象比了一个夸张的手势。"我们到了。我向你展示——农业的未来！"

帕克斯左看右看，困惑地眨着眼睛。"你就带我来看这个？这里除了一块棉花田什么也没有。"

"并不是只有棉花，我的朋友。看得更仔细点。"曼格姆指向农田。帕克斯沿着曼格姆手指的方向看去，仔细观察一排排整齐的棉花，它们在正午的太阳下呈现出鲜艳的绿色。他正要耸肩表示不屑，却突然从眼角瞥到了一个小小的棕色的身影，大概两英尺高，从一株棉花丛下冲了出来。他转过头去看，随后看到了另一个棕色身影，接着又是一个。"这到底是怎么回事儿？"

曼格姆咧开嘴笑了。"猴子！"他宣布，"这块田里的棉花由一群受训的猴子来采摘。"

帕克斯看着曼格姆，好像他疯了一样。

"去年我从一名纽约驯兽员那里得到了二十只猴子，"曼格姆解释道，"花了好几周时间训练它们摘棉花，它们非常喜欢做这事。"

帕克斯凝视着下面的田地，他现在可以看到窜来窜去的猴子了，每一只肩膀上都背着一只白色的袋子。它们在植株间有活力地移动着，摘下棉花，放进它们的袋子里。

帕克斯摇着头。"要不是我亲眼所见，我不会相信这种事会成真的。这有的可赚吗？"

"绝对有的可赚。猴子做和人等量的工作只需要三分之一的成本。而且，它们更小心，会把棉花摘得更干净。不论晴天下雨它们都可以干活，在那些你用加州所有金子也没法让人出去干活的日子！我跟你说，我相信猴子是惠特尼发明轧棉机之后对棉花种植者来说最大的发现。"

西非一些部落的古老传说讲到，黑猩猩和大猩猩有说话的能力，但是在人的面前把它隐藏了起来，害怕人类知道了，会让它们工作。数百年前，当第一批遭遇猿猴的欧洲人听到这些传说时，他们试图消除这些灵长类动物的恐惧。"说话，然后我会给你洗礼！"波利尼亚克的红衣主教在 18 世纪早期法国的皇家花园里，对玻璃笼子里关着的一只红毛猩猩这样假意承诺道。红毛猩猩并没有上钩。

当然，这些猿猴的恐惧完全是合理的。随着 20 世纪的临近，灵长类动物在欧洲和美洲大量出现，人类打的算盘也开始显现出来。企业家开始策划方案，想象征用猿猴做劳动力将会有利可图。

猴子摘棉花

1899 年，最早的一项利用猴子劳动力的计划在美国的媒体上得到了详细报道。这是一篇古怪的报道，讲述了训练猴子在棉花田中做农业工人的尝试。摘棉花是一项缓慢而开销很大的工作——直到时间进入到 20 世纪，发明家才找到一种方法把整个过程机械化——因此用可能更廉价、动作又更快的猴子劳动力取代人类工人的点子显然很有吸引力。这份报道源自一封印在《棉花种植者期刊》上的信件。这是一份不错的行业出版物。信件来自一名未署名的记者，声称密西西比富有的种植者 W.W. 曼格姆在植物学家塞缪尔·米尔斯·特雷西的帮助下，成功地训练了一群学名为"寻常的斯帕格塔利斯"的猴子在他的田里工作。这位记者写道：

> 场面极为壮观，观看这样的景致对我的心脏特别有好处。一行行的满是猴子，每一只脖子上挂着一个棉花袋子，安静地摘着棉花，没有任何忙乱。当它们的袋子满了，它们会跑到一行的末尾，站在那里的人会把袋里的棉花倒进一个筐里，然后它们会快速返回田里继续工作。猴子实际看起来很享受摘棉花的工作。

从 21 世纪的眼光来看，人们很容易就会把这篇报道当作一桩闹剧。

毕竟，这种叫"寻常的斯帕格塔利斯"的猴子并不存在。然而，19 世纪的读者却相当认真地看待此事，尽管他们承认这种说法很不寻常。关于曼格姆的传言一路传到了新西兰，在那里《布鲁斯先驱报》指出，"要不是带有名字、日期、地点和详情，排除了欺骗的可能性，这会很难令人相信。"曼格姆和特雷西两人都是著名的人物，他们两人都未曾公开否认这一报道。所以或许他们俩确实在密西西比开展了某种猿猴劳动力的实验。尽管 1902 年《纽约时报》报道西奥多·罗斯福总统在休假时走访曼格姆的种植园时，并没有提及任何猴子劳动者。如果它们真的存在，对它们忽略不提会非常奇怪。

因此，几乎可以肯定，这篇报道是一个恶作剧。但即便如此，它为展现当时人们的态度提供了一个窗口。首先，很多人认为猴子工人是个很好的主意；第二，灵长类动物劳动力的主意，生根于一个最近才结束了人类奴隶制的地区，这并非巧合。对于过去的奴隶主来说，这个主意有着诱人的逻辑。奴隶现在获得了自由，但也许他们的位置可以由一种近似人类的物种填补，它们工作起来更有力量，而且更容易控制。

有头脑的猴子

随着 20 世纪的到来，科学家开展了第一批针对灵长类动物智能的研究，他们的报告被报纸大肆传播，煽动起了人们心中的希望，认为教猿猴服务于人类或许是个相对简单的过程。例如，自诩为"猿猴语言学家"的理查德·加纳（我们此前刚谈到过他）的工作的新消息频频从非洲传来，他宣称自己学习猴子语言和教它们人类语言的工作正在稳步推进。而在美国，1909 年 10 月 9 日，宾夕法尼亚大学的莱特纳·威特默教授开展了一项对猿猴智能的测试，得到了广泛的报道。他的实验对象是一只名叫彼得的做杂耍表演的黑猩猩，它的英国主人约瑟夫和芭芭拉·麦卡德尔宣传它是一只"有头脑的猴子"。当然，严谨地说彼得并不是一只猴子，但这个绰号还是就这样传了下来。

在一次观众爆满的欧美巡回演出中，彼得以它的表演震撼了现场观众。它表演抽烟，像一位绅士那样小口喝茶，围绕舞台滑旱冰和骑自行车，身体大幅度地倾斜。在看过表演，被深深打动之后，威特默向麦卡德尔要求把彼得带到他的实验室，让他用科学的方法测试它的能力。

威特默把测试安排在了一个大报告厅中，有超过一百名学者参加，包括心理学家埃德温·特迈尔、数学家乔治·费希尔，以及神经学家西摩·兰德勒姆。尽管汇集了如此令人肃然起敬的观众，彼得一大驾光临，就把整个现场的格调拉低了，它穿着黑布裤子，马甲套着燕尾服，头戴丝绸的帽子，脚踏旱冰鞋冲进了房间，然后围绕着大厅疯狂地滑行，身后紧跟着它尖叫不止的主人。

彼得一被逮住，现场就恢复了秩序，测试开始了。彼得动手完成了一系列挑战。它点燃了一根烟，将珠子用线穿起来，用锤子敲了一根钉子，然后将一根螺丝钉拧进了一块板子。接着是语言技能的测试。"说妈妈！"芭芭拉·麦卡德尔给它下命令，费了好大的劲哄它。彼得一直焦虑地攥着双手，但是最后它大声地咕哝道："每……每……"

那一天的高潮在最后的书写测试中到来。威特默拿起一支粉笔走向一块黑板。"彼得，我想让你做这件事。"他写下字母"W"时这样说。彼得没有注意，所以威特默重复了一遍命令："现在看这里，这是我想让你做的事。"然后又沿着刚才的字母"W"描了一遍。这回彼得注意到了威特默的动作，它听话地拿起了一支粉笔，在黑板上写下了一个歪歪斜斜的"W"。人群发出了惊叹声，紧接着是热情的鼓掌声。杂要表演是一回事儿，但写下一个字母完全是另一回事儿。这暗示着一种非常不同的，非常像人类的，类似智能的东西。

威特默向媒体讲出了彼得所做的意味着什么。"如果这只黑猩猩可以学会写一个字母，"他说，"它就可以学会在黑板上写其他字母。我相信如果要求它把特定的字母连成词，然后把这个词代表的物体展示给它看，它可以将词与物体联系在一起。"媒体热情地做出了回应。《奥克兰论坛报》宣布："猴子可以学会拼写！"

威特默被彼得深深打动，他觉得这只黑猩猩应该"受科学监护，并接受合适的教育"。然而这一宏伟计划，从未实现。彼得继续为麦卡德尔一家表演，它几个月后死了，显然是由日程安排太紧疲劳过度所致。

威廉·H.弗内斯是威特默在宾夕法尼亚大学的一位同事，他继续了猿猴方面的工作，尝试训练猿猴说话。首先他训练了一只红毛猩猩，随后是一只黑猩猩。他通过把它们的嘴唇和舌头固定在合适的位置来训练它们。例如，为了让红毛猩猩说出"Cup"这个词，他首先在它的舌头上放一把抹刀，等它用嘴吸一口气之后，迅速拿走抹刀，这会使它呼气时发出一声"卡啊啊"。接着他迅速捏紧它的上下嘴唇，将"卡啊啊"的音转变成为一串"噗噗噗噗"。

在几个月的工作之后，他得出结论，"我得说红毛猩猩比黑猩猩更具健谈的潜力。"但是它们都离背诵莎翁名句太远了。他在报告写道：当他降低自己的期望，训练黑猩猩铲煤时，结果更成功一些。

巴斯德研究院的腺体刺激和杂交实验

威特默和弗内斯的实验对公众的观念有着强有力的影响，它促使人们更加相信了猿猴可以轻易被训练得像人一样行动，而促使这一转变发生的目的，人们普遍以为，是随后使猿猴可以做人的工作。1916年，《华盛顿邮报》中刊载的分上下两部分的系列文章明确地表达了这一野心。文章作者问："训练这些游荡在非洲和亚洲森林中毫无用处的动物，去做人类最令人厌烦的工作，我们还能想出什么比这更迷人的项目呢？"在总结了最近关于灵长类动物智能的科学研究之后，记者热情地畅想了这样一个未来：猿猴们耕种玉米，给花园除草，挖矿，给轮船的火炉填充燃料，清扫街道，而人类在家中放松，有时间追寻那些更需才智的目标。

《华盛顿邮报》文章的作者尤其受到了当时在《纽约时报》中刊登的一篇建议书的吸引，建议书的作者是法国巴斯德研究院的朱尔斯·戈尔德施密特博士。戈尔德施密特向美国寻求资金支持，帮助他在非洲海岸边的一座岛上建造一间实验室，用来开展黑猩猩和大猩猩的实验。他向敏感的读者保证，活体解剖并非他计划的一部分。相反，他想象也许有可能通过人工刺激猿猴的腺体，来"调节猿猴的大脑"并由此"扩大其幼稚的颅腔，同时刺激大脑成长，使它获得极高的智能"。戈尔德施密特提出，最终可能将一只猿猴的大脑调节到一定程度，使猿猴的大脑接近发育水平较低的人的大脑。戈尔德施密特承诺他随后会将他在猿猴研究中学到的东西应用在人的身上，使他能够培育出一些天才，他们的才智将会有利于所有人类。

到了 1923 年，戈尔德施密特的腺体刺激项目没有多少进展，但他在巴斯德研究院的同事成功地在法属几内亚的金迪亚建立了一个猿猴栖息地。关于栖息地的新闻重新点燃了人们的希望——黑猩猩管家实现的那一天或许不远了。一篇由国际形象服务公司广为传播的文章报道说，这个栖息地将成为一家成熟的改造学院，"将黑猩猩改造成人类"。黑猩猩学生——一幅图画描绘了它们穿着燕尾服和条纹裤的样子——将会学习如何说话、阅读和书写。它们将会住在一个四层楼高的宿舍楼里，睡在床上，吃烹饪过的食物，在白天参加课程学习，在课后参与娱乐活动，如收听留声机或者在健身房锻炼身体等。读者们得到了保证，"一定会看到最惊人的天性所能展现的结果"。

然而，金迪亚研究站的真实情况相较之下就乏味多了。那里并没有能给笼中的猿猴上的"如何成为人类"的课程。相反，栖息地主要用来进行丛林疾病研究——只有一个明显的例外。1927 年，研究站为俄罗斯生物学家伊利亚·伊万诺夫打开了大门，他对培育一种人类和猿猴杂交的生物感兴趣。

培育人类和猿猴杂交的生物并不是什么新概念。欧洲的研究者已经把玩这个概念许多年了。早在 1905 年，巴斯德研究院就支持过胚胎学家赫尔曼·马里·博涅罗·莫恩斯，他曾尝试组织一次去非洲的探险，开展杂交实验。但是莫恩斯的计划在公众的谴责之下分崩离析。而此时，二十二年之后，巴斯德研究院再一次试图通过支持伊万诺夫尝试令"猩猩人"降生于世。而伊万诺夫从苏联政府那里很顺利地取得了这次研究的经费。

伊万诺夫和他之前的莫恩斯都主张，培育猿-人杂交种会证明进化论。或者至少，它能证明人类和猿猴之间的进化上的联系。但是还有一个更实际的原因，潜伏在这一研究方向的背后。正如 1932 年伊万诺夫的一名美国支持者豪厄尔·S. 英格兰告诉美国科学促进会的，杂交可以培育出"比现在任何人肌肉都更加强健有力的劳动者"。

与此类似，德国古生物学家古斯塔夫·施泰因曼思考了一种培育最低等的野蛮人和大猩猩之间的杂交物种的可能性，目的是创造出一种生物，可以做那些艰苦、繁重的工作。1924 年，据《匹兹堡邮报》报道："（施泰因曼）相信以这种方式，他可以创造一种生物，有大猩猩的力量和某种低等人类的智力。有一个规律，野蛮人种不乐意做繁重的劳动，但是由科学创造出来的动物将会完全按照其创造者训练它的方式来行动。"

制造超级工人的想法或许正是苏联在没多少钱可花时，仍然愿意资助伊万诺夫开展研究的原因。这些苏联领导人想象以一种真正革新性的方式，不仅从社会层面，而且从人类本身入手，人为地制造一次转变。他们不断地创造着"新苏联人"，最后将以得到一个"猿－人"杂交物种——这样古怪但却符合逻辑的终点——而结束。当猿－人杂交物种在矿井和田地中做苦工时，人类将享受到"工人天堂"无忧无虑的生活。

在金迪亚研究站安顿下来之后，伊万诺夫尝试给几只研究站中的母黑猩猩人工授精，精子来自当地一个不知名的捐献人。好在基因和他对着干，并没有黑猩猩受孕。伊万诺夫沮丧地返回家乡，希望找到一个愿意怀上"泰山"的苏联姑娘。因为他带回来了雄性红毛猩猩的精子。最后伊万诺夫还真的找到了几名志愿者，但这一回是政治与他对着干了。被怀疑内心有反革命情绪的伊万诺夫被运送到一座集中营待了五年。他被释放后很快就去世了。有传言说斯大林命令其他苏联医生继续伊万诺夫的研究，但是没有可靠的证据支持这样的怀疑。

顽固的猿猴

法国并非是在非洲建立猿猴栖息地的第一个殖民国家。1913 年，在普鲁士科学院的赞助下，德国人在位于非洲西北沿岸的西属加纳利群岛的特内里费岛上，建立了一个灵长类动物研究站。这个研究站在灵长类动物研究史上比法国建的那个栖息地重要得多。然而，因为第一次世界大战的破坏，那里的工作成果的细节过了一段时间才传到世界其他地方。

特内里费站建立时，创建者们的目标十分高远。他们想教黑猩猩学习演奏乐器、说德语、理解简单的数学和几何学。有时甚至连杂交的点子都冒了出来，德国的性学家赫尔曼·罗勒德表达了在那里开展人猿杂交研究的心愿。德国之外的很多人都怀疑这个研究站有着额外的，没有公开的任务。他们推测这是为德国间谍行动精心安排的阵线，理由是，这一地点是跨大西洋海上交通的绝佳观测点。根据这一理论，当科学家不给黑猩猩上小提琴课时，他们会忙于向德国发无线电情报，报告往来的外国船只的细节。

德国政府有可能命令特内里费的研究者身兼双重职责做间谍，但是人们从未找到确凿的文件证据支持这一点。然而计划的其他部分——音乐课、语言课，以及杂交实验——很快就半途而废了。研究站的管理任务落在了新上任的管理者身上——二十六岁的沃尔夫冈·苛勒，他决定另行开展一项针对"猿猴智力"的研究。他想知道的问题包括：黑猩猩有能力使用工具吗？他们有能力进行需要深刻理解的学习吗？很多现代的研究者会将灵长类心理学这门科学的开端追溯到苛勒的研究上。

苛勒的实验方法是给他的黑猩猩实验对象各种"获取食物"的难题。日复一日，顶着丛林炎热的太阳，汗流浃背的苛勒将香蕉或者橘子放在黑猩猩够不着的地方——挂在房顶，或者就放在它们笼子的几码外——随后在它们尝试取得食物的过程中，观察和记录它们的表现。

通常的解决办法要用到某种横向思维。例如，黑猩猩可能需要拽一根绳子来得到水果，用一根棍子把水果拨进笼子，或者把箱子堆高以够到房顶上挂着的水果。

苛勒的实验结果令那些支持猿猴有智力的人们受到了鼓舞。他发现黑猩猩没有仅仅依靠尝试和失败来解开难题。相反，它们似乎闪现出了一种对问题本质的真正了解。当一只黑猩猩刚被设下难题时，它通常会疯狂地跑来跑去，只不过最终它会停下来考虑目前的情况。比如，它可能会抓挠自己的下巴。随后会出现"啊哈"的顿悟时刻。苛勒声称他几乎可以看出这一刻到来的确切瞬间。黑猩猩会退后，它的眼睛会亮起来，然后开始着手解决问题。苛勒相信这很明显是具有人类风格的思考方式。

尽管苛勒发现黑猩猩非常聪明，可以解决各类难题，但他很快就发现它们做不了工人。主要的问题是它们任性而顽固的个性。如果它们不想做某事，没有什么能让它们改变主意。特别是，它们拒绝做任何哪怕带有一丁点劳作意味的事。

1927 年，他的书《猿猴的智力》在英国出版。书中苛勒提供了一个例子，说明了这种顽固的特性。每天在黑猩猩得到喂食之后，水果皮会在它们的笼子里扔得到处都是。通常这些烂摊子由驯养员来清理。但是有一天苛勒想：为什么不让驯养员省些功夫，让其中一只黑猩猩来清理呢？于是他给他的一只明星学生黑猩猩苏丹展示了该做什么。苛勒描述了接下来发生的事：

> （苏丹）迅速地明白了它被要求做什么，然后照做了——但是只做了两天。第三天你必须时刻提醒它继续。第四天，你必须命令它一块香蕉皮接一块香蕉皮地打扫。第五天和接下来的日子，它每做一个动作都需要人来指导下一步骤：抓住垃圾，捡起来。特内里费研究站于 1920 年关闭，但开展了类似研究的美国研究者罗伯特·耶基斯也遇到了同样顽固的猿猴。耶基斯首先在加利福尼亚州，随后在佛罗里达州开展了实验。他的黑猩猩尤里乌斯如果被要求做它不想做的事，就会把身体滚成一个球，或者开始把玩自己的脚。事实上，几乎每一个跟猿猴工作过的人都得出了同样的结论——它们是无法驯服的野生动物。它们的基因里就没有被动服从这回事儿。正如灵长类动物学家弗农·雷诺兹所说："在它们可以通过训练习得很多文明习惯的同时，还有很多不文明的本能没法通过训练去除。而后者随着猿猴日渐成熟会越来越强烈。"这也就是为什么，试图让猿猴采摘作物、在矿井中工作，或者做管家终究会徒劳无功的原因。猿猴足够聪明，知道该做什么，但是它们也足够顽固，拒绝做这些事。

机器人的崛起

在 20 世纪 20 年代之后，已经鲜少会遇到任何人正经地建议使用猿猴做体力劳动者了。这个念头在现实中转移到了幻想的领域——科幻作品。例如，《猩球》系列第四部电影《猩球征服》，探索了一个人类训练猿猴做管家和清洁工人的未来（正如电影的粉丝所知，猿猴群起反抗，人类得到了应有的报应）。

然而，猿猴工人这个想法的消失只能归因于人们已经了解到了它们喜怒无常、无法驯服的天性。

同样重要的是，人们找到了更好的东西，来满足他们渴望有既快乐又顺从的奴隶在身旁侍候着的梦想。他们找到了一种东西，乐于不知疲倦、毫无怨言地工作，乐于执行最卑微的任务，从不会抱怨，从不生闷气，甚至不会偷懒。他们找到了机器人。

"机器人"这个词，指的是机械人，在 1921 年的戏剧《罗苏姆的万能机器人》中第一次出现，这部剧的作者是捷克的剧作家卡雷尔·恰佩克。在捷克语中，"robota"这个词的含义是工作或劳工。人造人的概念普及得很快。到 20 世纪 20 年代末，企业已经在展现最早的简单机器人给着迷的公众看了。1930 年，西屋公司自豪地展出了"拉斯特斯机器人"——模仿一名非裔美国农场工人所设计的机器人。据《纽约时报》报道，拉斯特斯会"拖地，开关灯，站起身，坐下，说话"，这一切都可以通过按动一个按键实现。当有这样乐于服务的仆人可以用时，干吗还要费劲和爱吵闹的猿猴过不去呢？

当然，任何奴隶的问题——不管是人类、猿猴还是机器人——都在于奴隶的主人永远没法摆脱有一天他听话的工人会起身反抗的噩梦。随着机器佣人的设想正在稳步向着成为现实发展，机器人反抗成了大众文化中越来越常见的主题，在诸如《黑客帝国》和《终结者》等好莱坞大片中被鲜明地刻画。

如果机器有一天真的反客为主，就别指望我们的灵长类"弟兄"为我们洒什么热泪了。就我们对待它们的历史来看，它们大概会很乐意看到我们下台，还会张开双臂欢迎它们的机器人新主子到来。

让猿猴打架的人

1967 年——西非，几内亚。

一群黑猩猩迅速安静地穿过非洲大草原，沿着一条被压实的小道前行，小道在柿树和金合欢树丛间迂回着向前延伸。

它们四脚着地前进，经常停下来直立身体，扫视前方。这群黑猩猩包括十只雌性，身上紧贴着幼崽。几只年纪大些的幼崽用自己的步子紧跟在后面。一只大个儿的雄性在领路，它肌肉发达的背上有几道灰毛。

黑猩猩们抵达了一块由树围起来的空地，停了下来。随后，它们左看右看，小心地一个接着一个鱼贯而出。突然间，周围出现了躁动的声音——草丛间发出窸窣的响声。它们都看向声音发出的方向，受惊地僵在原地。不知怎的，虽然它们如此警觉，却仍然没有注意到眼前的危险。在空地另一边，一只大个儿的金钱豹四肢伸展着趴在地面上，晒着下午炎热的太阳。在它的两只前爪间，捧着一只已经死去的黑猩猩幼崽。

猩猩群受惊的状态只持续了一秒，大草原上的安静就突然间被打破，猩猩群瞬间一片混乱，所有的黑猩猩同时尖叫着向后跳。下一刻，它们疯狂地四下疾走，寻找武器。有些抓起了地上的树枝。其他黑猩猩从附近的树上掰下像棍棒一样长的六英尺的树枝，在头顶挥舞着。它们仍然尖叫着，经常停下来用双手和双脚敲击地面，形成了一个半圆，离豹子二十英尺远。

面对这场骚乱，豹子似乎奇怪地不为所动。它左右摇晃着脑袋，除了来回甩动着的尾巴，身体的其他部位都纹丝不动，好像不情愿离开它将要享用的美食一样。

黑猩猩群现在开始攻击了。它们狂野地号叫着，轮流冲向豹子。它们凑近到离豹子几码远的地方，然后退回到安全的猩猩群中，反复地互相碰手以使彼此安心。一只黑猩猩将一棵小树连根拔起，像挥鞭子一样挥舞着小树。其他黑猩猩向豹子丢树枝和石头。这些武器砸中目标时发出啪啪的声音，听起来还挺疼的。

奇怪的是，尽管树枝现在已经在豹子背上堆了起来，它仍然继续安静地卧在那里，没有发出任何声音。唯一可以证明豹子注意到黑猩猩迹象的，是它不断晃动的脑袋和甩来甩去的尾巴。

看到豹子没什么反应，黑猩猩群感到困惑，它们靠豹子更近了。攻击变得更频繁。投掷的树枝和石头也更多。

最后，一只大个头的雄性黑猩猩爬到了离豹子只有几英尺的地方。它小心地观察着豹子有没有任何移动的迹象，然后冲向前，抓住了这只"大猫"的尾巴，穿过空地拖着豹子一路向后退。豹子就这样没有抵抗地被拖走了。拖了三十英尺之后，它的头掉了下来，但黑猩猩仍然继续拖拽，直到把它拽进了树木下方的草丛里。

其他黑猩猩围在头颅周围，低头恐惧地盯着豹子看。头颅上根本没有血迹。它看起来好像还活着一样，用大睁的、一眨不眨的眼睛瞅着它们。一只黑猩猩凶猛地号叫着，举起一根大树杈，狠狠地打在这只罪犯的头上。它的同伙也加入了攻击。时间一分钟接一分钟地过去，它们一直抽打着豹子的头颅，尖叫着，怒吼着，不断把它们的愤怒发泄在它头上，甚至直到它的眼睛已经掉下来，接缝处已经被撕开也没有停歇，这时地上除了一堆填料散落在那里之外，已经什么也不剩了。

在20世纪30年代，荷兰鹿特丹市有一名十几岁的少年阿德里安·科特朗茨经常会骑上自己的自行车，前往莱克凯尔克郊区的自然公园。他会在那里花上数个小时，观察并拍摄那里的一群鸬鹚——一种长得略像鹈鹕的鸟类。他看它们筑巢，潜入水中捉鱼，尤其喜欢观察雏鸟在第一次飞行时笨拙地拍打翅膀的样子，或者通过寻找水上的物体（木头、稻草、线绳、纸张）学习如何捕猎食物。鸟类观察非常适合他喜欢独处的脾气，因为当他在动物周围时，他感到心平气和。相反，人却常常令他生气。

高中毕业后，科特朗茨去乌得勒支大学学习心理学和地质学，但他继续观察鸟类。1939 年春季，他回到那片栖息地，在那里建了一个十二米高的塔，他可以不被发觉地坐在靠近鸟类的地方，距离近到他能够听到鸟类交配时雌鸟轻柔的叫声。科特朗茨一个人在塔上度过了五个月。他在那里吃、睡，日志上密密麻麻地记录着鸬鹚的活动。还安排人通过一根缆绳把食物送上来。

科特朗茨对鸟类观察的热情，以及他注意细节的敏锐的双眼，引起了尼古拉斯·廷伯根的注意，廷伯根是一位颇具魅力的荷兰生物学家、鸟类学者，也是动物行为学的先驱。动物行为学是一门对动物行为模式进行科学研究的学科。两个人建立起了通信联系，廷伯根试图将这位情绪化但却极为聪明的年轻人拉到他身边的学生和同事中间。一开始，科特朗茨回应了廷伯根的提议。他拜访了廷伯根几次，但是很快，他喜欢独处的个性占了上风。他觉得廷伯根的研究团队关系太亲密了，抱怨那里像是足球俱乐部一样。他也讨厌听从这位年长者的领导。那时，科特朗茨已经决定把动物行为学当成自己的职业了，只是他决心按照自己的想法去做。

两个人之间的关系渐渐恶化，事实上，两人的关系变成了严酷的竞争——一种个性上的冲突。时至今日，这仍是荷兰科学家圈子里的传奇。科特朗茨和廷伯根争论所有的事，从最小的事（研究海鸥更好还是研究鸬鹚更好）到深刻的问题（人类心理学和动物行为学研究之间适当的交叉程度）。说实话，大多数的芥蒂都源自科特朗茨的行为，因为他在报刊上对廷伯根发表刻薄的评论，似乎是有意挑战这位资深科学家的权威，廷伯根以日益无视这名年轻傲慢的研究者作为回应。

1941 年，这种对抗达到了顶点，廷伯根和他的一名研究生杰勒德·巴伦茨宣布他们发现了动物行为的一个重要的组织原则。他们主张，动物的本能形成了一种金字塔式的结构，由很多的低级本能组成的基础，支持着少数高级本能。当科特朗茨读到这个，他满心愤怒。那是他的理论！或者至少他是这样坚称的。他们的结论其实是基于一项针对掘土蜂的研究得出的，并不是科特朗茨研究的鸟类。但是他坚称他在几年前已经得出了类似的发现，还质问为什么廷伯根和巴伦茨没有感谢他的工作。

科特朗茨向廷伯根和巴伦茨抱怨此事，却没收到任何回应。其实这是有原因的。由于廷伯根口头上支持犹太同行，纳粹把他送进了一所集中营。所以，科特朗茨暂且把这个问题搁置了，但是他并没有忘记此事。相反，他一直怀恨在心。战后，他在一个会议中找到廷伯根，要求他做出回答。廷伯根没有理睬他，说他实在没力气讨论这个话题。

如果科特朗茨能放过这个问题，他的人生或许会大不一样。廷伯根在荷兰特别受欢迎，由于勇敢地反对纳粹，他被看作是整个国家的英雄。选他当敌人实在不明智，但是这并没有阻挡科特朗茨。他继续抱怨此事，而廷伯根继续无视他。

学术界都站在廷伯根一边。科特朗茨对抗的做法令他的科学家同行感到不适。当他参加会议时，他们在他背后窃窃私语：这个人一肚子火气！当心他点儿！科特朗茨发现由于自己不能表现友善，他在自己的职业领域被渐渐边缘化了。

随后，在20世纪50年代中期的某一天，科特朗茨在阿姆斯特丹动物园里闲逛时，他的目光落在了一群黑猩猩身上，他被迷住了。看着黑猩猩们在围场里乱转，这种感觉就如同他在通过一台时光机注视着人类早期的祖先。他心中想象着一群黑猩猩自由地穿过寂静多雾的非洲丛林的样子。这个环境几乎是他能想到的距离荷兰学术界政治最远的地方了，科特朗茨当即就意识到，那就是他想去的地方。

从鸬鹚转到黑猩猩，这意味着他的职业生涯的一个重大转变，但科特朗茨无法摆脱这个念头。他开始研读灵长类动物的行为，询问别人在野生环境中观察猿猴的最佳地点。最终，他下了决心，离开荷兰封闭的环境，前往广阔的非洲丛林研究黑猩猩！

拿野外黑猩猩做的实验

1960 年 4 月，四十二岁的科特朗茨抵达了刚果东部，准备好开始他职业生涯的新篇章了。他从事的项目是开创性的。"猿猴语言学家"理查德·加纳在 19 世纪末曾经尝试研究野生猿猴，但是他的方法被认为是奇怪且不科学的。从那以后，没人开展过针对猿猴的系统性实地研究。一部分问题在于前往非洲开销很大。如果一位研究者想要研究黑猩猩或者大猩猩，在实验室或者动物园里观察笼中的动物要省钱得多。所以由于飞机票降价而得以实现的科特朗茨的探险是一个大胆的新计划。事实上，它代表了现代灵长类动物学实地研究的开端。

科特朗茨的基地建在一片香蕉和木瓜田里，经常有当地野生的黑猩猩从丛林中来此觅食。他建了一座伪装好的藏身处，他可以在那里偷看猿猴，不被它们发现。他同时在八十英尺高的树上安设了一个空中瞭望台，使他得以俯瞰整个地区。然后他就等着黑猩猩出现了。

他通常需要等几个小时，在看到它们之前，会先听到它们的声音——成年雄性的叫声从丛林中响起。最终，一张脸会出现，在空地边缘的树丛间向外瞥。黑色的双眼会当心地左看右看，确保一切都是安全的。随后一只黑猩猩会走出来，就好像从树丛中显形了一样。然后一个接着一个，更多黑猩猩跟着出现。当整个猩猩群重新集结以后，它们会高兴地跑动、玩耍，互相追逐，用双脚蹬地，从树上拽下水果。科特朗茨一个人缩在他的藏身处，把他看到的一切记到笔记上。

这种隐蔽观察并非全无危险。科特朗茨谈到，有一次，就在他坚守在空中瞭望台上时，一场暴风雨来袭，风开始剧烈地前后摇晃他。地平线上出现了闪电。尽管有被电死的危险，科特朗茨仍然待在了原地，不愿意让猿猴看出他在那里。他想如果他死了，至少他不会毁了自己的研究。

科特朗茨不满足于被动观察黑猩猩，他很快决定将森林转变成巨大的实验室，他则在此中开展实验。他将这些实验描述为他"拿野外黑猩猩做的实验"，一位学术审稿人后来将其称为"古怪的野外实验"。

　　科特朗茨开始了他的实验，他暗中在丛林中放置实验物品，记录碰到这些物品的黑猩猩的反应。例如，为了弄清黑猩猩的饮食习惯，他放置了很多食物样品，诸如鸡蛋、杧果、葡萄柚、菠萝等。他观察到黑猩猩小心地避开了不熟悉的食物。从这一点，他得出结论：黑猩猩是挑剔的食客，它们的食物选择是基于自己所知道的，而非本能或气味。

　　一个更令人毛骨悚然的实验涉及把死去的、无意识的，或者模型动物放到丛林中。他做这个实验的灵感来自一项1946年的研究，这项研究由佛罗里达州耶基斯灵长类研究中心的唐纳德·赫布开展。赫布发现看到"不动的、伤残的或被肢解的躯体"会引起黑猩猩强烈的，似乎先天的恐惧反应。就连黏土做成的人类或黑猩猩头部的模型也会让它们陷入恐慌。这些反应令赫布感到，与除人类之外的其他物种不同，黑猩猩理解生和死之间的区别。

　　为了重现赫布的结果，科特朗茨在丛林里放置了一系列物体，包括一只模型松鼠、一只填充老鼠、一只死鸟、一只被麻醉的黑山羊，以及一只同样被麻醉的白眉猴。这些看起来已经死了的哺乳动物绝对吓到了黑猩猩，事实上，它们比遭遇真正的威胁——比如巨大的蜘蛛——还要害怕，但是最令它们害怕的是绘制得栩栩如生的黑猩猩头被放在一块硬纸板上的画作。黑猩猩群从远处恐惧地盯着它看，就像看到了什么可怕的幽灵一样。最后，他们远远地绕开了。

野生黑猩猩的武装战斗技巧

　　在科特朗茨观察黑猩猩时，他经常会惊讶于黑猩猩看起来那么像人类。但是真正令他感兴趣的问题是：为什么黑猩猩没有更像人类一些？为什么，当人类和黑猩猩的血统在五百到八百万年前分开时，黑猩猩没有走一条近似人类的进化路径？为什么我们的祖先开始建造城市和帝国时，它们的祖先却仍然继续在丛林中寻找水果？最终科特朗茨想出了一个答案——"去人类化假说"。

　　科特朗茨提出的是一种基于地理的理论。他提出人类是在开阔的非洲大草原上进化的。这一环境有利于双腿直立行走，以越过高草观察周围，同时因为缺乏现成的水果，也有利于攻击性的猎食行为的发展以及武器的使用。然而黑猩猩在丛林中进化，在那里，素食的生活方式更合理，使用武器也不太实际，因为挥舞棍棒或者抛出长矛很难避免打到树上。

科特朗茨想象数百万年前的某一刻，现代黑猩猩和现代人类的祖先可能曾经一起生活在非洲大草原上。就在那时候，那些原始的黑猩猩还有很多类人的特点，如今仍然可以在它们的后代身上看到。然而——这是他的假说的关键部分——当早期人类学会使用长矛，他们把黑猩猩赶回了丛林中。困在那里的黑猩猩便失去了它们在非洲大草原上学到的技能。"在丛林中，"科特朗茨写道，"那些猿猴行为中类人的元素在很大程度上逐渐消失了。"黑猩猩就这样"去人类化"了。

这是个有趣的观点，但科特朗茨需要一种方法来证明它。他推测如果自己是对的，那么森林和草原上的黑猩猩应该以不同的方式战斗。两者都应该本能地学会使用武器，但是草原黑猩猩会重新学到它们古代祖先的技巧，应该会比森林中生活的同类更善于使用武器。可问题在于，怎样才能观察到黑猩猩战斗的行为？得想出什么办法挑起它们战斗。科特朗茨就如何做到这件事思考了好久，随后，在灵感乍现的一瞬间，他想到了解决方法——用上一只填充豹子！

科特朗茨想象的实验，是让黑猩猩面对一只真实大小的，豹子的电子模型，双爪间抓着一只黑猩猩幼崽的玩偶。由于豹子是黑猩猩最主要的天敌，他希望看到一只豹子激起它们战斗的本能。这种概念非常有创意，但它同时也很有意思地适当展现了科特朗茨的个性。远离了荷兰学术界的辩论和争吵，他现在又计划着在他身边的这群新的灵长类动物中挑起战斗了。

科特朗茨从黑豹雪茄公司得到了他们捐赠的一只大个儿的豹子填充玩具，并把它运到了刚果。随后，他把这只豹子玩具放到了一块空地的边缘，就在黑猩猩群觅食时经常会经过的一条小道边。模型被放在一个滑车上，这样，当黑猩猩接近时，就可以快速把它拉出草丛。它体内安装的一台雨刮器电机也可以带动它的头和尾巴，让它看起来更像活的。虽然它就像某种在迪士尼乐园的经典项目丛林探险中会遇到的东西一样，但是它的逼真程度已足以蒙骗黑猩猩了。科特朗茨藏在空地上方四十英尺的一座树屋里，操纵着这只豹子。和他在一起的还有一位摄影师，他将会把整个场面录进胶卷。

两个人等待着。终于，一群黑猩猩逛进了空地。科特朗茨拽动绳子，豹子模型从藏身之处滑了出来。他描述了接下来发生的事：

> 首先有一阵死寂。接着一切都炸开了锅，现场一片沸沸扬扬的呐喊和号叫声，大多数猿猴走上前开始攻击豹子……有些攻击者是徒手的，其他一些攻击者在跑向豹子时或者经过豹子身边之后折断了小树，攻击时挥舞着大树枝或折断的树干，还有的将这样原始的武器向着敌人的大致方向丢去。它们双手砸地或双脚踩地，它们对树干拳打脚踢，拿柔软的仍然连着根的树，当成鞭子，从很近的地方打向它们的敌人。它们还爬到树上，剧烈地摇晃树，以至于有一次它们折断了一棵六米高的番木瓜树，和上面的猿猴一起摔落到了地面上。

科特朗茨后来夸口说这个场面是他"在动物行为领域所见过的最大型的表演"。黑猩猩群大概花了半个小时尖叫着跑来跑去，然后才发现豹子不是真的。一经发现，它们小心地戳它，闻它的气味。其中一只在它面前坐了下来，不屑一顾地背朝着这只奇怪的"动物"吃了一根香蕉。最终，黑猩猩群对这只没有反应的豹子失去了兴趣，逛回了丛林。它们途中又回来了一次，确保这只"动物"仍是死的，随后终于离开了此地。

尽管这些尖叫和戏剧性的场面很惊人，但重要的一点是黑猩猩如何使用武器。科特朗茨观察到它们肯定是挥舞树枝、树权了，但正如他此前预料到的，它们使用武器时极为笨拙，所投出的树枝没有一根是打中豹子的。科特朗茨又完成了五次针对丛林黑猩猩的实验，总是得到相似的结果。

下一步是用草原黑猩猩重复这一实验。

这些草原黑猩猩更加难觅踪影，因为生活在草原地区的人类，常常把这些猿猴赶回到丛林中（同样，这正如去人类化假说预见到的一样）。但 1967 年，科特朗茨找到了一群野生草原黑猩猩。它们生活在几内亚的一片区域，当地人的宗教禁止猎杀它们。他安排进行了一次远征，来重复这一实验。

这次的实验结果与上一次实验结果的区别极为明显。正如丛林黑猩猩，草原猿猴一看到这只假豹子，立刻捡起树枝，当作武器挥舞起来，但是它们接下来所做的展现出了更高的技能和组织能力。它们围绕豹子组成了一个半圆形，然后一个接一个地，轮流攻击它，向它丢树枝——投得极准。科特朗茨事后根据现场的录像进行了计算，估计它们投掷武器的速度超过了六十英里每小时。最终一只草原猿猴冲向前，抓住了豹子的尾巴，把它拖进了草丛，使它的头掉了下来。整群草原猿猴都恐惧地盯着没有了身体的脑袋，随后它们开始狂暴地揍它。当太阳开始落山时，它们才平静下来，溜进了黑暗之中。

科特朗茨觉得这一实验很明确地肯定了他的去人类化假说。丛林和草原黑猩猩显然表现出了不同水平的武器运用能力。在那一年的十一月，他得意扬扬地在斯德哥尔摩的一场会议中播放了实验的录像。参会者无言地观看着狂怒的猿猴将填充豹子摔打得七零八落。这之前从未有人看到过类似的东西。这段录像在全球成了头条。

然而，对科特朗茨来说不幸的是，人们随后并没有接受他的假说。对立学者承认他的理论很有趣，录像非常激烈刺激，但他们质疑黑猩猩类人的特点是否无法用其他方式解释。

当然这些特点也可以在丛林中进化出来。而且一只填充豹子到底又能说明什么呢？黑猩猩会用同样的方式攻击一只真正的豹子吗？

球中的豹子

去人类化假说没有吸引更广泛的关注，部分原因当然在于科特朗茨本人。他的社交技巧在丛林中度过的这些年里毫无进展，而他具有攻击性的性格，经常被解读为傲慢自大，令他在科学界结交盟友的尝试落空。正如他的同行让·范胡佛婉转道出的那样："科特朗茨一向是一位个人主义者，有着明显好批评和好挑衅的姿态，有时这会阻碍人们接受他的观念和它们的价值。"

科特朗茨没有让自己因冷漠的回应而气馁。相反，他把它当成了一个挑战。如果只有一场真豹子和黑猩猩群的战斗才能令科学界相信他的理论，那他将给科学界一场战斗——几年后他想出了一种方法来实现此事。

1974 年，科特朗茨将一头驯服的豹子从荷兰运往几内亚。一到那里，他就将豹子放在了他称为"豹子投放工事"的装置里，这是个由金属丝网构成的球体，他训练豹子在里面"滚走"。他的计划是从山顶上投放豹子。随后它将会滚下山，滚向黑猩猩，如果一切按计划进行，黑猩猩会攻击豹子。科特朗茨希望金属丝网能保护豹子，不然的话豹子会毫无防御能力。

这将会是令人着迷的景象，会生成惊人的录像，但是不幸的是，实验还没开始就结束了。一场毁灭性的灌丛火烧过了他的营地，毁掉了他的大部分设备。所以，全世界没法知道草原黑猩猩看到了一只活的豹子在金属丝网球里滚下山，向它们冲过去会作何反应了。

这个挫折毫无疑问令科特朗茨十分沮丧。雪上加霜的是，新闻里他的老对头廷伯根前一年还被授予了诺贝尔奖。奖项在很大程度上正是为了嘉奖那个科特朗茨仍然认为应属于他的理论而颁发的。

挥动荆棘的孤独守卫

尽管科特朗茨仍然觉得他没有从科学界得到应有的承认，但他还是继续着他的战斗，想象着能证明其理论的新的野外实验。例如，他的批评者质疑早期的原始人是如何抵御诸如狮子之类的猎食动物而在草原上生存下来的。一开始，这难住了科特朗茨。早期的人类祖先，在学会使用长矛之前，肯定是轻易能被狮子战胜的猎物。当徒步穿越肯尼亚的草原时，他想到了答案。他注意到带刺的金合欢灌木遍布草原。他折断一根长着尖刺的树枝，想象着早期原始人用树枝当作防御的武器，像挥鞭一样挥舞着树枝来赶走猎食动物。

　　显然，这需要另一个实验来证明。一开始，他想象穿戴上一身金属制成的套装，拿自己当诱饵，用利刺赶走狮子。但他很快就认定，身穿铁甲的科学家在草原上阔步前行的画面肯定会吓走狮子。于是，他转而使用自己最喜欢的技术设备——雨刮器电机，造了一个装置，就像微型的直升机螺旋桨一样，桨片上附上了带刺的树枝。他安全地坐在车里，通过按键使树枝转起来，打在任何想靠近的猎食动物的脸上。

　　1978 年 10 月，在以《生来自由》出名的乔治·亚当森[1] 的地盘上，他在一盘诱人的生牛排上立起了他的荆棘甩动器。很快，狮群来了，谨慎地围着肉站着。在将近一个小时的时间里，这个装置一直守护着食物——这孤独的守卫挥舞着它多刺的树枝，打向任何敢于接近的动物。如果科特朗茨曾刻意制造一台像他自己一样的机器，或许能干得更漂亮些。最终，一头狮子鼓起勇气，匍匐前行，然后探身去抓那块肉。啪！一根带刺的树枝正中它的鼻子。狮子惊慌地向后一跳，整个狮群四散躲进了草丛中。

　　科特朗茨又一次骄傲地将实验的录像放给他的同行看。让·范胡佛评价说，这古怪的影片在每个观众的脑海中都留下了深刻的印象。但是根据至今已经习惯了的模式，科学界弥漫着不愿意重视科特朗茨的情绪。他的实验只是有点儿太奇怪了，而他的个性也只不过有点儿太伤人感情了。

---

①《生来自由》：1966 年的英国电影，讲述乔伊和乔治·亚当森夫妇在非洲养育一只幼狮，等到幼狮长大，又把它放归肯尼亚野外的故事。

行为生物学界见不得光的秘密

　　将科特朗茨的职业生涯和珍·古道尔的相比较会很有意思，后者在大约同样的时期开展了类似的研究，但很快从科学界得到了更多的称赞和尊敬。1960 年，就在科特朗茨于刚果的工作进行了三个月后，古道尔抵达坦桑尼亚，在贡贝国家公园启动了一项对野生黑猩猩的研究。尽管古道尔和科特朗茨都以研究野生黑猩猩为目标，他们的研究方式却有着巨大差异。科特朗茨躲藏起来，不让黑猩猩看到自己，用可怕的物品惊吓它们，还引诱它们进行战斗。而相比之下，古道尔试图获取黑猩猩的信任和接受。她没有躲开这些猿猴，而是大方地接近它们。首先她一段距离之外坐下，被动地观察它们，使它们习惯她在场。渐渐地，她逐渐靠近野生黑猩猩。几周以后，她就坐在它们身边了，可以近距离地自然观察灵长类动物的行为。

　　如果给出这样的选项——一个是有魅力的年轻女性平静地与猿猴互动的诗意场面，另一个是科特朗茨制造的黑猩猩与豹子战斗的超现实画面，公众更偏爱前者也无足为奇。古道尔成了一名国际科学名人，她因为一系列讲述她工作的《国家地理》纪录片而名声大噪。

　　科特朗茨仍然籍籍无名，一被拿来和古道尔比较，就火冒三丈，对所有愿意聆听的人抱怨说她的工作缺乏科学上的严谨性。

　　在他余下的职业生涯中，他一味地任自己的不满加剧。最终，2004年，在他八十六岁时，科特朗茨组织了一场新闻发布会来发泄自己的愤怒。他吸引记者聚集到自己在阿姆斯特丹的小公寓里，承诺会揭示"一个科学谜题的结局"。记者们发现，这个谜题指的是他为什么从来没有得到他认为应当归他所有的名誉和奖项。

　　有两个原因促使他找到了媒体。首先，那一年他曾提出请求，在格罗宁根市举行的行为生物学欧洲大会上发言，但大会主席拒绝了他，显然是害怕他会利用这次机会指责廷伯根，而且廷伯根当时已经去世，已无法为自己辩护。科特朗茨想要对这个不公平的拒绝提出抗议。他坚称自己只不过想要对科学界做一段告别的演讲。其次，他预计的三册自传系列已经写完了第一册，但他找不到出版社。这件事同样让他觉得，这是针对他的阴谋的又一个证据。

记者们耐心地坐在他的客厅里，聆听着他罗列他遭到冒犯和侮辱的流水账。《人民报》的记者写到，外面在下暴雨，但轰鸣的雷声也没法与这位老人内心的怒火相比。"我是行为生物学界见不得光的秘密。"某一刻科特朗茨大喊道。

科特朗茨五年后去世，享年九十一岁。他直到最后都忙于写自己的回忆录，相信这终会澄清真相。也许他想象着每一行文字都像长满棘刺的金合欢树枝一样，对他所有的敌人予以狠狠的报复。

缺失的猴子高潮之谜

1937 年 6 月——美国佛罗里达州，橙园市，耶鲁灵长类生物学实验室。

一扇金属网隔离墙升起时，伴随着响亮的金属碰撞声，两个相邻的笼子间打开了一条通道。其中一只笼子里关着一只大个儿的雄性黑猩猩，名叫博卡。它好奇地将头探出那扇刚打开的门，四处张望着。博卡的目光落在了另一个笼子里关着的动物身上，那是一只名叫温蒂的成熟雌性黑猩猩，它趴在靠墙的笼壁上。博卡兴奋地大叫着，用手拍打着地面。温蒂以一声低沉的咕哝声回应，然后腼腆地看向了别处。

博卡向温蒂打手势：来这边！温蒂很感兴趣地看着他，但是并没有移动，于是博卡又打了一遍手势，碰了碰它的生殖器表明了自己的目的。这一回，温蒂积极地做出了回应。它从笼壁上爬了下来，走向博卡，然后躺在了地板上，做出顺从的姿态。博卡欣赏地靠近，吸了吸鼻子。

在笼外，两名研究者：一个男人和一个女人都穿着白色的实验室工作服，观察着黑猩猩的行为。男人小声对女人说："我们在这张交配行为的标准化计分表上记录下发生的一切。比如，温蒂刚刚在地板上躺下来了。这被认为是'低姿态'，是性接受的标志。所以我们把这一格勾选上。"

女人点头表示理解，男性科学家继续说："啊，博卡正在勃起。我们在这里打勾。马上就要开始交配了。你会发现，黑猩猩的交配动作很迅速。通常持续不到两三分钟。现在我们需要数一下抽插的次数。"

几秒钟过去了。"你数到多少次？"

"十四次。"女人回答。

"很好。我也是。射精呢？"

"有。"

"我们勾选这里。"

"雌性呢？"女人问道。

男人困惑地看着她。"什么意思？"

女人有点儿脸红。"我该记录雌性是否有高潮吗？"

有那么一会儿，男人看起来很迷惑。然后他嘲弄地哼了一声。"这是个奇怪的问题。说实话，我从没看见过这回事儿，但这显然与我们的研究并不相关。"

女人瞥向地面。"很抱歉。我并不是想质疑实验计划。"

"没关系。只要依照计分表来做你就能做好。"

男人的注意力转回到黑猩猩身上。"啊我看到博卡又开始了。现在仔细观察，请数一下它抽插的次数。"

20世纪早期，心理学家约翰·沃森沮丧地提到了足够莽撞地想要研究人类性行为的人面对的困难。尽管这一主题被广泛地认为极为重要，但任何无畏的研究者，一旦决定着手这个问题，就必须应付社会禁忌、个人攻击，以及可能过分拘谨或者完全不说实话的人类实验对象。其结果是，大多数科学家都绕开了这一主题。

这一问题的解决方法，不过是让研究者脸皮更厚一些，即使面对批评者震惊的疾呼，也仍然继续研究。性科学先驱——沃森、阿尔弗雷德·金西、弗吉尼娅·约翰逊以及威廉·马斯特斯都采取了这一方法。

然而，还有一种可能的解决方法，一种更微妙和间接的方法。也就是研究灵长类动物的性行为，然后从它们推导到我们身上。这一方法的支持者指出，这将比直接研究人类，有更多的好处。首先，灵长类动物是直截了当的动物。不像人类，它们不会就性生活说谎。其次，猿和猴似乎没有人类身上的文化负担。它们就像更简化版本的我们：当文明在本能冲动上添加了一层压抑和恐惧之前，我们的远古祖先，原始人类原本的样子。

因此，通过研究灵长类动物，也许有可能深入窥探人类行为背后的原始根源。最后，研究者可以用灵长类动物做那些，出于伦理原因不能在人身上做的实验。所以在 20 世纪上半叶，有少数研究者将好奇的眼光转向了灵长类动物的交配上。

一开始，一切按照计划进行。灵长类动物和人类之间的相关性似乎比较直接。但是，随后科学研究中常出现的情况发生了，复杂性开始显现。

这得益于生物学原理，雄性灵长类动物的性需求很容易测量和记录。然而，雌性的回应，却难以捉摸。特别是一名人类研究者如何能知道雌性灵长类动物有没有性高潮呢？对人类男性来说，知道人类女性高潮这回事儿都够难的了，更别提了解灵长类动物了。研究者不能问它们，那他们能寻找什么样的外部迹象呢？最终，这种怀疑被表达了出来：雌性灵长类动物有高潮这回事儿吗？并引发了灵长类动物学中一个特别有趣的争议——关于缺失的猴子高潮的论争。

蒙提西托的猴子

对灵长类性方面的研究开始于 1908 年，当时心理学家吉尔伯特·范塔塞尔·汉密尔顿从寒冷的波士顿，搬到了位于南加利福尼亚州圣芭芭拉市的一个阳光明媚的地方——蒙提西托。他得到了做麦考密克·麦考密克私人医生的舒适职位。麦考密克是塞勒斯·麦考密克（麦考密克收割机公司创立者）的财产继承人。麦考密克有一些相当花哨的心理问题，包括躁狂抑郁、暴怒、在妻子面前性无能，以及公共场合自慰强迫症。甚至麦考密克还拿穿戴皮革裤套，试图阻止自己寻求自我快感的冲动。

在洛斯帕德雷斯森林边缘，那个有橡树环绕着的田园诗风光的蒙提西托，麦考密克的症状有所好转。这令汉密尔顿可以有自由的时间开展自己的研究。尽管汉密尔顿答应做麦考密克的私人医生，但他并不想完全抛弃他的学术生涯。他渴望继续发展自己在变态性行为心理学方面的兴趣。可问题在于，如何在南加州的乡间，在手头只有一个患者的情况下开展这项研究。

汉密尔顿想到，猴子也许能解决他的问题。南加州温和的气候会是养一群猴子的理想地点，通过研究它们的性倾向，或许会在人类异常行为的生物学起源方面获得有价值的见解。

汉密尔顿将他的想法拿出来与麦考密克一家讨论。汉密尔顿向他们指出，这样的研究大概可以帮助解释麦考密克的病症。很快，汉密尔顿说服了他们，以进口二十六只猕猴和两只狒狒供自己使用。这些动物被放进一个大院子里。在那里，它们可以奔跑、玩耍和交配。就这样，他成了灵长类动物性行为研究的开拓者，对这个主题，人们此前几乎一无所知。

汉密尔顿非常满意地发现，这些猴子提供了大量异常行为的案例。比如，汉密尔顿观察到，每当有狗进入院子时，一只名叫莫得的母猴就会兴奋地连声呲嘴，并产生性冲动。可莫得很不幸，它的靠近被狗解读成了威胁，使自己被咬了胳膊。在那之后，所有的猴子都会小心避开这条狗了。

受到这种跨物种性欲表现的吸引，汉密尔顿设计了一个实验，测试这种倾向能拓展到多远的范围。也就是说，一只猴子主动表现出想与之性交的物种能有多少？他将一只大个儿的公猴乔科放进一个笼子里，然后给它提供了一系列不同的动物——首先是一条牛蛇，随后是一只小猫、一只小狗，最后是一只狐狸。汉密尔顿愉快地报告说："在查看了它们的生殖器之后，乔科试图和每一只动物进行交配。"

为了麦考密克，汉密尔顿特别注意地观察了这些猴子的自慰习惯，但令他惊讶的是，它们几乎没有展现出这种行为。只有乔科（那只爱跟动物交配的猴子）从事那样的消遣，而且也仅在它被长期关起来时发生。汉密尔顿开始怀疑，相比普通的猴子，乔科可能有些不正常，但是不管怎么回事儿，这都让汉密尔顿无法解释麦考密克病症的生物学根源。可怜的麦考密克似乎是某种进化的例外。

至于母猴有没有高潮，汉密尔顿从未提及这一论题。或许，他从未想到过这个问题吧。

1917 年，在麦考密克突然旧病复发之后，汉密尔顿用猴群开展的工作意外地结束了。麦考密克一家把病情的发展怪在汉密尔顿头上。也许他们也厌倦了和一群淫乱的猴子生活在一起。不管理由是什么，麦考密克一家解雇了他。汉密尔顿无疑因为失去猴群而感到沮丧，于是他搬回美国东海岸，参军去了。

猴子农场中的实验性交配

汉密尔顿与麦考密克家族闹翻的结果是，灵长类性研究停滞了好几年，但最终得益于汉密尔顿之前的一位同事罗伯特·耶基斯（我们之前曾经短暂地谈到过他，他那顽固的黑猩猩尤里乌斯不肯听他的话）的工作，这项研究继续发展了下去。

1915 年，耶基斯花了半年时间和汉密尔顿一起待在蒙提西托。这段经历使他产生了在美国建立一座全面的灵长类动物实验室的想法。在整个 20 世纪 20 年代，他都在寻找着实现这个主意的办法。最终，1930 年，在洛克菲勒基金的资金支持下，耶基斯在佛罗里达州橙园市建立了耶鲁大学灵长类动物实验站。

当地居民称它为猴子农场。在它启用时，里面装了十七只黑猩猩和十六只其他猿猴。这座设施现在仍然存在，虽已迁至佐治亚州，并改名为："耶基斯国家灵长类动物研究中心"，但那仍然是全世界顶尖的灵长类动物实验室之一。

与汉密尔顿不同的是，耶基斯并没有对异常行为特别感兴趣，相反，他恰恰想要识别出正常行为。这是他科学管理社会的宏大计划的一部分。他计划用实验室的黑猩猩作为人类的替身，从它们身上慢慢收集知识，随后应用于对人类的合理组织上。而性方面的研究，只是他计划的一部分——他承诺，从黑猩猩身上，会源源不断地汲取能广泛改善教育、医疗和心理学的知识——但却是重要的一部分。他想象对猿猴性生活的集中研究会产出"人类社会生物学方面富有成效的应用"。

为实现这一计划，耶基斯和他的工作人员促成了实验性交配，他们将雄性和雌性黑猩猩关在一起，希望能准确地描述制造理想繁殖条件的完美组合：雄性的性欲、雌性的接受和伴侣的可接受度。在 1937 年 5 月到 8 月间，黑猩猩们进行了二百三十三次交配。研究者手拿写字板，小心地观察着不同的黑猩猩组合，测量着它们的性互动。为了令研究尽可能客观，耶基斯将猿猴性交的过程浓缩成了一张标准化计分表上的一系列项目，在这些灵长类动物越来越兴奋时，一项项地勾选这些项目。

雄性靠近 ——√

梳理毛发——√

雌性展示——√

检查生殖器——√

勃起——√

抽插的次数——21 次

射精——√

就是从这些实验性的交配中，雌性高潮空白的问题最终冒了出来，像幽灵一样进入了科学的视野。然而，首先注意到其空缺的并不是耶基斯。露丝·赫施贝格尔，一位纽约的心理学家和早期的女权主义者，1944 年写信给耶基斯，抗议她在耶基斯的工作中察觉到了持续存在的雄性偏见。例如，她指出，在耶基斯的描述中，雄性猿猴"自然而然更处于支配地位"，而雌性只有处于发情期时，才会表现得更处于支配地位。赫施贝格尔问道：这个意思是指，他认为雌性处于支配地位是不自然的事吗？耶基斯抱怨说，他的术语是出于"便利"而使用的。

但赫施贝格尔继续说了下去。为什么耶基斯认为雌性猿猴是性方面如此被动的动物？也就是说，为什么他测量了雄性的性欲，但却只是测量了雌性的"接受度"？为什么不同时测量雌性的性欲？就这件事而言，为什么雌性高潮没有出现在他的清单上？那上面没有。为什么没有呢？赫施贝尔格在这一问题上对他施压。她问道：耶基斯或者他的任何一位研究者，曾经观察到过一只雌性黑猩猩有高潮吗？

耶基斯承认赫施贝尔格提出了一个有趣的问题，但他并没有答案。尽管他的研究者见证了几百例交配，但耶基斯不能确定他们有没有见过雌性高潮——而且，他们也不可能去问黑猩猩。

错误的体位

缺失的雌性灵长类动物的高潮问题一经提出，就无法被忽视了。它到哪儿去了？它存在吗？乍一看，这些问题可能有些荒唐。毕竟，为什么雌性灵长类动物不能像人类女性那样有高潮呢？雌性灵长类动物是有阴蒂的，这是产生性刺激的专门器官。既然有阴蒂，那么雌性有高潮不是很正常的事吗？然而灵长类动物学家没有准备好做出如此大胆的跨越。科学前进的脚步是缓慢而谨慎的。科学家在得出结论前犹豫了，尤其面对的是雌性高潮这样爆炸性的主题。事实上，仍然没有确凿的第一手证据，可以证明雌性高潮确实存在。

还有一个需要小心的原因。从进化的角度来看，雌性高潮一直有点儿令人困惑。它服务于什么目的？不像雄性的高潮，雌性高潮对繁殖来说并非必须。所以，并不能排除雌性高潮从未在猿和猴子中进化出来这种可能性。

1951 年，耶鲁心理学家弗兰克·比奇和克莱伦·福特合写了《性行为模式》一书，这是针对整个动物界的性行为进行的百科全书式的研究。

在书中，他们直接讨论了关于雌性灵长类动物高潮的问题，这在科学文献中还是第一次。

比奇和福特首先总结了已有的，关于灵长类动物性行为的知识："接受性的雌性灵长类动物，看起来更加沉溺于一次接一次的性交中。它们几乎没有表现出，在短暂的筋疲力尽之下，爆炸式地释放累积兴奋的样子。"随后比奇和福特回顾了灵长类动物研究，来查明有没有谁看到过类似雌性高潮的场面。最后他们只找到了一个微弱的证据：1940 年，当克拉伦斯·雷·卡朋特在圣地亚哥岛上观察一群野生猴子时，注意到了在交配行为接近尾声时，雌性猕猴会经常向后伸手抓住它们的伴侣。他把这个称为抓握反射。也许这正是难见踪影的高潮的证据。

然而比奇和福特并不能肯定这一点。他们承认，雌性灵长类动物似乎具有高潮必备的生物学基础，但是灵长类动物交配的姿势说明：即使阴蒂管用，也几乎没有被刺激到。这是因为灵长类动物习惯在交配时采取从背后进入的方式，而 20 世纪 50 年代的性研究者认为，这个体位不足以制造雌性高潮。两名研究者提出："当交配通过背后进入的方式完成时，阴蒂的刺激极少或缺乏。"因此，他们得出结论，"灵长类动物交配的方法，使它们失去了获得性刺激的一种非常重要的来源。"

比奇和福特做出了他们最终的决断："在雌性猿或猴子中，高潮很罕见或不存在。"这句话带着科学式权威的沉重分量。但谁又能与高潮争论呢？两位研究者已经在灵长类动物中寻找过雌性高潮，给了它们展现自己的各种机会，在那之后才否认了高潮的存在，仿佛高潮在生物学上等同于超自然事件一样。这种现象无法被观察到，因此高潮不存在。而且那些对其存在的传言不足以使雌性灵长类动物高潮得到正式的承认。

女性的视角

在之后的近二十年里，比奇和福特的结论一直无人反对。但随后，就像被压抑的回忆一样，猴子高潮的问题再一次浮出了水面。倒不是因为灵长类动物的行为发生了任何改变，促使这一问题重现的，源自人类社会中的改变。

到 20 世纪 60 年代，越来越多的女性进入了劳动力市场。在科学界如此，在其他行业也同样如此，这种情况在灵长类动物学界尤其显著。在其他学科，比如物理学，仍然维持男性为主的局面的同时，女性似乎被灵长类动物学所吸引。到了 20 世纪 70 年代早期，全世界最著名的两位灵长类动物学家都是女性——戴安·福塞，以她对卢旺达山地大猩猩所做的研究而闻名；珍·古道尔，因其对坦桑尼亚贡贝国家公园的黑猩猩开展的研究，同样为人熟知。

这些新加入的女性灵长类动物学家，在调查以往半个世纪的研究时，她们无可避免地，像之前的赫施贝格尔一样，注意到了一种持续存在的男性偏见。例如，男性灵长类动物学家指出，男性猎人是人类进化的驱动力。但是为什么捕猎就比早期原始人类女性的采集和照料工作重要得多呢？另外，男性研究者，如耶基斯曾经提出，男性占支配地位在原始社会中是一种凝聚力。这似乎很轻易地就能推论出在人类社会，男性占支配地位也是自然的秩序，不应当被质疑。

接着就是雌性灵长类动物高潮的问题。为什么男性研究者这么快就否认了它的存在呢？也许真相并不是雌性灵长类动物没有高潮，反倒是因为男性研究者没有更仔细地观察它们。女性研究者决定重新研究这一问题。

由多丽丝·聪佩与理查德·迈克尔于 1968 年开展的一项研究，给了所谓雌性无高潮的说法第一次反击。两位研究者跟踪卡朋特观察到的"抓握反射"，耐心地观察并录下了三百八十九次猕猴交配的过程。随后他们颇费苦功地一帧一帧地分析了这些交配过程。

正如卡朋特描述过的那样，雌性在兴奋时手伸向后方抓住雄性。聪佩和迈克尔文章中的配图，展现了一只母猴在公猴从背后与它交配时紧紧用爪子抓住其伴侣鼻子的样子。但是聪佩和迈克尔最突出的发现是，雌性是在雄性射精之前这样做的。如果雌性没能抓住雄性，通常雄性就没法继续下去。可为什么雌性的抓握能引发雄性的高潮？聪佩和迈克尔提出，雌性在高潮时会本能地向后伸手，在这种情况下，它的阴道也许在同时收缩——这样的收缩可以给雄性必要的刺激来完成交配。

这个主张听起来很有道理，但就连聪佩和迈克尔也承认他们的证据是暗示性的而非结论性的。他们不过是在猜测阴道收缩的存在，还需要对雌性生理变化进行更具体的测量，但是收集这些数据必然会干扰到自然的交配过程。毕竟，猴子不像人类，它们并不喜欢在身体连着机器时性交。所以，研究者们尚不清楚如何解决这一问题。

猕猴的性高潮

尽管灵长类性研究最开始是为了解释人类的性行为，但实际情况却恰恰相反。到了 20 世纪 60 年代晚期，研究者们决定脸皮变得厚一些，不害羞、不尴尬地直接开展人类性行为研究。他们就人类女性高潮的生理学特点收集了大量的数据。特别是，研究者弗吉尼娅·约翰逊和威廉·马斯特斯在七百名男性和女性实验对象的协助下，提出了典型的人类性反应周期由四个阶段组成：兴奋期（最初的性唤起）、平台期（心率加快，愉悦感加强）、高潮期和消退期（身体放松下来，继续刺激可能会变得疼痛）。

1970 年，多伦多大学的人类学家弗朗西丝·伯顿想到，她可以将马斯特斯和约翰逊的人类性反应数据，用到雌性灵长类动物高潮的问题上。特别是，如果她能证明母猴经历了性反应周期的所有阶段，这将强有力地暗示猴子经历了高潮。

伯顿想出来的实现这一目的的方法，在伦理上存有争议。虽然她并没有伤害任何猴子的身体，但很多批评者认为，从心理学角度来看，实验令人不安。伯顿用束套捆住母猴，然后用塑料假猴阴茎来刺激交配行为，同时监视这些动物的生理反应。历史学家唐娜·哈拉维曾指出，这一实验设计几乎如同"对强奸的夸张描述"。更讽刺的是，伯顿开展实验时，头上还挂着横幅，横幅上写着"给灵长类动物学以女性视角"。

伯顿试图依照准确的方案进行实验。计划是给猴子梳毛三分钟让它们放松，随后进行准确计时的刺激时段，中间以休息间隔。但是猴子并不完全配合，其中一只还变得极为狂暴，她不得不把它从研究中移除。但伯顿还是成功使两只猴子放松了足够长时间，以观察到它们经历各个性反应阶段。与马斯特斯和约翰逊的描述相似，它们看起来确有高潮。

人们很难质疑伯顿的实验结果。伯顿提出，唯一可以改善其实验设计的方法，是在她的实验对象大脑中植入遥测芯片，在她刺激猴子时，记录猴子的大脑活动。她说，这是未来研究可能采取的方法。

然而，在伯顿解答了母猴能否有高潮问题的同时，她本人也承认，她并没有回答典型的母猴在自然条件下是否确实经历了高潮的问题。伯顿在得到她想要的结果之前刺激猴子超过五分钟，但野生环境中的猴子的交配持续时间比这短得多。为了解答这个问题，科学研究之轮继续转动着。

是的，它们有高潮，但为什么呢？

在伯顿的研究过去几年之后，苏珊·希瓦利埃–斯科尔尼科夫在斯坦福大学的灵长类动物实验室里花了五百个小时观察短尾猴——一种因其"惊人的高潮模式"而不同寻常的物种。当公猴高潮时，它的整个身体会僵硬，接着会出现痉挛，随后做出张大嘴的表情——想象一种结合了惊奇不已和彻底迷茫的样子——同时大声地发出呼噜声。在观察过程中，希瓦利埃–斯科尔尼科夫见证了数次雌性短尾猴参与同性性行为。在这些幽会中，母猴表现出与那些公猴相似的行为反应：身体僵硬、咂嘴，以及张大嘴的表情。根据这些行为，得出这些雌性在经历高潮的结论似乎是合理的。

在 20 世纪 70—80 年代，其他在自然条件下观察到的雌性灵长类动物高潮行为的研究报告陆续发表。大卫·戈德福特在一只雌性短尾猴体内植入了一个电池供电的无线电传输器，可以远程监控其子宫的收缩。他发现子宫收缩最强烈的时间与交配中它做出张大嘴的惊奇、愉悦表情的时间相一致，这是发生高潮的强有力的证据。珍·古道尔还观察到贡贝的雌性黑猩猩"一边自慰一边轻声笑"。根据这一证据，艾伦·迪克森在 20 世纪 90 年代末坐下来撰写教科书《灵长类性行为》时，就雌性灵长类动物高潮得出了几乎与福特和比奇半个世纪前完全相反的结论。迪克森写道：

> 尽管雌性灵长类动物展现出暗示高潮存在的反应行为的频率没有雄性高……目前已有足够多的证据表明：和人类女性高潮时出现的生理反应相似的反应，同样出现在一些猴子和黑猩猩身上……因此，高潮应当被看作是灵长类动物物种演化史上的一种古老的现象；人类女性可以出现高潮的能力，是一种从类人猿祖先那里继承下来的能力。

虽然花了点时间，但科学终于还是接受了雌性灵长类动物成为"高潮俱乐部"的合格成员。但正如科学中经常发生的那样，当一个问题得到了回答，另一个问题又会在原来的位置出现。这一回，研究者推论说，如果人类和灵长类动物都有高潮，这暗示女（雌）性高潮有着某种进化的目的。但是正如前文已经提出的，为了生育后代，高潮对女性来说并不是必需的。那么女（雌）性高潮的目的又会是什么呢？倘若在一个坐满生物学家的房间中提出这个问题，紧接着可能就会有激烈的争论发生。

争论的一方是那些主张女（雌）性高潮可能具有许多进化目的的人，比如鼓励女性性交，在伴侣选择中发挥作用，甚至通过肌肉收缩的方式将精子吸入子宫。

争议的另一方是那些仍然坚持女（雌）性高潮实际上没有目的的人，它不过是进化的一种有趣而意外的副产品而已。其理论是，男人身上受强大的进化压力而有了高潮，其结果是女性也一并有了高潮，高潮成了女性的一种意外收获。因为必要的神经细胞在胚胎发育成为男性或是女性之前就已经形成。这类似于男性的乳头没有用处，也是因为女性受到的必须有乳头的进化压力而来（对男性有乳头的类比，经常在对女性高潮的讨论中冒出来）。所以，在这一版本的解释下，人们甚至可以说，高潮是男性给女性的礼物。虽然这个理论听起来有点儿大男子主义，但是它同时得到了男性和女性生物学家的广泛支持。

然而，灵长类动物学家莎拉·布莱弗·赫迪提供了一种令人不安的可能性，包含了争论双方的观点。她提出女性高潮也许曾经另有目的，但是它现在已经不再有目的了，因为现代世界女性的高潮能力已经完全与生育能力脱离开了，而进化不需要的东西，通常会逐渐被淘汰。对女性性行为开展的调查通常会发现，很大一部分女性在性交过程中并没有高潮，这支持了赫迪的假说。所以，在研究者争论雌性猿猴高潮的可能性的同时，更仔细地观察我们自身或许会有道理可循。我们可以想象，距今一百万年的未来，那时也许所有女性都没有高潮了。这肯定是一个相当有反面乌托邦风格的情况。但到那个时候，如果人类得以生存下来，我们的后代很可能已经彻底摒弃了他们的身体，将他们的大脑下载到巨大的电脑网络中了。如果是这样，那么高潮就绝对不成问题了。

长 大 成 "人" 的 黑 猩 猩

1972 年——美国俄克拉荷马州，诺曼市。

斯蒂芬一边沿小路走向农场风格的房子，一边调了调他的领带，整理了一下他的夹克衫。他走到门前，自信地按响门铃，然后等待着。过了一小会儿，一个留着胡须，一身休闲打扮——棕色灯芯绒裤、短袖衬衫——的男人来开了门。"什么事？"

"下午好，先生。我名叫斯蒂芬。我来自美国圣经公司。我能否占用你几分钟时间，给你分享一个对你的家庭来说绝妙的机会？"

蓄须的男人审慎地上下打量他。"你是《圣经》销售员？"

"是的，先生。我有一些漂亮的《圣经》想拿给你看。"

蓄须的男人思忖了一秒，然后点头。"那你还是进来吧。"

男人退到一旁让斯蒂芬进屋，带他穿过前面的走廊进入了起居室，然后指向沙发。"请坐。顺便说，我名叫莫里。"两个人握了握手。斯蒂芬在沙发落座，将他的背包拿到面前打开，小心地取出一本《圣经》放到咖啡桌上。《圣经》封面是白色的皮革，边缘镀了金。莫里坐在他对面的椅子上。

斯蒂芬直视着莫里微笑了一下。"谢谢你邀请我进你家，莫里，允许我与你分享这个机会。我喜欢并认为自己拥有世界上最好的工作，因为我给家家户户提供的产品，人们永远不会感到不满。"

在他说话时，一个长满毛发的庞大身躯从旁边的房间蹦蹦跳跳地跑了进来。斯蒂芬瞥了一眼，注意到这只动物的到来，然后震惊而畏惧地缩起身子。"我的老天！是一只猴子！"

莫里绷起脸。"它不是猴子。这是我的女儿，露西。它是一只黑猩猩。"

露西冲向斯蒂芬，把它毛茸茸的双手放在他的膝盖上，闻了闻他的气味，然后直视着他的脸。它约三英尺高，双膝弯曲，有着深黑色的毛发，上面还点缀着几块巧克力棕的斑点。

斯蒂芬在原地僵住了。"它……它会伤害我吗？"

莫里大笑起来。"别担心。它很友好。它只是想打个招呼罢了。"

露西把它的长臂绕过斯蒂芬的脖子搭在他的肩上，随后爬上他的大腿，亲了他的脸颊一下。

斯蒂芬仍然身体僵硬。"它个头儿很大。"他悄声说。露西开始用它的手指穿过他的头发，还把它的嘴贴在他嘴上。

"露西，"莫里喊了出来，"看在老天的分上，让这可怜人一个人待着！去喝点水。"露西转过身来看了看莫里，莫里用手做了手势。露西也回了什么手势，蹦到地面上，然后走进了厨房。

满脸苍白的斯蒂芬长长地松了口气。他的肌肉很明显地放松了。"它还真是不寻常。我从来没离一只黑猩猩这么近过。有点儿吓到我了。你是说你养它当宠物？"

"它是我的女儿。"莫里重复道。

"你的女儿。"斯蒂芬点点头，"当然，我理解。我认识一个人将他的猫视为孩子。它咬过人吗？"

"它完全不伤人，我向你保证，除非它把你当成威胁。如果发生那样的事，它会很轻易地把你撕碎。顺便问一句，你想喝点什么吗？要不要来一杯鸡尾酒？"

"不，谢谢。我不喝酒。"听到被撕碎的事，斯蒂芬的脸色又苍白了一点。

"露西会喝点什么，但不用觉得你一定得和它一起。你瞧，你是在它的鸡尾酒时间来的这里。"

"它的鸡尾酒时间？"

斯蒂芬转身看了看厨房里的露西。它一只手拿着一只杯子，另一只手拿着一瓶杜松子酒。它用嘴打开瓶子，给自己倒了满满的一杯，随后放下瓶子，伸手进冰箱拿出一些汤力水。它调好了酒，小品了一口，满意地咂了咂嘴。

"它知道怎样调酒！"斯蒂芬脱口而出。

"哦，它知道的还多着呢！"

"我走遍整个国家，见识过很多东西，但却从未见过像这样的事！"

露西拿着它的酒走回了起居室，爬上斯蒂芬身旁的沙发，然后把它的杯子放在桌上。

"继续和我讲那本《圣经》吧。"莫里说。

"哦，当然。"斯蒂芬低头看向他面前的书，然后清了清嗓子。

"或许你知道，《圣经》是全世界最畅销的书。"他又停下来看向露西，露西斜靠在沙发一边，在一堆杂志中翻找着什么，发出了很大的噪音。它找到了想找的东西，然后得意地举起来扬了扬——一份《花花女郎》。

"这……这……"

"这是露西最喜欢的杂志，"莫里接话道，"它喜欢看裸体男人。"

露西将杂志放在它面前的沙发上，然后身体向后靠，开始用双脚翻页看了起来。

"忽略它就好了，"莫里催道，"请继续和我讲《圣经》的事。这个封面看起来非常好看。"

"嗯……"

斯蒂芬呆呆地盯着露西。露西一边看着那些裸体的男人，一边快活地发出咕哝的声音："呃，呃，呃，呃。"它伸出手轻柔地抚摩阴茎，然后羞涩地抬头看向斯蒂芬。它在沙发上换了个姿势，挪得离斯蒂芬更近些，然后碰了碰他的胳膊。

"它在干吗？"斯蒂芬问，声音中带着一种警觉的声调。

"哦，别介意它。它现在处于发情期。你瞧，它从来没和它自己的物种有过任何接触，所以它全部的性趣都指向了人类男性。"

在莫里说话的同时，露西起身站在斯蒂芬旁边，用胳膊环绕他的脖子，然后开始有节奏地拿它的生殖器往他身上顶。

斯蒂芬一把推开它然后跃起了身。"我的上帝！我得走了，现在就走！"

他把《圣经》丢进包里，把包塞到胳膊下，然后冲向房门。用像奥林匹克运动员一样敏捷的动作，拉开门然后离开了这里。纱门因为他离开时甩门的力量而来回晃荡着。

莫里靠近椅子，看着斯蒂芬从小路上消失。他转身看向露西。它仍然站在斯蒂芬刚才坐着的沙发旁边，困惑地看着莫里，仿佛在问："他去哪儿了？"莫里耸耸肩。"我不知道，露西。但我正打算买那本《圣经》呢！"

20世纪初，一个大胆的想法攫住了科学的想象——培养一种人性化的猿猴。一开始，正如我们已经谈到的，研究者想象这样的动物将是理想的劳动力，比人类强壮，又能从事其他动物无法掌握的复杂任务。为实现这一目标，人们想出了一些方法，并进行了测试：集中训练、人猿杂交、腺体疗法……但到了20世纪30年代，人们已经很清楚这些方法都行不通了。猿猴仍然顽固地保持着猿猴的样子。

于是，培育猿猴工人的幻想就这样消失了。然而，培养人性化猿猴的想法，仍然像以往一样诱人，只是动机改变了而已。培育奴隶劳动者的目标被寻找智能伙伴的渴望所取代。

培育人性化猿猴的新探索与寻找外星的智能生命相似，只是方向是向地球内、丛林中寻找而已。这样的动物，一旦出现，将证明人类不是唯一有能力进行理性思维的物种。我们将不再孤独！而对于这一计划的宣扬者而言，一种野生动物不能通过残酷训练或生物操纵的方法而被塑造成文明的物种，这一点似乎是不言自明的。暴力方法只能招致类似的野蛮行为或者不信任。相反，实现这样的转变需要的是爱和养育。所以新的计划形成了：将猿猴安置在有爱心的人类家庭中，借此使它们长大成"人"。

教化野孩和猿猴

用养育的力量将一只野生动物转变为"人"的念头，起源于18世纪，当时被发现生活在野外的"野孩"吸引了欧洲学者的注意。著名的例子包括：汉诺威的彼得，一个1724年在德国森林中被抓到的少年，他只能通过手势和叫声与人沟通；以及阿维农的野孩，1797年在法国朗斯河畔圣塞尔南被抓到，当时他正想要溜进一个农场偷食物。这些孩子是婴儿时期被丢弃，在没有多少人类接触的情况之下成长起来的，但是他们的样貌和行为如此异于常人——满身肮脏，哼叫着，手脚并用地满地爬——以至于学者们一开始并不确定他们是否真的是人类。在卡尔·林内乌斯所著的《自然系统》第十二版中，他将这些野孩列入了另一个物种：野人。

研究者试图教化这些野孩，但收效甚微。国家聋哑研究院的医师让·伊塔尔花了六年的时间，竭力尝试教阿维农的野孩如何与他人互动，但最终失败。在花了这么长时间之后，男孩仍然几乎不具备语言技能，他的教养也仍然有待提高。例如，他经常拉下裤子，在公众场合下排便，或者突然间开始自慰——这是他最喜欢做的事，每天花去他很长的时间。

这些案例凸显了人类成长中一个适当的培养环境的重要性。人类或许天生智力不凡，但心理学研究者已明确，年幼时的社交互动，对于发展更高级的关键能力来说是必需的。如果错过了最初的培养窗口期，如果一个婴儿没有与人类接触，那么语言和社交技能就不会得到发展，也不能在后来被教会。除非发生奇迹，否则这个孩子的余生，注定只能在很多方面表现得更像动物而非人类。

20世纪，研究者们在研究黑猩猩和大猩猩时突然想到，猿猴可能就像野孩子一样。或许猿猴具有天生的、像人类一样的智力，但是这一智力只有在合适的环境中培养才能够发展。如果猿猴与人类一起成长，也许它们很快就会说话，像人类一样思考。只有一种办法能测试这一理论——将一只猿猴放进人类家庭中，然后看看会发生什么。

第一次实验性地收养猿猴，发生在20世纪早期。俄罗斯的纳迪亚·科茨和德国的奥斯卡·芬斯特都短暂地养育了猿猴幼崽，但他们的实验并没有被广泛宣传。家庭养育猿猴的狂热是在美国全面兴起的。这个想法中有一些东西，吸引着美国的民主精神。它助长了人们的自负，认为任何人，甚至一只黑猩猩或者大猩猩，也能有望成为一名条件不错的中产阶级公民。

1931年，美国研究者温思罗普和卢埃拉·凯洛格，把一只七个月大、名叫古阿的黑猩猩从位于佛罗里达橙园市的耶基斯灵长类动物中心借出，带回了家。凯洛格一家接着把古阿当成他们自己的孩子一般，和他们的人类儿子——十个月大的唐纳德一起养育。把人类婴儿和猿猴幼崽放在一起观察，使他们得到了罕见的研究机会——了解两个物种相比较之下的成长情况。但实验进行了九个月后，古阿看起来还是不大像人类，而另一方面，唐纳德已经学会猿猴的行为了。当他的母亲听到他模仿自己的猿猴"姐姐"，用叫声要食物时，她决定结束这个实验。凯洛格一家将古阿送回了耶基斯中心。一年半之后，古阿发烧而死。

耶基斯的几名其他研究者，后来也参与到了类似的家庭养育研究中。1938年，格伦·芬奇和他的家庭短暂地收养了一只名叫芬的黑猩猩。1947年，基和凯茜·哈耶斯将一只名叫维奇的雌性黑猩猩带回了他们的家。哈耶斯一家养了维奇七年，试图通过让它做出特定词语的口型来教它说话，但他们没有比伊塔尔教阿维农的野孩说话要成功多少。它只学会了说四个词——"妈妈""爸爸""杯子"和"上"。其他著名的非耶基斯研究，包括玛利亚·霍伊特在 1932 年收养了一只大猩猩幼崽托托，以及利洛·赫斯 1950 年从一家宠物商店获得了一只名叫克里斯汀的幼年黑猩猩，在宾夕法尼亚州的农场养育它。

诺曼实验

到了 20 世纪 60 年代早期，已经积累了一定数量的家庭养育实验——数量足以令研究者了解到在人群中间养育一只猿猴，并不会魔法般地将这些动物转变成"人"。然而，这并没有阻止科学家继续想象用养育的办法培养出人性化的猿猴。事实上，最具野心的尝试即将出现。

它发生在俄克拉荷马州诺曼这个安静的小镇上。位于诺曼的俄克拉荷马大学里，有一位教授比尔·莱蒙，1957 年在诺曼买下了一座农场，并慢慢将其转变为一座灵长类动物研究中心。在 20 世纪 60 年代早期，他仍然只拥有几只黑猩猩，但他的野心是将他的农场变成世界级的设施，在这里开展最尖端的心理学研究。猿猴语言实验和家养研究是他最核心的兴趣。

莱蒙认为，此前所有的家养研究的问题都在于缺乏严谨性。它们在猿猴的一生中开始的时间太晚了，又在那些受挫的研究者意识到，照顾一只猿猴比他们预想得要麻烦得多时，便提早结束了实验。但莱蒙认为，如果要开展这类实验，就应该正确地开展。黑猩猩应该在出生时就被带走，完全与其自身的物种分隔开，完全沉浸在人类的养育环境中。最重要的一点是，不要太早放弃。有耐心而且完全投入到项目中至关重要。所以，露西的故事就这样开始了，它注定要成为有史以来最人性化的黑猩猩。

莱蒙找到了两个同事，莫里斯和珍·特默林夫妇，他们的家庭乐于成为收养家庭。莫里斯（以莫里的名字为人所熟知）是俄克拉荷马大学心理系主任。珍是莱蒙的助理。特默林一家立誓毫无保留、全心全意地投身于这个项目。一旦找到合适的黑猩猩，他们会把它当成自己的孩子，而不是研究对象。

　　于是找寻新生黑猩猩的行动开始了。1964 年，莱蒙通过熟人得知，佛罗里达州塔彭斯普林斯市的一家小型街边动物园中有一只怀孕的黑猩猩，这家动物园名叫诺埃尔方舟黑猩猩园。他赶忙安排人去领取幼崽。在幼崽出生的那一天，珍飞到塔彭斯普林斯，在那里她发现母猩猩蜷缩在笼子的一个角落里，怀中抱着初生的幼崽，怀疑地看着任何靠得太近的人。珍给母猩猩递了一瓶掺了镇静剂的可口可乐。母猩猩接了过来，小心地闻了闻，然后喝了下去。几分钟后，它睡着了。于是珍爬进笼子，轻手轻脚地把雌性幼崽从它身旁抱了出来。她把幼崽放在一个摇篮车里，乘民航客机把它带回了俄克拉荷马的家中。小猩猩很快被命名为露西，这才刚刚迈出了它变成"人"的第一步。

露西的早年生活

　　莫里斯·特默林在他 1975 年出版的书《露西：长大成人》中，讲述了露西生命前十年的故事。实验开始时和此前的家养研究很相似。露西小时候得到了所有人的喜爱。男人和女人都想要抱抱它，抚摸它。特默林一家履行承诺，待它如自己的孩子。他们用爱包围它，从未体罚过它。就像任何其他孩子一样，露西和全家人一起在餐桌上用餐，在房间里奔跑，与邻居的孩子们玩耍。甚至连看病找的也是儿科医生，而非兽医。

　　但是，当然，露西并不是人类小孩，而且渐渐地，正如人们预料的一样，它的黑猩猩天性显现了出来。到了一岁半大时，它到处攀爬，打开橱柜，惹出各种麻烦。特默林一家给所有橱柜上了锁，在它给特拉维夫市 ① 打过一个电话之后，把电话也藏了起来。

　　到了三岁，莫里斯写道，露西已能够"在不到五分钟的时间里把一个普通的起居室折腾成彻底的混乱现场"。它把灯泡拧下来，拽着厕所卷

---

① 特拉维夫市：以色列沿海的一座海港城市。

纸满屋子跑，从书架上把书拿下来，撕碎家具的衬垫。当露西用拳头打碎了一扇玻璃窗，割伤了自己之后，特默林夫妇决定，为了保护它而调整实验。他们给房子额外建造了一个房间，用钢筋混凝土建成，门是钢制的，他们去工作时就把它关在这里。然而，实验的实质仍然不变。

当露西四岁时，一位来自莱蒙实验室的年轻研究者罗格·福茨开始每天来访，教露西美国手语。到这个时候，它已经开始怪诞地展现出像人类一样的行为了。每天早晨福茨到来时，它会拥抱他，然后在炉子上放一壶水，给他倒茶喝。

开展手语教学的灵感来自另一个黑猩猩研究项目，由艾伦和比翠丝·加德纳。加德纳一家注意到，哈耶斯一家教授黑猩猩说人类的词语遇到的失败，推测黑猩猩的声带本身就无法用来说话。然而，黑猩猩天生善于用手表达意思，这让加德纳一家想到了教授一只黑猩猩（名叫瓦苏）手语的点子。

才过了一年，加德纳得到的结果令人大受鼓舞，于是他们的学生福茨决定也教露西手语。很快，它掌握了超过一百个词语，甚至成了第一只向人类说谎的黑猩猩。有一天福茨发现，露西曾在起居室地板上排便时，他指向一堆排泄物问道："谁的脏脏？"。露西无辜地左看右看。"苏！"它打手语回复。苏是露西认识的另一个学生。福茨摇了摇头："不是苏。那是谁的？"露西看向别处。"罗格！"它打着手语。福茨又一次摇摇头："不！不是我的。谁的？"最终露西承认了真相："露西脏脏。抱歉露西。"

实验变奇怪了

尽管露西的实验开始时很像之前的家养研究，但随着实验的进展，奇怪的元素开始悄然出现。说实话，这些奇怪之处并非来自露西，它只不过在做任何黑猩猩在类似情况下会做的事而已，反倒是特默林一家，他们看起来可不那么像一般的中产家庭。他们热衷于无视传统，这从他们一开始做出收养露西的决定时就已经很明显了。

露西三岁时，莫里斯注意到它经常吃院子里腐烂的苹果。他意识到这些发酵的水果令它兴奋，它似乎很享受这种感觉。所以为了让它戒掉吃这些腐烂的水果，莫里斯在饭前给了它一杯酒。露西非常喜欢，而且，这令它心情愉快。很快它就开始每天与莫里斯和珍一起喝鸡尾酒了。它最喜欢的是夏天喝杜松子酒加汤力水，冬天喝威士忌酸酒。

鸡尾酒时间成了一个小心遵循的惯例。如果莫里斯忘了给它准备酒，它一开始会装作不感兴趣，然后会偷走他的酒，跑进临近的房间，大口地把酒喝下去。在平常的日子里，露西喜欢仰面躺下，啜饮它的酒，同时慵懒地翻看一本杂志。偶尔它会起身在房间里跳舞。有时它会在一面镜子前摆姿势，做滑稽的表情然后大笑。莫里斯形容它就像"一个理想的饮酒伙伴"，因为它喝酒时的行为举止令人愉快。他这样说："它从来不会变得讨厌，就连醉得马上就要失去意识了也不会。"换句话说，露西有点儿酒瘾的问题了。

然而，在莫里斯跟踪露西的性发展时，它的生活完全背离了主流中产阶级的价值观。

在实验开始时，莫里斯决定留意独特的养育方法会对露西的性行为有何种影响。从科学的视角来看，这种好奇似乎是合适的；从这个角度理解的话，他对露西最早尝试性地探索自己身体的描述，看起来也就都很合理了：它探索自己的生殖器，甚至发现真空吸尘器带来的愉悦感受——它会用震动的软管摩蹭全身，"特别愉快地咯咯笑"。就连特默林提供的五张露西用吸尘器自慰的照片也没有让人觉得不合适。

但特默林接下来的做法就更有争议性和令人不安了。他指出露西在自慰方面完全不受约束。他想知道：如果他也同样表现得不受约束，它会作何反应呢？为了得到答案，他在它面前脱下裤子自慰。露西并没有受惊扰。接着莫里斯安排珍在露西面前自慰。同样，没有回应。但当两个家长同时自慰时，露西变得极为焦虑，它抓住他们的手，想让他们停下来。最终，露西变得对它的家长性交这一念头太过不安，以至于莫里斯必须睡到另一个房间里。莫里斯没有告诉读者，分开睡觉还有一个原因：珍那个时候和比尔·莱蒙有暧昧关系。尽管莫里斯没有将这个信息公之于众，但恶化的婚姻关系之后会对露西有巨大的影响。

随着露西接近性成熟的年龄——对雌性黑猩猩来说是八岁——特默林一家的生活甚至变得更加奇怪了。莫里斯想知道它会不会把自己当成性伴侣。毕竟，它只认识人类，所以它的性欲可能会指向他们。幸运的是，到了那个时候，它没有打扰特默林——尽管读者会好奇如果它这么做了，他会作何反应。莫里斯发现它不仅没有拿他当性伴侣，而且每次发情时，都会对他表现出强烈的厌恶情绪。他把这归结为一种本能的乱伦禁忌。"它不愿拥抱、亲吻、抚摸或者依偎在我身上。"他抱怨道。然而，它对其他男人就亲热多了。"它会做出最明目张胆的性邀约。"特默林向一位《芝加哥论坛报》的记者坦言道，"不管是谁——《圣经》销售员、富勒刷具推销员——它跳进他们的怀抱中，用它的嘴贴住他们的嘴，还有节奏地把它的骨盆顶向他们的身体。这会令人很尴尬。"

为了满足露西苏醒的性好奇，特默林给它买了一些《花花女郎》杂志，这很快成了它最喜欢的读物。它躺在地板上，用它的手指抚摸着裸体的男性，同时发出低沉的咕哝声。它经常试图装作和其中的插页性交的样子，将杂志放在它身下的地板上，然后在杂志上方上下扭动身体。

尽管莫里斯已经向读者保证露西没有性骚扰过他，但之后他分享了一个令人不安的故事，似乎与这一断言恰恰相反，就好像是一段随意的离题话一样，他把它放进了书里。"很奇怪我从来没有体验过对它的欲望，"他写道，"尽管露西见到我裸体时会试图把我的阴茎放进它嘴里。"这段继续道：

> 尽管这在读者看来可能是性行为，但我却从未有过这样的感受。我总是觉得它把我的阴茎放进嘴里更多的是一种探索性的行为，而不是好色的行为，因为它从来没有在之后"展示"它的外阴，而且它一次也没有在发情期时尝试这一行为。另外，每次露西看见我的阴茎都会试着放进嘴巴，不管我是上厕所、洗澡还是勃起时。事实上，我可以确定地说露西对人类的阴茎很着迷，因为只要它可以的话，它就会用嘴巴尝试探索它。

显然，莫里斯与比尔·克林顿在性行为的定义上观点相同。很大程度上缘于这类自我坦白式的奇葩事件，到了 1974 年，莫里斯失去了在大学里的工作。他发现，所谓的终身职位也不过能保护一位教授到这种程度而已。

该拿露西怎么办呢？

当莫里斯写完了他的书时，露西已经十岁。大多数孩子到了那个年龄，都在期待着去上中学。但是露西和其他孩子不一样，莫里斯承认它未来的确定性。露西被家庭养育的时间比其他任何一只黑猩猩都久，但莫里斯和珍担心，如果露西比他们活得还久该怎么办。所以，给它安排一个更长久稳定的家看起来合情合理。

同样重要的是，两个家长终于对这种努力感到疲倦了。莫里斯丢了工作，他的婚姻出现了危机，和露西一起生活对这两个不幸事件的发展都起了很大作用。莫里斯和珍都渴望"正常的生活"，但是唯一实现这一心愿的方法是让露西离开。可问题在于，让它去哪里呢？

每天晚上坐在厨房桌边，这对夫妇都会心情沉重地调查可能的选项。他们应该把它送到一家动物园吗？把它捐给一家研究中心？或者找到一家愿意接受它的私人猿猴养殖园？所有这些选项听起来都像是把他们的宝贝女儿送进监狱。甚至更糟的是，在这个监狱里，它认不出跟自己同一个物种的其他囚犯。毕竟，露西仍然从未遇到过另一只黑猩猩。但随后，第四个选项进入了视野。

在一个非洲国家冈比亚，一座实验性质的黑猩猩康复中心最近刚刚开张，在那里圈养的黑猩猩会被教授生存技能，随后被放归自然。这是这类项目的第一例，它的概念即刻引起了特默林一家的兴趣。他们想象露西自由地生活在丛林中，按照黑猩猩应有的方式生活。他们冲动地做了决定：露西将前往非洲。

露西确实不会被关起来，但他们这样做是在给露西自由的机会呢，还是把它遗弃在了丛林呢？围绕着这一问题仍然充满了争议。露西完全被驯化了，以至于在它心里搜寻食物意味着扫荡冰箱。它不会比娇生惯养的十几岁城市少女更适应野外的生活。

然而，行程已经安排好了。一开始被"人性化"的露西，现在要被"去人性化"了。于是一个新的篇章在它的生命中开始了。

1977 年 9 月，特默林一家和露西抵达了冈比亚的阿布科自然保护区。他们在热浪中汗流浃背，不断驱赶着苍蝇。一名年轻的研究生贾妮斯·卡特陪伴着他们，卡特此前一直在做露西的房间清理员，负责铲除粪便、擦洗地板等工作。特默林一家聘请她一起前来协助露西过渡到新的生活。他们的计划是花三周和露西在一起，帮它在新家安定下来，然后离开。

特默林一家按计划离开了非洲，但是轮到卡特离开时，她犹豫了。她看着露西，它在短短的时间里，变成了一只凄惨而紧张的动物——恐惧、困惑，又想家。露西想要返回它原来的生活。它不明白自己身上发生了什么，而卡特意识到如果她离开，露西多半会很快死去。所以卡特做了一个决定，一个改变她一生的决定。她决定留下帮助露西。

卡特搬进了自然保护区的一间树屋，在那里她为了教露西如何做一只黑猩猩，勤勉地研读关于灵长类动物行为的书籍——它们吃什么，在哪里睡觉，如何养育幼崽。同时，露西留在受保护的围场里，它在那里闷闷不乐，尽一切可能避开其他黑猩猩，认为它们是奇怪的、令人不愉快的动物。它仍然坚守着自己很快会被带回家的希望。

关于卡特的流言传开了，说她耳根软，没法拒绝悲伤的人。很快出现在附近市镇的每一只黑猩猩孤儿都被交给了她。在很短的时间里，她已经需要照顾包括露西在内的九只黑猩猩了。

卡特在自然保护区住了十八个月，才最终决定是时候离开了。她害怕如果自己待的时间更久，会很快需要照顾这片地区的每一只流浪黑猩猩。但同时，卡特也得出结论，露西需要更彻底地与人类文明断开联系，因为在受保护的环境里，露西几乎没有什么进步。是时候让露西进入到丛林中了，在那里环境会强迫它表现得更像一只黑猩猩。于是卡特将她照顾的九只黑猩猩装进了一辆路虎汽车，他们一起出发，穿过数英里尘土飞扬的土路。这一群奇怪的黑猩猩，由一个白人女性带领，最终抵达了狒狒岛——冈比亚河中间的一块满是苍蝇的土地。

丛林里和贾妮斯在一起的露西

狒狒岛提供不了什么奢华的住处。那里没有电，没有自来水。方圆数英里也没有其他人。当地部落会躲开这块地方，认为这里藏着像龙一样的生物。这里只有卡特和她的黑猩猩——还有原本就住在这里的狒狒、狝猴、河马、鬣狗和黑颈眼镜蛇。

在一些路过此地的英国士兵的帮助下，卡特建成了一个钢丝笼，晚上能给她一些保护。第一天太阳下山时，她筋疲力尽地躺在自己的简易床上。她被落在自己身上的某种柔软且气味刺鼻的东西弄醒了。卡特意识到，这些黑猩猩因为害怕丛林，想要离她尽可能近，聚到了她的笼子的顶上。每次有零星的声响吓到它们，它们就会在那里排便，而这些粪便会落下来掉到她身上。卡特迅速做出了决定，她的首要任务是教黑猩猩在树上睡觉。

在接下来的几周里，卡特开始教它们像真正的黑猩猩一样生活。她在森林中游荡穿行，身后跟着她毛茸茸的随从，她尝试教它们采集食物的技能。如果她看到一堆新鲜的绿树叶，就会模仿一只黑猩猩找到食物时的叫声，然后贪婪地吞食这些树叶。黑猩猩小心地检查她的嘴，确认她确实吃了下去，然后才会自己也尝一尝。卡特藏起了恶心的感觉，还吃下了虫子和咬人的蚂蚁，因为这些对野生黑猩猩来说都是重要的蛋白质来源。这一实验在让黑猩猩去人类化的同时，也让卡特黑猩猩化了。

除了露西，所有的黑猩猩都有很大进步，因为它对做一只黑猩猩没有兴趣。它想要像一个人类一样从杯子里喝水，而不是喝河里的水；它想要睡在床上，而不是树上；它不想采集食物，毕竟，文明化的动物是从冰箱里取得食物的。有时，它会在其他黑猩猩爬到树上时，坐在地面上，等待着偶尔掉下来的水果。它经常会指向另一只黑猩猩，或者指向卡特，然后打手语："更多食物，你去！"

在露西和卡特之间上演着的意志的对抗，就这样一直延续了一年的时间。一次又一次地，卡特给露西展示它需要怎样做才能生存。但露西就像一个文雅的女士一样，嫌恶地仰起头，背过身去。最终卡特太过受挫，她认为留给自己的只有一个选择——严厉的爱。她不会给予露西任何特别的关照，直到露西肯合作。

一开始，卡特不再给予它食物和特别的关注时根本不起作用，于是她停止了用手语和露西交流。这一残酷进展充满了反讽意味，在人们花了那么多时间教会露西如何使用手语之后，为了生存，露西却要抛弃这一技能。面对失去语言的情形，露西进入了一种震惊的状态，就好像它的世界末日来了一样。它在卡特的笼子外面一连坐了几个小时，比画着手语："食物……水……贾妮斯出来……露西受伤了。"卡特尽可能地忽略了它。

情况越来越糟，露西变得瘦得可怜，还把大部分的毛发扯掉了。这不得不让卡特担心露西可能会死。但最终，露西"屈服了"。在经历了特别糟糕的一天后，她们俩在沙地上瘫倒睡着了。当她们醒过来时，露西坐起来，捡了一片树叶，递给卡特。卡特嚼了嚼，然后把它递回给露西，露西也吃了叶子。这是露西第一回吃树叶。一切终于有了进展。

从那一天之后，露西的行为进步了。它开始采集食物，与其他黑猩猩更多地互动。它甚至收养了一只黑猩猩幼崽，玛蒂。又过去一年之后，卡特觉得自己可以安心地离开露西搬到下游的营地去了。一开始，她频繁地返回检查露西的进展，但最终她不再经常回来了。

1986 年，在离开狒狒岛六个月后，卡特回来查看这群黑猩猩。听到卡特的船的声响，露西走出丛林问候她。卡特和露西拥抱和相互亲吻。卡特带来了一些露西在美国生活时的物品，她想露西也许会很高兴看到这些东西，而且时间也已过去很久了，这些东西应该不会再勾起难过的回忆了。露西简短地瞥了瞥它们，然后转过头去，仿佛对它们不感兴趣。它结束了问候，把物品留在地面上，然后走回了丛林。对卡特而言，这是一个标志，意味着露西终于更像黑猩猩而不是人类了。尽管转变回它自己的物种很艰难，但似乎奏效了。

可不幸的是，露西的故事并没有快乐的结局。1987 年，当卡特时隔几个月后又一次返回时，她找不到露西了。她急迫地组织了搜寻队。最终他们在卡特过去的营地附近找到了一只黑猩猩散落的遗骸。这些遗骸只能是露西的，因为它是唯一一只不见了的黑猩猩。

露西是怎么死的并不清楚。卡特怀疑是偷猎者杀了它。感觉到与人类有情感联系的露西可能接近了一群猎手，而被射杀了。也许它只是被蛇咬了，或者只是病死了。我们无法知道确切答案。最后，卡特将遗骸埋在了露西最喜欢的食物树下。

人性化的结束

露西的死标志着长达一个世纪的将猿猴人性化的努力结束了。倒不是因为它的死激起了公众的强烈抗议——媒体多半忽略了它的逝去——而是这件事发生时，对灵长类动物行为研究的经费支持也正在减少。例如，在 20 世纪 70 年代末期，莱蒙在俄克拉荷马大学的研究设施关门了。

他的大多数黑猩猩被送到了纽约的一间实验室中，在那里它们成了疫苗研究的实验对象。

经费的减少有很多原因。资金困难是一个主要的因素。照顾猿猴很费钱，而开销对很多中心来说太高了。但同时，在数十年没有结论的实验之后，很多人不再寄希望于灵长类动物行为和语言研究能够产出任何结果。这种徒劳无用感，在 1977 年变得越加强烈，当时康奈尔大学有一项为期五年的著名的猿猴语言研究，其首席研究者赫伯特·特勒斯得出结论，没有证据表明猿猴具有类似人类的语言交流能力。

因此 20 世纪试图将我们的灵长类"弟兄"人性化的尝试以失败告终。我们没有猿猴工人，也没有快乐地生活在人类家庭中的猿猴，而唯一的那只几乎变成了"人"的黑猩猩正躺在非洲的一座无名的坟墓中。但愿它和人性化猿猴的梦想都能得到安息。

第五章

自我实验

DO—IT—YOURSELFERS

"实验不会很轻松，"科学家对聚集的人群说，"这需要巨大的牺牲。你可能会疼得大叫，可能会恳求我停下。但你可以确信这种痛苦不会徒劳无功，你将直接对知识进步的伟大事业做出贡献。所以，有志愿者吗？"科学家充满希望地凝视着男人和女人的脸。他们静静地回看他，然后很多人低头看向地面。看起来没人接受，但最终一个声音响起："我来！"每个人都左看右看，寻找这个勇敢者。随后他们意识到，这话是科学家本人说的。人群爆发出一阵掌声。多么高贵的姿态！多么有英雄气概的人！实验开始了，它正如科学家警告的一样糟糕。他痛苦地哀叫着。他翻滚、扭曲着身体。但奇怪的是，他的脸上带着微笑。最终实验结束了。然而，科学家突然大喊道："我还需要更多的数据！"整个折磨人的痛苦经历又重复了一遍。随后，他又坚持要做第三和第四遍。人们心神不安地在两脚间移动着重心。当他第五遍喊出"再一次"时，他们向彼此投以担忧的目光，一种令人不安的怀疑开始渐渐出现在他们脑海中。这位不屈不挠的自我实验者究竟是一名英雄呢，还是个疯子呢？

难以下咽

1777 年——意大利，帕维亚。

清晨温暖的阳光照进窗子，照亮了拉扎罗·斯帕拉捷的实验室。这位四十八岁的教授坐在木质桌子前，身穿羊毛马裤和一件宽松的白色棉衬衣。他身材结实，脖子不长，肩膀却很高，头顶只有一些稀疏的白发。实验室书架上被皮革封面的科学著作、玻璃瓶装的奇怪生物的标本、矿物质，以及鸟类标本塞满了。书架中的隔板，因为这些沉重的物品而微微下陷。斯帕拉捷的注意力完全集中在一个放在他面前桌上的大瓷碗上。

他沉思地注视着这只碗，仿佛期待他的早餐在里面显形一般。在漫长的几分钟里，他一动不动的，然后深深叹了口气，向上瞥去，轻声道出一段简短的祈祷后，站了起来，然后向碗俯下身去，张大嘴巴，粗暴地把手指伸进自己的喉咙。

"哈啊啊……"他剧烈地作呕，肋骨抬高了。痉挛令他的上腹部痛苦不堪。唾液顺着他的嘴流到了碗里。

斯帕拉捷从嘴里拿出手指，重新直起身，然后用袖口擦了擦前额。他的脸因为作呕的痛苦而涨红。随后他重新弯下身，再一次把他的手指塞进喉咙。

"哗咳、哗咳、唔啊啊……"他的整个身体由于作呕的条件反射而颤抖，仿佛在遭受心脏病的痛苦一样。但他没有收手，他用空着的那只手，抓住自己收紧的胸肌，另一只手的手指伸进喉咙中。突然间，一股胆汁从他的胃里冲了上来，经过他的手流进了碗里。他仍然继续将手指往喉咙深处塞，直到他的胸腔又抬高了，突然间，他窒息了，他将手指从嘴里拔了出来，握紧了自己的脖子。剧烈作呕的痉挛折磨着他的整个身体。此时，他通红的脸已经变成了愤怒的紫红色，好像愤怒马上就要爆发了一样。他一次又一次地干呕，拼命想要把什么东西吐出来。接着，随着胸腔的最后一次痉挛，一个物体从他的嘴里飞了出来，掉进了碗里，发出叮当的碰撞声。斯帕拉捷重重喘着气，倒在椅子上。

过了一小会儿，他身体前倾检查碗里的东西。碗底是浅浅的一汪多泡的胃液，胃液中漂浮着一个木质的管子，长约一英寸。斯帕拉捷小心地捡起管子，把它拿到光亮处。它带着黏液闪着光，在里面他可以看到一块部分消化了的牛肉，其表面松软而呈胶状。

"是的！是的！"他说，"太棒了！"

　　　他靠回椅子上，小心翼翼地用干净的手擦了擦胸腔，面带愉
快的笑容更仔细地查看起填肉的管子。

　　婴儿有强大的冲动，想要通过把东西塞进嘴里来探索他们周遭的事
物。他们胖乎乎的手指伸出去，抓住玩具、蜡笔，或者任何零碎的小东
西，然后直接把它们塞进自己张开的嘴里，用舌头小心地品尝和感受它
们。随后，令紧张的家长担忧的是，他们经常会把东西吞下去。因为嘴
里充满神经末梢，因此婴儿以这种方式获取关于世界的信息也合情合理，
但是到了三岁，用嘴巴探索的方式通常会被更安全的视觉和触觉观察所
取代。孩子们会举起物体，歪头看向它们，在手中翻转它们，然后大笑
着将它们抛到房间另一边。到了成年时，我们大多数人对于想要放进嘴
里的东西已经变得极为保守了。我们或许会品尝一种新的红酒，或者某
些异国食品，但我们的勇气大概也就止步于此了。

　　可对一般人来说，正确的事对科学家不一定正确。多年来，很多研
究者重新找回了婴儿的智慧。他们意识到自己的嘴（和胃）能成为极为
有用的探索世界的工具。其结果是，在自我实验者中，有一种为了科学
吞物的强大传统。各种各样的物体——可以吃的、不能吃的、有毒的、
致病的——都被科学家吞进了喉咙。

吞管子

　　在研究领域，对消化开展研究，成了科学家吞咽异物最早的动机。
18世纪末，医生们对身体是如何消化食物的所知甚少。主流的理论是，
食物在胃里要么发酵、腐烂，要么被磨碎成了小块。为了对这一神秘课
题做出解释，意大利科学家拉扎罗·斯帕拉捷想出了一个点子，将小块
食物放进小麻袋里，缝合后吞下它们，然后检查排出身体时会出现什么。
这一方法使他可以在单个食物穿过自己的胃肠道时跟踪它们。

　　1776年，斯帕拉捷在帕维亚大学教书时，开始了他的消化实验。他
测试的第一份食物是一块面包，他简单地嚼了嚼，然后把它吐进了一个

亚麻袋子里。他想到亚麻袋子有可能堵在他的肠子里，从而产生疼痛甚至致命的后果有些担忧。但随后他意识到，平日里人们总是会吞下无法消化的东西，比如樱桃核、李子核，也没有什么致病的问题，他便放下了心。于是他把袋子放进嘴里，用一大杯水把它送进肚子。随后，他紧张地等待着看会发生什么。第二天早晨，他排了一次便，看向便壶时，他发现了一个令人愉快的画面——亚麻袋就躺在那里，而且自己也没有经历任何不适。他取出袋子，把它洗干净打开后，发现面包不见了！这意味着面包并没有发酵，也没有腐烂，而是被穿过布料的胃液溶解掉了。

接着是更多的实验。斯帕拉捷将面包装进两层甚至三层布料的袋子。受到三层布料保护的面包，有一小部分经过他的胃而被留了下来。接着他用肉取代了面包——鸽子肉、小牛肉、牛肉、鸡肉。如果他提前咀嚼了肉块，他的身体就会消化它们，不然它们就只有部分被消化。他想知道对未嚼的肉块完成消化需要多久时间，于是把一块已经被消化掉一半的肉块又一次吞了下去。当肉块再次出现时，还是有一部分未消化。但肉块第三次穿过他的消化系统之后，完全被消化了。实验过程中，他并没有详细说明是否每次都把肉放进了干净的袋子。

为了测试胃的肌肉收缩是否帮助了消化，斯帕拉捷鼓起勇气，抛弃了亚麻袋，将一些嚼过的小牛肉放进了一个中空的木质管子里，随后把管子吞了下去。和之前的实验一样，物体审理地穿过了他的身体，掉进了便壶，但是里面的肉块也不见了。这显示，胃并没有通过磨碎或者压碎的方式来消化食物。

在结束研究之前，斯帕拉捷想要更仔细地检查胃液，同时希望证明消化主要在胃里完成，而不是肠道里。他通过吞下一个装有牛肉的管子，来设法解决这两个问题。随后他等了三个小时，将手指伸进喉咙，把管子吐了出来，一并吐出的还有大量的胃液。

一些人，比如超模，可以很轻松地让自己呕吐，但是斯帕拉捷显然不具备这样的技能。他既紧张又痛苦地折腾了半天，管子才从胃里吐了出来。但他一拿到管子，就注意到牛肉已经松软呈胶状了，这证明消化在胃中发生了。接着他将一块新鲜的牛肉放进胃液里，把它封在了一个玻璃瓶中。三天后牛肉溶化成了黏滑的黏液，而一块在水里放了相似时长的牛肉虽然开始腐烂了，但仍然完整。这个实验展示出了消化与腐烂并不相同，而且相比腐烂的时间，消化的速度快得多。

斯帕拉捷本想用胃液做更多的实验，但他无法承受继续呕吐的痛苦。他解释道：

> 呕吐行为引起的不舒服的感觉——整个身躯的痉挛，尤其是我的胃，在那之后继续痉挛了数个小时——在我心里留下了对这种操作极为强烈的抵触。尽管我对获取更多的胃液有着强烈的渴望，但这种抵触让我完全无法重复它了。

得益于斯帕拉捷的努力，科学家了解到消化是一种化学过程。巧合的是，他并非当时唯一一位研究消化问题的人。一位爱丁堡的年轻医学生爱德华·史蒂文斯，在对斯帕拉捷的研究不知情的情况下，几乎与他同时开展了一系列类似的实验。然而，史蒂文斯没有拿自己当实验对象。相反，他说服了一个精神上有缺陷的匈牙利街头艺人来当他的小白鼠。据史蒂文斯的描述："他是一个理解力贫乏的人，冒着近在眼前的生命危险，通过吞石头取悦一般大众来维持生计。"这个人表演的"亮点"是，在石头迂回穿过他的肠道时，还能听到它们在他肚子里互相碰撞的声音。

史蒂文斯说服这个人，将他的天分用在更好的地方，让他不断重复地吞下一个表面穿孔的银球，史蒂文斯在球里装入了各种各样的测试材料——生牛肉、鱼肉、猪肉、奶酪、苹果、白萝卜、小麦、大麦、黑麦，还有羊骨。他得到的结果和斯帕拉捷的结果相似，但史蒂文斯在他的调研收尾时问了一个有趣的问题。他想弄清一个活的生物能否在穿过一个人的内脏之后活下来。于是他在银球里放了一只活水蛭，理由是水蛭是格外强悍的寄生虫。它从匈牙利人屁股里冒出来时，转变成了"黑色黏稠的臭气"，这对他的问题给出了否定的答案。史蒂文斯让匈牙利人吞下的蚯蚓遭受到了类似的厄运。实验因艺人突然间离开爱丁堡而结束了，也许他是去其他地方寻找观赏他表演的观众了吧。

吃玻璃的人

1916 年，在史蒂文斯开展爱丁堡实验的一百四十年之后，一个瘦削、紧张的男人走进了芝加哥大学的实验室，找到消化专家安东·尤利乌斯·卡尔森，并自我介绍他是弗雷德利克·赫尔策尔。就像史蒂文斯的匈牙利艺人一样，赫尔策尔拥有奇怪的能力，几乎可以吃下任何东西。记者们最终给他起了个外号——"公山羊人"。但和匈牙利人不同的是，赫尔策尔非常迫切地想要把他的天分用在科学上，最终他也凭着自己的能力成了一名研究者。赫尔策尔对消化的兴趣开始于 1907 年，在他十八岁时，遭受了一次严重的胃痛。他感觉自己再也无法恢复到患病前的健康状态了，而且渐渐地确信食物本身就是他毛病的源头，只要他饿着自己，很快就会康复。于是他开始了一系列业余的自我实验，试图发现能抑制饥饿的无热量的物质，使他能减少自己对食物的摄入。然而，他找不到任何可以满足自己需求的东西。木炭是他尝试的第一个物件，不够有饱足感。接着他吃了掺了盐的沙子，这减少了他的饥饿感，但会刺激他的肠子，而且排便时就像在排砂纸一样。圆形的玻璃珠吞进去和排出身体几乎同样快，让他感觉比之前更饿了。

赫尔策尔继续尝试了各种各样的材料——土壤、玉米芯、木屑、坚果壳、木塞、羽毛、毛发、羊毛、海绵、稻草、橡胶、石棉、粉笔、丝绸、亚麻、人造纤维，还有香蕉茎——但是由于各种不同的理由，他把每一种材料都从列表中画掉了。最终，他尝试了切成小块的手术专用棉花。这种"棉花"并不是好的食物，容易造成肛漏和直肠发痒。但是，他认为这是测试过的所有物品中最好的，这也成了他食谱的主要组成部分。一开始，他通过滴一些枫糖浆来让自己适应它，但最终他教会了自己直接吃。想享受一下时，他会拿它在橙汁里浸一下再吃。

赫尔策尔急切地写信给研究者，用问题纠缠着他们，描述着自己在消化和营养方面的理论，但是大多数医生都断然地拒绝了他。后来，赫尔策尔坦率地承认："在一些医学群体中，我的神志是否清醒遭到了质疑。"他本来可能在余生一直继续开展业余的自我实验，却遭到科学界的无视，直到卡尔森在他身上看到了潜力。卡尔森把赫尔策尔收入麾下，鼓励他继续受教育，并引导他开展更严谨的科学研究。两个人经常协作。赫尔策尔从未获得过博士的头衔，但他成了一个经常给期刊供稿的人，在诸如《科学》和《美国生理学期刊》等期刊上发稿。

1917 年，赫尔策尔和卡尔森一起着手的第一个实验是十五天的禁食。卡尔森想知道饥饿感会不会像传言所说的那样，在禁食几天之后消失。在禁食第一天所拍的照片中，赫尔策尔身穿内衣，看起来非常瘦，还有些垂头丧气的。在十五天后拍摄的另一张照片中，他更瘦了，内衣像个袋子一样挂在他骨瘦如柴的身上，但他的嘴角却挂着满足的微笑。或许赫尔策尔可以继续禁食，但是十五天后他的饥饿感并没有消失这一点已经很明显了，所以卡尔森的问题得到了答案。当他恢复进食后，赫尔策尔闷闷不乐地在日记里写道："食物没有像我预想的那样可口。"事实上，进食的需要似乎从未给他带来任何的愉悦。他禁食时最开心。后来，赫尔策尔曾持续禁食达四十二天之久。

1924 年，赫尔策尔从事了一个更不同寻常的系列调研。在为期五周的每日测试中，他吃下了各种无法消化的材料——岩石、金属、玻璃——然后测量它们穿过他的胃肠道的速度。玻璃珠是所有物件中最快的，平均四十个小时就穿过了他的消化道。接下来是碎石，这些碎石是从实验室外的步道搜集而来的，在他吃下去的五十二小时后掉进了马桶。钢珠轴承和一段折叠的银丝均花了大约八十小时才穿过他的身体。金粒是最慢的，以慢悠悠的速度穿过他的肠道，在二十二天之后才再次出现。

吞吃不消化的物体，后来成了赫尔策尔日常的习惯。1925 年到 1928 年，他每天会吃下一百个绳结，并执念地记下自己的排便，以记录绳结穿过的速度。他肠道速度的最快纪录，是在一阵剧烈腹泻的帮助下达成，是由绳结所创造的。这个绳结仅用了一个半小时就穿过了他的身体。有一次卡尔森实验室的一名助理开玩笑似的给他端来了一个裹面炸过的小活扳手，只是并没有关于赫尔策尔是否吃了它的记录。1929 年，赫尔策尔转而每天吃下五克的金属粒。圣诞节是一年里他唯一会暂停残忍做法的一天，他会让自己吃上一顿虽然不多，但是可以消化的食物。

到了 1930 年，赫尔策尔已经变成了全职小白鼠，在卡尔森实验室旁附带的小房间里过着僧侣一样的禁欲生活。他没有薪水，但作为对他工作的回报，可以有吃（就像以往一样）有住。他在实验室之外似乎没什么可做的。作为娱乐，他会在附近的公园里散一会儿步。偶尔会在傍晚去看电影。在科学出版物上，他把自己描述为一名芝加哥大学的"生理学助理"。

极端的饮食和生活方式让赫尔策尔付出了代价。1933 年，一位访问卡尔森实验室的匿名记者被赫尔策尔的样子吓呆了，他在美国周报公司分发的一篇文章中写道："他的双手就像病人的手一样，穿着白蓝色的亚麻布，骨瘦如柴，他的喉结在瘦削的脖子上凸显，他的皮肤没有血色，只有蓝色的血管网密布，尤其是在他的眼睛下面。"

尽管如此，赫尔策尔仍然坚信食物带来的危险，以及不进食会带来的好处。1947 年，他与卡尔森合著了一篇论文，证明间断性禁食看起来延长了大白鼠的寿命——限制卡路里摄入和长寿之间的联系时至今仍然是一个受到严格科学审查的主题。直到 1954 年，赫尔策尔还写道：过度饮食是"文明社会的头号问题"。然而，赫尔策尔最小限度的饮食并没有显著地延长他的寿命。最后，他于 1963 年去世，享年七十三岁。

寄生虫餐

赫尔策尔吃棉花、金属、碎石和玻璃的食谱不大可能吸引多少追随者，但他选择的食品比起其他一些领域的研究者咽下的东西来说，算得上是彻底地好口味了。寄生虫学家——寄生虫的研究者——作为有着英雄气概的食客站了出来。寄生虫是医学从业者确认的头等致病原因之一。从古埃及的莎草纸中就能找到提及它们的内容，学者们认为《圣经》也对它们做了描述——一些历史学家主张在以色列人出埃及之后，他们遭受的"火蛇"实际上是几内亚龙线虫，在皮下生长，并出现在宿主的皮肤上。然而，直到 19 世纪，研究者才开始彻底地揭开寄生虫的生命周期，第一次尝试证明这些在许多生肉中发现的小白幼虫，如果被吃下去，可能会在肠道中长成寄生虫。

在令人类宿主感染上寄生虫的最初的尝试性实验中，有一例发生在1859年11月德国科学家戈特洛布·弗里德里克·海因里希·屈兴迈斯特喂一名判了死刑的囚犯吃下了满是猪带绦虫①幼虫的生猪肉。1860年3月31日，行刑者对囚犯实施了斩首，在那之后，屈兴迈斯特急迫地剖开了他的身体，观察他体内长出了什么。这位医生发现有几乎二十条蠕虫在肠道里扭动。屈兴迈斯特认为这些蠕虫相对较小，尽管最长的一条长达五英尺。这些蠕虫贴在死人肠子上的韧劲令他印象深刻。当他试图移除其中一些时，它们用力地尝试重新附着。

屈兴迈斯特因为在一名囚犯身上做实验而广受批评，但他为自己辩护称：众所周知，石榴提取物是治疗绦虫的有效手段。因此，在不大可能发生的被赦免的情况下，这名囚犯也不会一辈子遭受肠道感染的痛苦。即便如此，这名囚犯显然在成为蠕虫温床这件事上，并没有被给予选择权。

第一位在实验中感染寄生虫幼虫的研究者的殊荣，属于西西里岛的教授乔瓦尼·巴蒂斯塔·格拉西。1878年10月10日，在进行尸体解剖时，格拉西发现尸体的大肠中满是似蚓蛔线虫的幼虫，这是一种体形很大的肠道蛔虫。他想到，这一发现——虽然可能很残忍——意味着一个新颖的实验机会。他可以把幼虫吃下去，证明摄入是感染的来源！

格拉西想要确保他恰当地开展了实验就意味着：首先，他必须证明自己尚未被感染。所以他将幼虫从死者的肠道中取出，将它们放进湿润的粪便溶液中，这样他可以无限期地保证这些幼虫活着。随后，他用显微镜每天检查自己的粪便长达一年时间，从而确认自己没有被感染。最终，在1879年7月20日，他确信自己体内没有寄生虫，于是将一些幼虫从它们待的地方取出，吞下了这难吃的餐点。一个月后，令他愉快的是，他感受到肠道不适，随后在自己的粪便中发现了蛔虫卵。确信自己已经感染，他给自己服用了一些鳞毛蕨，一种抗寄生虫的草药，然后将

———————

① 猪带绦虫：也称猪肉绦虫、链状带绦虫或有钩绦虫。

那些未成熟的寄生虫从他的肠道里冲了出去。

在格拉西之后，将寄生虫幼虫吃下去，在肠道里养寄生虫的做法在寄生虫学家中间越来越流行。事实上，这几乎被当成了这个职业的一种可怕的通过仪式。1886 年，从日本传来了饭岛魁的报告，他骄傲地宣布，他在自己的肠子里养出了一条长十英尺的阔节裂头绦虫。下一年，瑞士巴塞尔大学的弗里德里克·乔克和他的十名学生吃下了在本地的鱼体内发现的绦虫卵。几周后，他们吃下了驱虫药，从肠道里排出了长达六英尺的寄生虫。他们的行为得到了媒体广泛的报道，全欧洲各地都有人因此而寄信称赞和鼓励他们。只有一名来信者持批评的态度——他来自防止虐待动物学会当地分会，批评他们开展如此危险的实验。

到了 20 世纪，研究者吃下寄生虫幼虫的行为已经相当普遍。尽管如此，日本儿科医生浓野垂的行为，仍然令科学界印象深刻，时至今日仍会被寄生虫学家充满敬意地谈起。1922 年，浓野破纪录地吞下了两千颗成熟的似蚓蛔线虫卵。一个月后，在患上严重的流感样症状之后，浓野在他的痰液中发现了蛔虫幼虫。以这种方式，他推论出了这种生物在人体内的有趣的生命周期——在被摄入之后，幼虫从肠道进入血液，由此抵达肺部。它们被咳出来，重新咽了下去，回到了小肠中，在那里它们最终完全成长为可以繁殖的成年蛔虫。

寄生虫幼虫可谓真正国际化的"美食"，美国研究者也享用了寄生虫佳肴。1928 年，美国畜牧局的埃米特·普赖斯在华盛顿市国家动物园的一只死长颈鹿的肝脏里发现了一种不知名的寄生虫幼虫，他把发现的幼虫吞下了肚子。报纸兴奋地报道了普赖斯倒胃口的自我实验，但媒体似乎对普赖斯上司的反应更为惊讶，后者随口解释说，他不仅同意普赖斯的做法，甚至还曾预料到他会这样做，因为研究者把自己的身体当成养寄生虫的实验田的做法，是畜牧局寄生虫学部门的一项传统。一名记者疾呼道：

> 他必须这么做，因为这是"畜牧局的规定"。一个要求人用自己的胃当试管，用自己的身体当实验田的残酷规定。从这位科学

家英雄式的行为中没法得到其他确切的结论，只能说这展现了荣
耀的科学工作者离一般人已经太远了……大多数人会断然拒绝成
为长颈鹿肝脏寄生虫的培养皿。

寄生虫学家这一古怪的习惯一直持续到了近代。1984 年，苏联研究
者 V.S. 基里切克从在俄罗斯北部偏远地区生活的驯鹿的脑中发现了一些
绦虫卵，把它们吃下了肚。在台湾，1988 年，台北的国立阳明医学院寄
生虫学系的一些研究者报告称，他们吃下了一些在当地荷斯坦小牛的肝
脏里发现的绦虫幼虫。

呕吐物饮用者

比起寄生虫幼虫，有人还会吃更糟的东西——糟得多的东西。例如，
吃呕吐物可能会引发极度的恶心，而吃下黄热病患者吐出的黑色、掺血
的呕吐物估计会激起更强烈的厌恶。然而，就有研究者情愿忍受如此的
恶心。事实上，在 19 世纪上半叶，喝下冒着热气的黑色呕吐物，还在医
生中流行了起来。

美国费城的医生艾萨克·卡斯劳首创了令人反胃的喝呕吐物的实践。
1794 年，在欧洲从医学院毕业之后，卡斯劳回到费城，在那里他发现黄
热病在整个城市肆虐。那时候，黄热病是全世界最令人畏怖的疾病之一，
因为它发病急、极为痛苦、似乎是无法阻止的杀手。

黄热病患者首先会出现突然而剧烈的头痛，接着是发热，肌肉和关
节出现刺痛，身体虚弱无力，眼部和舌头发炎。随着肝脏染病，患者的
皮肤略带青黄色——此病也由此得名。最终，血液通常会渗漏进胃肠道，
在那里凝结，引发患者吐出大量黑色的呕吐物，看起来就像浸了黏液的
咖啡渣。在首次显现症状仅三天之后，死亡就可能会随之降临。

对于 18 世纪末期大多数的非专业人士而言，黄热病属于传染病似乎
是显而易见的，因为在一个地区出现一例患者之后，这个疾病通常会在
人群中迅速地传播开。因此，人们会躲避那些患者。然而，很多医生开

始怀疑黄热病并非传染性疾病，因为直接与患者接触——甚至处理死者发臭的尸体——也没有引发疾病。疾病的微生物理论还没有出现。相反，医生们推论说是恶臭或受污染的空气，在闷热难耐的夏季高温的加剧之下，造成了疾病的爆发。

卡斯劳在费城照顾患者时，已经确信黄热病不具传染性。他对这一信念特别有把握，以至于他决定对黄热病进行一次夸张的测试，通过设计一系列实验，来证明黑色的呕吐物对一名健康的实验对象无害，实验对象就是他自己。

卡斯劳在 1794 年 10 月开始实验，从一名死者的胃里取出了一些黑色的呕吐物，然后随手将它涂在自己的嘴唇上，还用舌头舔了舔。他写道："在涂上很短的时间之后，它给人一种辛辣液体的感觉。"几十年之后，另一名费城的医生，勒内·拉罗切对黑色呕吐物味道的描述表示同意，将它形容为苦、酸，而且"有点儿淡"的味道。

接着卡斯劳将黑色呕吐物涂满自己全身的皮肤，将手浸入了一名患者刚吐出的一桶呕吐物里。同样，他这次没觉得有什么不寻常的地方。他还把呕吐物喂给猫、狗和鸡。它们也没有显现出得病的迹象。最终卡斯劳把黑色呕吐物加热，让蒸汽充满整个房间，然后在房间里坐了一个小时。他写道：

> 液体蒸发了，直到空气里充满了呕吐物的恶臭气，将整个公寓变成了极为令人不适的地方，不仅因为呕吐物的气味，而且因为房间的热度。在这样的空气中，我待了一个小时。在这一个小时里，我不断地咳嗽，而且有时会恶心想吐。但在走出来呼吸到新鲜空气之后，这些影响都渐渐地平息了。

尽管卡斯劳做了这么多看似危险的实验，依旧没有生病。几年后——1802 年，一名年轻的费城医学生斯塔宾斯·弗斯继续了卡斯劳的调研。他开始和卡斯劳一样，将黑色呕吐物涂在自己身上。但随后，他的实验更进了一步。他将黑色呕吐物放进自己的眼睛里，还吞下了未经稀释的一杯呕吐物，同样也没有得病，这似乎相当确凿地证明了此病非传染性的理论。

很快，喝下黑色呕吐物的做法传出了费城。1816年，法国医生尼古拉斯·谢尔万在西印度群岛研究这一疾病时，饮下了大量呕吐物。但是另一位法国医生让·路易-热纳维耶芙·居永走得最远，在人们尚存怀疑之下，为了证明黄热病非传染性的特点，他怀着满腔热情，开展了大概是科学史上最恶心的自我实验。

1822年，居永在马提尼克岛[①]的皇家堡时，先从一名黄热病患者身上脱下浸满汗水的衬衣，自己穿了二十四小时。同时，他从患者身上取下一块溃烂的水泡，在自己胳膊割开的口子上摩擦。等了几天后，居永宣布他没有发烧。但是这一测试仅仅是个开始。接下来，居永穿上了一件浸满血和汗的衬衣，这件衬衣来自一名刚刚因黄热病去世的患者。因为患者去世时居永在场，所以他在患者刚死去之后立即脱掉了他的衬衣。衬衣上还有被高烧折磨的身体留下的余温。随后居永躺上了被排泄物弄脏的床铺上。他在脏污中翻滚着身体，将腹泻的排泄物沾满全身皮肤，确保最大的暴露面积，并在那里躺了六个小时。他将从患者胃中取出的"黑色带血的物质"擦在自己的胳膊上。最后一步，他喝下了一杯患者的黑色呕吐物。然后他等待着自己生病。奇迹般地，他保持了健康。

或许居永为了证明黄热病非传染的特性，而采取了最极端的方法，但是最别具风格地喝下呕吐物的男人，是英国海军外科医生罗伯特·麦金奈。1830年，麦金奈在英国海军女巫号军舰上时，黄热病在船上爆发了。麦金奈相当确定疾病由一种据他记录"从舰船内部散发出的有毒物质"引起，他用一只红酒杯装了一名患者的黑色呕吐物，来安抚船员的恐惧情绪。他把杯子举到空中，祝福了一位军官同事："祝你健康，格林。"随后他把这杯呕吐物喝了下去。他报告说这甚至没有影响他晚餐的胃口。

所有这些压抑着自己的恶心，决然地喝下一杯杯黑色呕吐物的医生，

---

① 马提尼克岛：法国的海外大区，位于北美洲加勒比地区，小安地列斯群岛向风群岛最北部。

多半被医学史学家遗忘了。这是因为，尽管他们十分勇敢，但这些呕吐物饮用者其实错了。黄热病绝对是传染性的，尽管他们部分正确：你很难通过与患者接触而感染这种疾病。它几乎完全是由蚊子叮咬传染的。1881 年，古巴医生卡洛斯·芬利首先提出了蚊子在其中的作用。1900 年，由沃尔特·里德领导的一队研究者确认了芬利的理论。里德团队的一名研究者，杰西·拉齐尔牺牲了自己的生命，证明了这一假说。他有意让自己被蚊子叮咬，而他知道这只蚊子携带了被感染的血液。这一行动和卡斯劳、弗斯或者居永所做的一样勇敢和惨烈，却远没有那么令人恶心。

肮脏派对

19 世纪下半叶，疾病的微生物理论出现之后，喝下各种物质来证明其致病性或非致病性成了相当常见的自我实验形式。例如，1892 年 10 月，马克斯·冯·佩滕科费尔喝下了放有霍乱弧菌的牛肉汤，以证明他的理论：细菌并非引发霍乱的主要原因。事实上，佩滕科费尔错了，但幸运的是，他的错误只不过导致他出现了腹泻的轻微症状。更近的例子发生在 1984 年，澳大利亚的研究者巴里·马歇尔喝下了含有幽门螺旋杆菌的水，以证明这种细菌是胃炎和胃溃疡的致病原因。两周后，他的胃出现了不适，并伴有恶心、口臭，表明他的理论是正确的。后来马歇尔因为他的发现而获得了诺贝尔奖。

然而，一个半世纪前，只有一个系列的自我实验几乎可以与呕吐物饮用者的极限恶心相匹敌。这就是约瑟夫·戈德伯格所谓的"肮脏派对"。

1914 年，美国公共卫生服务部，安排戈德伯格领导一个委员会，研究糙皮病，一种规模已经达到流行病程度的可能致命的疾病。这种病以皮肤发炎、腹泻和痴呆为特点。戈德伯格一开始和几乎整个医学界持有相同的观点，并认为糙皮病是一种传染病。但是他越是研究它，越确信这种病症是由饮食营养缺乏造成的。为了证明自己的理论，戈德伯格从此前的黄热病研究者身上得到了启发，并设计了一系列实验，在实验中，他和另外十六名志愿者，尝试让自己患上糙皮病，以证明这是不可能做到的。

这些自我实验者从糙皮病患者那里收集了皮肤提取物、鼻涕、尿液和粪便。他们把这些标本和小麦粉、饼干碎屑混在一起，把它们擀成药片的形状，然后吃掉了它们。这些实验者坐在一起，分吃这些排泄物零食时，开玩笑地称这个聚会为"肮脏派对"。一些志愿者经历了恶心和腹泻，但是他们没有一个人得糙皮病。

其他研究者在此之后肯定了戈德伯格的怀疑，确认糙皮病是由饮食中长期缺乏烟酸（也被称为维生素B3）造成的。因此戈德伯格调研的结果——以及他甘愿吃下尿液和粪便的结果是，这种曾经影响了数百万人的疾病目前已经在发达国家几乎完全消失了。

在结束这个话题之前，有一个令人不安的想法要分享给大家，不幸的是，摄入污秽样本的做法并不局限于自我实验的领域。每次我们决定外出就餐时，都可能变成"肮脏派对"不知情的参与者。诸多研究显示，饭店充满了微生物。一项发表在2010年的《食物微生物学国际期刊》上的调研指出，很多快餐店中的饮料自动售货机是特别惊人的污秽之地。人们在去完洗手间之后使用售货机，然后售货机会将粪便污染物和细菌直接灌进碳酸饮料中。污染的水平没有高到足以引起严重健康风险的程度，但是自己到底喝了什么这个想法本身就够你反胃的了！

痛 感 升 级

1922年7月10日——阿肯色州，费耶特维尔。

"它是很棒的标本。"威廉·贝格边说，边瞥进玻璃罐看黑寡妇蜘蛛，他的双眼兴奋地闪烁着。贝格三十岁过半，有着一头深色的头发，体格强健。在他的身旁，一个名叫加林顿的年轻大学生紧张地看着蜘蛛。他们坐在实验室的长凳上，实验室里满是罐子，里面装着各种样子奇异的昆虫，包括蝎子、百足虫和蟑螂等。角落的一只水族箱里装着一只巨大的棕色塔兰托毒蛛。

"我上次喂它是在四十八个小时前，"贝格继续说，"所以它应该准备好要开咬了。"他拿起管子，把盖子拧开。

"教授，你确定想这么做吗？"加林顿问道，"我们不能在一只老鼠，或者猫身上试吗？"

"那没法告诉我们在人身上的作用。不管怎么说，我确信这不会那么严重的。保证把你的笔记记好就行。我可不想再做一遍！"贝格大笑，加林顿尴尬地报以微笑。

贝格将一支镊子伸进罐子里，轻轻地夹起蜘蛛。把它取了出来，悬在半空看了看它。它的直径大约一英寸，黑得发亮，腹部很大呈球状，体下有一个暗红色的沙漏形标记。"它真漂亮，对吧！"贝格大喊道。加林顿点了点头，但向后缩了缩身子。

"那么让我们开始吧。你准备好了吗？"

加林顿打开他面前长凳上的日志，然后拿起了一支笔。"我准备好了。"

"好吧。让我们看看。"贝格瞥了一眼墙上的表，"现在是上午八点二十五分。接下我将尝试让蜘蛛咬我。"加林顿顺从地将信息记入笔记本。

贝格轻巧地把蜘蛛从镊子中取出，用他右手的拇指、食指和中指捏住它的腹部。"其实想让这些小东西咬人也不是那么容易的事。有一个技巧，"加林顿继续记录，贝格将左手伸向前方，将蜘蛛的头放在了他的食指上，"你得把螯牙抵在选中的点上，随后轻轻地像这样左右移动蜘蛛。"他的动作配合着他的话，"幸运的话一只螯牙会刺进皮肤里，这会使它将两只螯牙都尽可能深地扎进去。"仿佛收到了信号一样，蜘蛛将螯牙刺入了他的皮肤。

"这就好了，完美！"贝格咧嘴微笑，"感觉不太明显，就像一根细针刺进去了一样。啊，现在疼痛加剧了。"

加林顿盯着蜘蛛挂在教授手指上，脸上闪过一阵恐惧的神情。随后他的注意力又转回到了日志上。

"是的，现在相当疼了。尖锐的刺痛。好，五秒钟了。我想这已经够了。"他将蜘蛛从手指上拽开，迅速把它丢回罐子里，然后封上了盖子。

蜘蛛一被放回到玻璃罐里，加林顿就明显放松了下来。"在它螯牙刺入的地方，皮肉显得有点儿苍白。上面有一小滴无色的液体，但除此之外，我看不出任何被刺过的痕迹。然而，疼痛感一点也没减弱。事实上，它似乎加剧了，而且在我的整个手指上蔓延开来。"

加林顿停下笔，看着教授。

"这应该是一个有趣的经验，"贝格继续道，甩动手指以减轻疼痛，"我希望我身上能出现全部反应！"他快活地咧嘴笑。加林顿担忧地撇起嘴，犹豫地点点头，似乎不是很确定自己是否同意，随后，再一次拿起笔记录下去。

在科学研究中，身体的劳苦在所难免。科学家可能必须到偏远的、条件恶劣的环境里收集数据，比如南极洲或者火山顶。他们有时会冒被感染的风险，处理腐蚀性的材料。研究者们通常对这些困难泰然处之。他们接受并将不适看作工作中偶然出现却必不可少的一部分。

然而，在一些研究中，科学家不只是接受了不适，而且还积极地寻求不适。通过自我实验，一些研究者不断重复地给自己痛苦，仿佛在有意测试他们忍耐的极限一样。就像古时那些虔诚的苦行僧，在自己的肉身上实践禁欲苦行——用带刺的树枝往身上抽打，或者跪在冰冷的石板上祈祷数个小时——他们惩罚自己的身体，拒绝被自己神经末梢痛苦的尖叫所阻挡。以下是令科学式的好奇和受虐渴望之间界限模糊的自我实验。

一种初级感觉

疼痛的生理学研究，为任何一位有自我惩罚倾向的科学家提供了充足的机会。而且这个领域有一个传统，那些研究疼痛的人应该对疼痛的作用有第一手的了解。对这一传统的建立负责的医生，是神经学先驱亨利·黑德爵士。

20 世纪早期，在伦敦医院工作时，黑德开始了一项针对神经受伤患者的研究，希望这些伤可以给神经系统的运作方式提供线索。然而，他很快就变得很受挫。这些患者缺少他受过的训练，没法提供他想要的那种细致的回应。黑德评论道：他们只在"最简单的内省"，即对他提出的问题做是或否的回答时才算可靠。他得出结论，如果他想要更有用的信息，他得依靠他自己。所以他决定让自己的神经受伤，将自己的身体转变成疼痛的活体实验室。

黑德说服了医院的一位外科医生对他进行必要的手术。1903 年 4 月 25 日，亨利·迪安博士在黑德的左前臂划开了一道 6.5 英寸长的切口，将一块皮肤掀开，割断了外部放射状的皮神经，用缝合线把神经又重新接起来，然后把黑德身上的切口缝合。黑德手背上一大片区域即刻麻木了。

让自己受伤是简单的部分。更困难的是跟踪并分析他的康复。这部分工作，他争取到了剑桥的神经学家威廉·里弗斯的协助。在接下来的四年里的每个周末，黑德都会从伦敦前往剑桥，在那里，里弗斯会拿他的胳膊做一系列测试。里弗斯系统性地用针戳黑德的胳膊，拿装满滚烫的水的玻璃管触碰他，拔上面的汗毛，用药棉有力地擦拭他，甚至用氯乙烷冻住局部皮肉。在这些测试进行的过程中，黑德闭眼坐在那里，右手托着下巴，告诉里弗斯他感觉到或没感觉到什么。

从科学的角度来看，黑德的献身是值得的，因为两位研究者得出了一个重大发现。在七周之后，黑德的手重新获得了一种粗糙的感觉，使他能够感觉到温度和疼痛，但直到两年之后，他才恢复了感受更细致的感觉能力，比如轻微的触碰。根据这件事，两位研究者得出了正确的结论——人的身体有两套不同的神经通路，他们把这两套通路称为初级感觉通路和精细感觉通路。初级感觉通路是身体最初的反应系统。它向身体发出疼痛和温度的警告，但是方式较为模糊和扩散。精细感觉通路能收集更精确、细节更丰富的触觉信息。

身体有没有哪块正常皮肤纯粹地展现了初级感觉的特点呢？好奇之下，里弗斯小心地检查了黑德的整个身体。果然，他发现了看起来有这样特点的区域——阴茎头。

为了更进一步地探索这一发现，两个人决定安排额外的实验。里弗斯用手握住黑德的阴茎，用硬质纤维粗暴地戳它，造成的疼痛太过不适，黑德喊了出来并躲开了。随后，里弗斯将阴茎浸入越来越热的杯装水里，黑德闭着眼站在那里。这部分实验看起来并非完全令人不舒服。黑德称，当水温达到四十五摄氏度时，一开始感觉很疼，但很快就产生了一种"微妙的愉悦感"。最终，里弗斯将直径不同的棒子抵在阴茎头上，让黑德告诉他棒子的直径。黑德可以感受到压力，但是对戳他的物体的相对大小没有概念。根据这些观察，两位研究者得出结论，阴茎头确实是"一个仅拥有初级感觉的器官"。这一发现解释了为什么男人可以用他们的手指，但却不能用阴茎阅读盲文。

疼痛地图

切断一个人手臂中的神经，是一种极端的行为——这已经超越了大多数人会为工作所做的事——但黑德看起来并没有特别痛苦。他从未痛苦地在地上打过滚。所以在疼痛量表中，他的尝试也就能在四星中达到两星。在 20 世纪 30 年代，另外两名英国医生，托马斯·刘易斯爵士和他的学生乔纳斯·勇基·凯尔格伦在一系列探索"牵涉痛"现象的自我实验中，将痛苦水平升了一级。

19 世纪 80 年代，医学研究者首次描述了牵涉痛，当时他们意识到内部器官受伤经常会引起身体其他地方的疼痛。例如，胃部的紊乱可能会在肋骨间造成疼痛。这种现象的一个著名的例子是心脏病往往伴随着胳膊疼。医生们仍然无法完全确定是什么引起了牵涉痛。

刘易斯和凯尔格伦决定通过系统性地往他们的肌肉、肌腱和关节处注入盐溶液，来画出牵涉痛感的完整人体地图。盐对身体无害，但它会制造剧烈的疼痛，而且能持续五分钟，随后痛感才渐渐消失。这些实验，他们开展了好几年，日复一日地将针深深刺入身体中，记录这一行为会引起他们身体的哪些部位的疼痛。

　　例如，他们会给脊椎的所有韧带注入溶液，从颈部一直下到腰椎。其中一人会将针刺入另一人的背，直到针尖抵住坚硬的棘间韧带，随后轻微左右挪动针尖，然后再注入溶液。这通常会引起蔓延到四肢和胸腔的疼痛。他们高兴地指出："重复注射同一条韧带的结果非常稳定。"类似地，他们将针刺入彼此的臀部：

> 有力地转动针头会引发一种非常轻微的弥漫性疼痛，在多数臀部注射中都能感觉到。0.2 立方厘米浓度 6% 的盐水随后会被注射进肌肉，这使人感到更剧烈的弥漫性疼痛，在臀部较低处和大腿后面可以清晰地感觉到，偶尔一直到膝盖都有痛感。

　　测试骨骼更具挑战性。首先他们尝试将针稳稳地插入骨骼中，但这只能引起一种让人不舒服的压迫感。于是凯尔格伦自愿用一根磨尖的不锈钢丝穿过自己的胫骨。他给这种体验提供了以下描述，在描述中，他用就事论事的语气，把用一根钢丝穿过他的腿的这件事形容得仿佛没什么大不了一样：

> 当钢丝穿过密质骨时，我感受到了愉快和振动，但没有疼痛；当钢丝进入了较软的松质骨时，振动的感觉中加入了弥漫性的疼痛。随后钢丝被一根皮下注射针取代，0.1 立方厘米浓度 6% 的盐水被注入了松质骨。这同样引起了轻微的弥漫性疼痛，在腿外侧很大一片区域都能感受到。

　　刘易斯和凯尔格伦的自我实验，就像他们之前的黑德一样，取得了有用的结果。例如，医生现在已经明确，如果一位患者来医院抱怨屁股疼，膝盖可能才是疼痛真正的源头。

敏感的睾丸

刘易斯和凯尔格伦的实验需要巨大的毅力和勇气。然而，对疼痛研究者来说，调研中还有些不适区域更加令人不安。这次仍然是两名英国研究者，赫伯特·伍拉德和爱德华·卡迈克尔，他们决定靠自己的能力探索这些极限（出于某种原因，英国人似乎特别喜欢这类研究）。

1933 年，在一篇发表于医学期刊《大脑》的文章里，伍拉德和卡迈克尔描述了他们实验的概念："我们想到睾丸或许可以被看作是一个合适的脏器，适合于开展牵涉痛的相关观察。"把它翻译成更直白的语言就是，他们计划弄清自己的睾丸被挤压是种什么感觉。

两名研究者没有说明他们中的哪个人做了实验对象（也就是，谁的睾丸被挤压），哪个人是观察者，但是他们就实验方法提供了细节：

> 睾丸被推向阴囊前方后，由下面的手指所支撑。睾丸上放置一个秤盘，放在里面的砝码会压迫手指和秤盘之间的睾丸和附睾。秤盘中会放入已知重量的砝码，并留在上面，直到实验对象描述完他的感觉和哪里有感觉之后再撤下。

研究者开展了实验的五个变体，使用局部麻醉来麻痹导向睾丸的不同神经，以检查每一根神经在传导睾丸疼痛中起到的作用。

伍拉德和卡迈克尔用一种极为乏味和冷淡的语气来描述他们的实验结果，仿佛有意想要避免对实验有所渲染一样。你可能会想象那个四肢张开躺在桌上的实验对象，正疼痛地咬紧牙关，而他的同事则俯身在他的腹股沟处堆高砝码，但是在他们的文章中找不到这样的细节。相反，他们只记录下了相当乏味的临床观察。例如，他们为一号实验提供了如下结果，在该实验中，他们在麻醉了后阴囊神经之后，压迫了实验对象的右侧睾丸：

> 三百克：右侧腹股沟轻微不适。

三百五十克：右侧腹股沟更加不适。

五百五十克：明显的睾丸疼痛，接着右侧腰背部隐隐作痛。

六百克：右侧大腿内部剧烈疼痛，伴有不明的睾丸感受。

六百五十克：右侧剧烈的睾丸疼痛。

在文章中只有一次直接记录了受折磨的实验对象的声音。在四号实验过程中，当在实验对象右侧睾丸上施加八百二十五克压力时，实验对象突然喊出的话："这和左侧很不一样。"随后他重新归于沉默。

得益于伍拉德和卡迈克尔的工作，科学家现在了解到给睾丸施加大约一磅重的压力会使疼痛蔓延到下背部，两磅的压力足以让疼痛蔓延到上背部了。但是他们发现的最有趣的事实是，即使当他们用局部麻醉的手段，将所有导向睾丸的神经都麻痹，还是不能彻底消除压迫带来的疼痛。睾丸是极为敏感的器官！

医学文献中没有其他就睾丸疼痛开展自我实验地记录了。仅有的另一个类似的实验，发生在大约四十年之后，德克萨斯医学院的两名研究者彼得森和布朗认为，人们对睾丸受压迫引起的疼痛知之甚少，它应该得到更多的关注。然而，彼得森和布朗并没有用他们自己做实验对象。相反，他们选择了六只（轻微麻醉的）公猫做实验。彼得森和布朗制作了一些他们所谓的"自制支撑装置"，用这种杯状装置托住猫的睾丸，随后他们用一根金属棒压迫这一柔软的器官。不出任何人意料地，他们了解到，猫像人一样，实在不喜欢睾丸被压迫的感觉。

人类减速实验

疼痛研究者并没有垄断整个受虐式的自我实验领域。科学的其他领域当然也为自我惩罚提供了机会。事实上，一个最有名的对身体极为残酷的系列自我实验，发生在空军医学领域。一位美国航空军医约翰·保罗·斯塔普博士在自己身上做实验，试图发现一名飞行员的身体到底能承受多少虐待。

1946 年，斯塔普第一次为科学承受痛苦。当时他三十六岁，自愿参加一项高海拔生存实验。实验涉及了在没有任何防护措施的情况下，乘飞机升上海拔四万六千英尺的高空，以确定他的血液中是否会形成致命的气泡。他活了下来。然后在 1951 年，他又参加了烈风实验，乘一架喷气战斗机以时速五百七十英里，在顶罩打开的情况下飞行。实验目的是弄清一名飞行员在被强风压在飞机上无法动弹之前，能够承受的最大风力。这一次，他同样没有受严重的伤，而且他身体承受的打击比起他在接下来的这项著名的自我实验——人类减速计划中所遭受的一切来说，可谓黯然失色。

二战后，美国空军需要知道，飞行员能否从超音速喷气式飞机中弹射出来，不会因为从音速迅速减速到几乎静止的冲击，而遭遇必然的死亡。这一转变会令飞行员承受超过四十或五十克的力（一克相当于地表重力，四十克就像七千磅重的大象压在你身上）。很多医生认为十八克是人类身体能够承受的最大限度，但是没人确信这一点。斯塔普站了出来，自愿查明真相。

在美国新墨西哥州的霍洛曼空军基地，斯塔普设计了一架火箭推进的滑车，以七百五十英里的时速冲下一条三千五百英尺长的轨道。在轨道末端，挖出了一个水池，这会令滑车突然间停下来，它将在一秒内从每小时七百五十英里减速到零。早先的无人测试结果并不好。一开始滑车会脱轨。后来，减速的力量使假人冲破束带，在空中弹射了七百英尺。接下来还有可怕的灾祸，研究者不小心让一只黑猩猩承受了二百七十克的骤停，它瞬间转变成了在荒漠中飞溅开来的肉泥。但是当斯塔普感觉这些麻烦都处理好了之后，他决定该轮到自己上场了。

1947 年，作为滑车骑行的首秀，斯塔普以每小时九十英里的缓慢速度开始。第二天，他加速到了每小时二百英里。一如既往地，他不断地申请更多的实验，提高时速、探索人类忍耐的极限……在过去的七年时间里，他乘坐滑车二十九次。在 1954 年 12 月 10 日是他最后一次乘滑车，那一天，九支火箭把他推到了每小时六百三十二英里，比四十五口径的子弹还要快。他的速度超过了一架从头顶上飞过的喷气式飞机。当滑车冲进水里时，斯塔普承受了破纪录的 46.2 克的力量，几乎相当于四吨重量狠狠地压向他。

每次斯塔普乘坐滑车，减速的力量都冲击着他的身体。斯塔普反复经历昏迷、脑震荡、剧烈头痛、肋骨骨折、肩膀脱臼、各处骨折，但他仍然继续申请参加更多实验。有一次，他逞能地在等待医护人员到来时，自己固定了骨折的手腕。

最危险的是他的眼睛。急剧的减速造成血液在他的双眼中以很大的压力堆积，令毛细血管爆裂，很可能也撕裂了视网膜。更令人不安的是，当一个人的身体如此急剧地停下来时，人的眼球真的有可能会继续向前——迸出头骨飞向前去。在斯塔普的最后一次火箭滑车滑行过程中，这件事差一点就发生了。他写道："感觉好像我的双眼在被拽出我的头一样……我用手指抬起我的眼睑，但我什么也看不见。"他害怕自己已经永远地失明了，但幸运的是他的视力在接下来的几天里缓慢地恢复了。然而，他余生一直都在遭受着各种视力问题的困扰。

尽管斯塔普承受了巨大的痛苦，但他证明了人类身体可以承受的 G 力① 远高于以往人们相信的数字。他怀疑上限比他经历的 46.2 克还要高得多。这一信息揭示，冲击死亡通常由不充分的安全装备造成，而不是冲击本身。其结果是，空军对喷气战斗机的设计做了大量的改进，包括更强力的安全带和强化的驾驶舱。在斯塔普后来的人生中，他热情地宣传汽车安全，他的倡议为那些强制汽车中安装安全带的法律做出了贡献。尽管让自己的身体遭受了那么多虐待，斯塔普还是活到了八十九岁高龄。

致命的黑寡妇

虽然科学研究者或者航空军医很难避免身体受伤所带来的疼痛，但有史以来最"自虐"的自我实验奖应该颁给另一批科学家，毒素学家。相对而言这一领域不是很有名，研究者们会对诸如蜘蛛、蛇、蜜蜂、蚂

---

① G 力（G-Force）：高速移动时承受力道的单位。

蚁和水母等有机体制造的毒素开展研究。进化的力量在几百万年里使这些毒素能够造成最高级别的疼痛——恐怖、噩梦一样的痛苦，就像你的整个身体被猛地里外掉了个儿，又被浸入了酸性液体中一样。对相当一部分毒素学家来说，这些能引发痛苦的毒素的存在，似乎对他们个人提出了挑战。他们想知道，经历那样的痛苦会是什么样的感受。为了寻找这一问题的答案，这些研究者真正赢得了"疼痛大师"的荣耀。

阿肯色大学的教授威廉·J. 贝格，在这条追寻知识的痛苦道路上为后人领了路（奇怪的是，他名字里的字母"J"不代表任何意思。他只是觉得这样看起来让人印象深刻而已）。1921 年 8 月，在调研被塔兰托毒蛛叮咬会有怎样的影响时，他开始了自我实验。

塔兰托毒蛛个头大，多毛，长相骇人，人们普遍都非常害怕它们。很多人向贝格保证，它们的叮咬是致命的，但是他对此有所怀疑。在豚鼠和大白鼠身上的实验，证实了他的怀疑。叮咬似乎只是引起了这些动物轻微的、暂时性的不适，没比蜜蜂的叮咬严重多少。为了确认这一点，他引诱了一只大个的雌性塔兰托毒蛛，将其黑色的角质螯牙刺进了他的手指。他描述这种感觉就像被大头针刺了一下，但是两小时后疼痛就减缓了。他得出结论，大多数塔兰托毒蛛对人类并没有什么危险。

在这一经历的鼓舞下，贝格更大胆了，他转向了更令人闻风丧胆的蜘蛛——黑寡妇。同样，贝格对被这种蜘蛛叮咬的可怕影响的报道心知肚明。黑寡妇喜欢在黑暗的地方游荡，比如户外的厕所。1915 年，有一则令人不安的报道说，一个男人坐在户外马桶上时，生殖器被咬了一口。他蹒跚了一英里来到最近的医生那里，那时他的阴茎已经肿胀到直径三英寸了。然而，贝格指出这样的报道完全是间接证据。受害者在痛苦中完全没有想到将蜘蛛带到医院里。所以不能肯定地说黑寡妇就是引起他痛苦的原因。

贝格令黑寡妇叮咬一只大白鼠，发现其影响用他的话说"相对不明显"。大白鼠在笼子里蜷起了身子，显然很痛苦。偶尔它向前猛冲，好像痉挛一样。但在十个小时之后，它完全康复了。所以贝格再次决定，在自己的身上测试叮咬。然而，和塔兰托毒蛛不同，黑寡妇的这一击完全没有辜负它的名声。

1922 年 7 月 10 日上午八点二十五分，贝格将一只成年的雌性黑寡妇放在自己左手的食指上。它迅速将螫牙刺进了他的手指。他让它咬了自己五秒钟，然后将黑寡妇拽开。一名年轻的大学生加林顿观察了全部过程并做了笔记。一种尖锐的持续性疼痛迅速在贝格的手指上蔓延开来。在十五分钟之内，疼痛蔓延到了他的肩膀。两小时之内，疼痛已经从胳膊一路弥漫到了他的臀部。四个小时之后，他的整个身体遭受着疼痛的痉挛，说话和呼吸已经变得很困难。

大白鼠在十小时之内就从叮咬的作用中恢复了，但是承受了九个小时的折磨之后，贝格的痛苦仍然在稳步加剧。在剧烈的痉挛和呼吸困难之外，他还开始无法控制地颤抖。他汗如雨下，面部因为痛苦而扭曲着。"带我去医院！"他大口喘着气说。

医院的主治大夫埃利斯医生赶紧让贝格泡热水澡，这暂时性地起了作用，但是很快，症状又全面出现了。夜晚，随着他的痛苦加剧，埃利斯绝望地尝试将毒素从贝格手中吸取出，但并没有效果。埃利斯还坚持让贝格把手放进电烤箱下面，承受他能忍受的极限热度，希望这样能减缓他的疼痛。但这只让情况变得更糟。最终贝格不再听他的话，拒绝将手放进烤箱。

贝格在那一晚没有睡觉。他翻来覆去，发着烧，痛苦地打着滚。第二天他感觉稍微好一些了，但是这种缓解没有持续多久，第二夜痛苦又回来了，而且还增加了幻觉的症状。"尽管我短暂地睡了几个小觉，"他写道，"但我的精神太错乱了，以至于我一睡觉，就会疯狂地，以一种完全无目的的方式和蜘蛛较劲。"

第三天，尽管仍然感觉难受，但他察觉到最糟的部分已经过去了。他在床上躺了一天，阅读约瑟夫·赫格希默写的小说《爱神》，他声称这本书"几乎和蜘蛛毒素一样让人不舒服"。那天晚上他终于能睡上一觉了。到了第四天他几乎恢复了正常，埃利斯医生让他回家了。一种持续的瘙痒感又困扰了他几天，但除此之外，他没再承受其他持续的不适感。

这种反应的剧烈程度或许会说服不那么勇敢的研究者，认为开展这样的实验是个错误，但贝格并没有这种懊悔。相反，他坚称："这些令人不适的特点很多次得到了补偿，因为我满足了自己的好奇心。"在几周之内，他又回到了自我实验中，下决心弄清雄性黑寡妇的叮咬是否和雌性一样严重。然而，比雌性个头儿小得多的雄性黑寡妇无法刺穿他的皮肤。"它做出的所有回应都是无关紧要的轻咬。"贝格报告说。

在接下来的几年里，贝格继续拿自己去应付叮咬的昆虫，包括百足虫和蝎子。他发现，百足虫"叮咬起来有点儿疼痛，而且咬住死不松口"，但它们的毒素十分温和。类似地，蝎子叮咬的效果"大都是局部的，而且与胡峰或大黄蜂的叮咬相似"。没有什么能够与黑寡妇的强大相匹敌的。然而，贝格指出他的观察只适用于北美洲的昆虫。

中美洲居住着各种各样的节肢动物，它们太过致命，甚至贝格自己也没有那个勇气去尝试被它们叮咬。

其他叮咬

贝格不过是一系列寻求叮咬的毒素学家中的第一人而已。在这种对疼痛的追求中，其他名人，例如亚拉巴马大学的教授艾伦·沃克·布莱尔。他在 1933 年 11 月，重复了贝格的黑寡妇实验，却将毒素剂量提升至两倍——贝格只让蜘蛛咬了自己五秒钟，而布莱尔让螯牙在他的手指里足足留了十秒钟。

两个小时之后，人们不得不赶忙送布莱尔去了医院。主治大夫福尔内医生被他的症状惊呆了。福尔内事后写道："我发现他痛苦不堪，大口喘气……我不记得在任何其他医学或者外科疾病中出现过如此严重的疼痛。证据俱足，这是一个令人极为震惊的医疗事件。"

尽管布莱尔身陷痛苦，但他仍然坚持让医院给自己做心电图，来测试毒素对他的心脏的影响。在做心电图检查时，布莱尔告诉医院工作人员，躺着不动感觉的就像酷刑，但他逼迫自己忍耐过去，而心电图看起来是正常的。他在医院里待了一个星期，在某一刻他精神错乱到害怕自己已经疯了。像贝格一样，在身体恢复到足以出院时，他又浑身瘙痒了好几个星期。

20 世纪 60 年代早期，澳大利亚昆士兰的居民开始患上一种神秘的病症，以疼痛的腹部痉挛、头疼、呕吐和怠惰感为特点，在此之后，一项有趣的毒素学自我实验开始了。医生杰克·巴恩斯调研之下认为，这种病症可能由水母叮咬引起，尽管并不清楚是哪种水母。在大量的搜索之后，他终于认准了一个嫌疑犯，一种在海岸附近的浅水中游荡的微小的灯水母。为了确定这种动物就是罪魁祸首，他不仅迅速用其毒刺扎了自己，还扎了他 9 岁的儿子。有时候做一名疯狂科学家的孩子需要付出惨重的代价！

几分钟之内，两人就都痛苦地弯下身来。他们痉挛的肌肉使他们的身体呈现一种姿态，巴恩斯生动地描述为，像"尿布湿透了的婴儿的姿态"一样。当半个小时之后抵达医院时，他们剧烈地颤抖、咳嗽、反胃，还有呼吸困难。所幸一针盐酸哌替啶让症状即时舒缓了下来。

目前所谓的"叮咬之王"（由《户外》杂志授予的称号）是亚利桑那州西南生物研究院的研究主任贾斯汀·施密特。他宣称自己被全球一百五十种不同的昆虫物种叮咬过，尽管他的专业领域是膜翅目昆虫，包括蜜蜂、胡峰和蚂蚁等物种。

1984 年，施密特建立了施密特叮咬疼痛指数，用于为膜翅目昆虫叮咬的疼痛程度打分，最高分 4 分。评分标准如下（描述性词汇是施密特自己的语言）：

0：无法刺穿人类皮肤

1：轻微灼痛

2：就像火柴头掉下来烧到你的皮肤一样

3：就像肌肉和肌腱撕裂一样

4：你还是躺下来喊疼吧

为了他的指数，施密特依靠个人经历收集大量数据，他将七十八个蜜蜂、胡蜂和蚂蚁的物种的叮咬疼痛排了序。普通的蜜蜂以 2 分入榜。

数个胡蜂物种得到 4 分。但在榜单最上面的，得了 4+ 的是一个蚂蚁物种，子弹蚁，因为被一只子弹蚁咬到感觉就像被子弹击中一样。施密特不幸在巴西被三只子弹蚁咬到。他即刻遭受了一波又一波纯粹的疼痛，用他的话说，令他数个小时之后"还在颤抖和尖叫"。

施密特设计了疼痛指数来为膜翅目昆虫的叮咬排序，但它当然也可以用在评价其他形式的疼痛上，例如蜘蛛叮咬、急速减速、注射盐溶液、睾丸压迫。对大多数普通人来说，这样的指数可以提供一个指南，告诫他们需要避免的经历。然而对于所有怀有雄心壮志的自虐科学家们来说，这或许恰恰是获取灵感的来源呢。

自我手术的冒险

1921 年 2 月 15 日——宾夕法尼亚州，凯恩镇，凯恩顶峰医院。

埃文·奥尼尔·凯恩躺在手术室的手术台上。六十岁的他，身材修长，秃顶，戴着圆形金属框的眼镜，蓄着白色的山羊胡子。他的腹部裸露，为摘除阑尾做好了准备。戴着口罩、帽子、身穿手术服的医生和护士在他身边晃来晃去，做好了开始手术的准备。他们在等待麻醉师特蕾莎·麦格雷戈完成她的准备工作。

凯恩用手肘把自己撑起了身。"稍等一下，麦格雷戈小姐，"他说，"计划有改变。我会自己执行手术。"

麻醉师抬起起头。"你说什么？"

"我自己来做，"凯恩重复道。"护士，放一些枕头在我的肩膀下面把我撑起来，然后递给我一把手术刀。"

凯恩的兄弟汤姆，本来要执行手术的外科医生走上前来。"凯恩，你在说什么呀？躺下待好。"

"抱歉，汤姆。我改主意了。护士，按我说的做。"

护士紧张地看着两兄弟，不确定该听谁的。

汤姆摇了摇头。"凯恩，别发疯了。你状态不好。你没法自己摘阑尾。躺下让我来做。"

"我不是在讨论这件事，汤姆。我是这家医院的首席外科医生，所以我比你级别高。护士，如果还想要这份工作，找些枕头来把我撑起来。"

护士顺从地点了点头，快步离开去找枕头了。汤姆盯着自己的兄弟，他的双眼流露出困惑的神情。"凯恩，在你做过的所有蠢事里，这个排在最前头。我不会站在这里看着你把自己的肚子切开的。"

"那就别看，"凯恩回答，"我不需要你的帮助。我可以自己来做。"

"至少你应该提前告诉我们的。我们没有准备好。要是出了什么错怎么办？"

凯恩不理他的兄弟。"麦格雷戈小姐，请做好局部麻醉的准备。"

护士带着枕头回来了，把枕头放在他的肩膀下，把他撑起来，使他能清晰地看到他的下腹部。麻醉师递给他一只注射器，他不加停顿地向自己的腹部注射——几针浅的和三针深入腹壁的。汤姆气冲冲地快步走到手术室另一边，其他医生都聚在那里。他们同情地看着他，耸着肩，仿佛在说："我们知道这很疯狂，但我们又能做什么呢？"

四分钟后，凯恩从护士手中接过一把手术刀，在自己的腹部切开了一指长的切口。

"我不敢相信会发生这样的事！"汤姆从房间另一头喊道。凯恩不为所动，熟练地继续他的工作。他敏捷地划了几刀，划开了表面的组织，抵达了腹膜，腹腔内侧的一层膜。他用手术剪和手术刀小心地切开了它。

"护士，我的鼻子痒！"他说。护士伸手过来抓了抓他的鼻尖。

凯恩手伸进了腹部，提起了附着在肠道上的盲肠，然后像条虫子一样的阑尾显现出来。它发炎了，肿大着。"哎呀，哎呀。瞧瞧这怎么回事儿？这看起来快要破裂了。你应该看看远侧三分之一处的结石！"他看向房间另一侧，"沃根大夫，可以帮个忙吗？可以帮我握一下盲肠吗？"沃根大夫走了几步，来到他身边，仔细地轻手握住盲肠，让凯恩可以专注于阑尾。凯恩轻微调整了一下姿势，更进一步地俯身向前，这样他可以看向他的腹腔更深处。突然间他停止了移动。"哎呀。"

"怎么了？"他的兄弟喊道。

凯恩没理他的兄弟，抬头用平静的语气说："护士，可以帮帮我吗。我的肠子看起来流出来了。"

医学期刊中满是令人不安的自我手术的案例。做一次快速搜索就能发现一张列表，读起来就像恐怖小说中摘录出来的情节——自己执行的剖腹产手术、挖出眼珠、截下四肢、切除生殖器官、头颅环钻术。而这些不过才是皮毛而已。这都是那些精神病人、宗教狂热者、佯病者、自杀倾向者、性恋物癖者、意志薄弱者、剧痛忍受者，和那些面临生死考验而别无选择的人的所作所为。换句话说，它们都是绝望者和疯狂者的行为。面对这样的人类悲惨群像，很难想象自我手术也可以由合格的外科大夫出于科学好奇的动机而执行，而在外科医生这一职业中，有一个鲜为人知的自我手术的传统，尽管无可否认，它只包括了屈指可数的几位实践者。

膀胱结石的悲惨遭遇

专业的自我手术的传统几乎完全属于医学的后麻醉时期。在麻醉出现前漫长、疼痛的年代里——人类历史的大部分时期——自我手术是那些绝望者和疯狂者独占的领域。只有当一位外科医生加入了他们的行列时，才有人真的敢将刀子对准自己。事实上，在麻醉到来前，只有一则可证实的案例，有一位医生给自己做了手术。这是一次自行取出膀胱结石的尝试，着实令人畏惧。

膀胱结石是在尿道里形成的结晶块，可能造成剧烈的疼痛。在过去的一百年里，它们已经成了相对罕见的病症，但它们炽烈的痛苦曾经广为人知，可能是不良饮食和腹泻造成的脱水促进了这些结石形成。

对这种病症唯一的治疗手段是所谓的"为结石而开刀"的手术，可谓一场恐怖的噩梦。

一位患者仰面躺下，膝盖向头的方向高举。三或四个强壮的男人扶着他保持这个姿势。一位外科医生将手指插入患者的直肠，摸一下结石，并通过周围的组织固定它的位置。随后他在肛门附近切开一道口子——记住，是在没有麻醉的情况下！然后把镊子插入身体，刺穿膀胱，取出结石。那些没有因为感染而死的患者通常也会患上大小便失禁和性无能，但至少使人疼痛的结石被取走了。

由于这是当时唯一的治疗方法，一些患者选择自行尝试手术，可能他们认为自己的手会更轻一些。有一个著名的例子，一位阿姆斯特丹的铁匠，让·德多特在 1651 年用一把厨房用刀从他的膀胱里剖出了一颗鸡蛋大小的结石。泌尿科医生伦纳德·墨菲质疑了这个故事的细节，指出这样的壮举似乎"超出了可能的限度和人类忍受的极限"。他主张结石可能已经转移到了德多特的膀胱外，进入了他的浅表组织，使它更容易被取出。德多特曾经在那之前经历过两次结石手术（非自我手术），而旧伤可能为结石提供了转移的路径。然而，自我手术仍然需要巨大的意志力才能忍耐其中的疼痛。

这一时期的自我手术中，由医学专业人士执行的一例与德多特的情况相似。这位名字起得很吉利的克莱弗①·德马尔丁尼是法国皇家护卫的助理外科医生。1824 年，他发现自己长了结石，并决定也来一场德多特式的自我手术。他将自己安置在一面镜子前，稳稳地握住一把手术刀，然后开始下手。最终他取出了一块他声称"像一颗大个儿核桃"一样大小的结石。和德多特一样，这并不是他长的第一块结石。他曾经令人

_____

① 克莱弗（Clever）：在英文里有聪明的意思，因此这里说他的名字起得吉利。

发麻地经历过五次手术，为他自己的手术干预留下了很方便的路径。事实上，他发现这块新的结石是围绕着一块之前留在他体内的手术海绵形成的。

有传言称，17世纪首先描述了循环系统的医生威廉·哈维，也给自己做了取出膀胱结石的手术。然而，他的传记作家摒弃了这个故事，宣称更大的可能是，他只不过在排尿时排出了一颗大个儿结石而已。这就使克莱弗成了唯一在前麻醉时代给自己做手术的医生。

麻醉的发现

19世纪40年代，麻醉终于在医学场景中出现了。尽管如今的权威人士告诉我们在娱乐消遣中用药只能引致可怕的后果，然而麻醉发现的历史却提供了结论恰恰相反的案例。因为正是得益于人们普遍把乙醚和一氧化二氮当作兴奋剂来使用，几名美国的医生才各自意识到这些药物或许还可以被用来在手术过程中镇痛。发现麻醉的荣誉到底应该归属于哪位医生成了人们激烈争论的话题。

克劳福德·朗是这一头衔的有力竞争者。他是名放荡不羁的格鲁吉亚年轻医生，喜欢在派对中吸乙醚，因为他发现这是在人群中，尤其是在和南方美女相处时打破僵局、制造气氛的绝佳工具。在这类派对中，他注意到吸乙醚兴奋的人们往往摔倒在地，摔出严重的瘀伤，但是他们却毫无感觉，直到药劲褪去。这令他想到在医学实践中使用乙醚。他第一次这样做是在1842年3月30日，这使他成为有史以来第一位麻醉患者的医生。然而，他并没有发表他的发现——显然当时他并不认为这是多大的事——于是他失去了被称为发现者的机会。

两年后，一名美国新英格兰地区的牙科医生，霍勒斯·韦尔斯在看到一氧化二氮（更为人熟知的名字是"笑气"）的效果展示之后，意识到了同样的事。韦尔斯做了一个实验，他安排了一位同事，用一氧化二氮使其失去知觉，然后为其拔掉一颗牙齿。韦尔斯热情地报告说，当同事醒来后，"连针扎程度的感觉也没有"。但同样，韦尔斯没能将他的发现公之于众。他的确尝试在 1845 年进行一次公开演示，但是他没有给患者足够多的气体，患者在韦尔斯给他拔牙时疼痛地大喊了出来。韦尔斯丢脸地离开了手术室，人群在他身后嘲弄地喊着"骗子"。

后来，韦尔斯的前同事威廉·莫顿终于以成功案例引起了医学界的注意。1846 年 10 月 16 日，在麻省总医院的一台手术中，莫顿成功地演示了麻醉的使用。莫顿用乙醚麻醉了一位患者，随后约翰·沃伦医生从患者的下颌摘除了一个肿瘤。在手术之后，患者说他什么也没感觉到。沃伦转向观众致意："先生们，这不是骗局！"这一天因永久改变了手术而被载入史册。

朗、韦尔斯和莫顿一意识到发现麻醉的重要性，就都为了将其归功于自己而缠斗起来。其结果就是一场针锋相对、明争暗斗的乱局。请愿者催促美国国会加入辩论，并解决纷争，但国会拒绝这样做。

韦尔斯因为残酷的政治活动而患上了抑郁症。他放弃了牙医事业，成了一名氯仿销售员——同时也成了瘾君子。1848 年 1 月的一个晚上，当时在纽约生活的韦尔斯吸入了剂量特别大的氯仿，变得神志不清。在疯狂地状态中，他抓起了壁炉架上恰好放着的一小瓶硫酸，冲到马路上，开始将硫酸泼向妓女。一名警察将他拖到了监狱里。当韦尔斯清醒过来，意识到自己做了什么时，他感到绝望。他摄入了更多的氯仿——出于某种原因，逮捕他的警察允许他把自己的医疗补给带进监狱——随后在自己的腿上切开了深深的口子，切断了股动脉，最终失血过多而死。

韦尔斯是想自杀，而不是想做科学实验。尽管如此，他的行为使他成了有史以来第一名在麻醉的帮助下执行自我手术的医生，但这并不是他一直想要的头衔。如果他能再多活几天，他会收到新闻——巴黎医学会投票表决认定他是麻醉的正式发现者——这本可能令他振奋起来的。

奇妙的药物可卡因

出于相当明显的原因，全身麻醉并不适用于自我手术。韦尔斯是唯一在其作用下在自己身上做手术的医学人士。差不多过去了四十年，在发现了局部麻醉以后，医生们才有了足够的信心为了科学在自己身上切口子。带来这一突破性进展的故事开始于 1883 年，年轻的西格蒙德·弗洛伊德决定用可卡因开展自我实验。

二十七岁时，弗洛伊德是维也纳总医院的一名医生。他作为精神分析学家的盛名还远未到来。事实上，他满心都是对自己职业方向的怀疑，在不确定中，他寻觅着可能会为自己带来声名的东西。他做出决定，这个问题的答案是，可卡因。

几百年来，南美洲的人们一直知道古柯叶在咀嚼时有一种刺激的效果。然而，到了 1855 年，科学家才成功地分离出了叶片中的有效成分——可卡因。到 1883 年，仍然极少有人知道这种药物，人们对它的了解也非常有限。但是医学期刊中开始出现关于可卡因的吸引人的报告。一名意大利医生写道，它有助于自己的消化。一位巴伐利亚的医生描述了当他将这种药给予演习中的士兵时，他们的力量和耐力都得到了提升。

当弗洛伊德读到这些报告时，想到可卡因可能会有医学用途。如果他能找出这个用途，这会给他的职业生涯以所需的推动力。于是他从本地药店取得了一些可卡因，并开始通过自我实验，弄清其医学益处到底会是什么。

弗洛伊德将可卡因制成溶液，随后小心地检查了它。据他说，它具有一种"相当黏稠、有点儿乳白"的特点，气味是芳香的。最后，他将溶液举到嘴边，喝了下去。味道很苦，但是一瞬间他感到一阵欢欣。紧接着嘴唇和舌头上有一种轻飘飘和毛茸茸的感觉。

弗洛伊德爱上了可卡因，开始经常食用。他成了可卡因的"福音"传道者，会对任何乐于倾听的人——朋友、亲戚、同事兴奋地谈起可卡因的优点。他写了一篇名为《超级可卡因》的文章，暗示它可以治疗包括胃痛、心脏病和神经衰弱在内的各种疾病。1884 年 6 月，在这篇文章发表于《联合疗法档案》的前夜，弗洛伊德出发去找他的未婚妻，准备和她一起住三个月，她住在汉堡市郊，他会花一天的时间从维也纳乘火车前往。在动身前他给她写了封信：

> 我的公主，当我过来时，麻烦就要来了。我会吻得你脸红，
> 喂到你变胖为止。如果你冒失无礼的话，你会看到谁更强壮——
> 一个吃不大饱的小姑娘还是体内有可卡因的强壮的大男人。

弗洛伊德预计当他回到维也纳时，可能已经名声在外了，并且会作为可卡因的拥护者而受到欢迎。事实上，当他九月回家时，可卡因确实成了医学界的话题，但令弗洛伊德大为沮丧的是，原因并不是他的文章。在他不在的这段时间里，他的一名医院中的同事，眼科医生卡尔·科勒在弗洛伊德的影响下，也开始拿可卡因做实验。科勒很快就聚焦于这种药物真正的医学潜力。他注意到当人们喝下它时，他们的嘴唇和舌头会变得麻木。所以也许，他推测，这可以被用来当作局部麻醉剂。他将几滴可卡因滴入自己的眼睛，然后轻轻地用一根针戳了戳角膜来进行测试。他什么也没感觉到。

科勒写下了一篇小论文来细述他的发现，在海德堡眼科学会 9 月 15 日的会议上人们阅读了这篇文章。听众们即刻意识到了这一发现的巨大医学意义。全身麻醉对手术来说有巨大的好处，但它同时也很危险和难以预料。过量麻醉会造成严重的并发症，诸如器官损伤甚至死亡。很多时候最好的选择是避免这些风险，只麻醉身体的特定部位。科勒的发现终于给了他们这一选择。

当全球的医生都称赞科勒为英雄时，弗洛伊德一个人嫉妒地生着闷气。他足够绅士，承认自己没能看出可卡因的真正潜力。但是直到人生的终点，他也一直在责怪自己的未婚妻（后来成了他的妻子），让他在这样关键性的时刻去度假，转移了他的注意力。

可卡因被用在了自我实验中，在科勒的发现之后，其他研究者热情地用他们自己的身体探索这种药物的全部麻醉潜力。五十二岁的纽约眼科医生赫尔曼·纳普小心地将它用在身体的各个部位，测试其麻醉的效果。他将它喷到自己的耳朵上、舌头上、鼻子上、嗓子里。他用气球和一根咽鼓管导管把它喷进自己的尿道里。他用注射器把它注入阴茎里。最后，据他在《眼科学档案》的一篇文章中所说："为了实验的完整性，

我还将可卡因注入了直肠。"他很愉快地发现，所有用药的地方都失去了感觉。

1886年，在德国，奥古斯特·比耶医生发现有可能通过直接把可卡因注入脊柱，阻断下半身的感觉。他得到了助理奥古斯特·希尔德布兰特的帮助，开始探索这一做法的完整效果。两个人脱光衣服，给彼此进行了脊柱注射。随着他们的下半身变得麻痹，他们挤压和戳刺彼此的双腿。没有感觉。比耶在希尔德布兰特的大腿上戳了一根针，然后将它戳得更深，直到它触及骨头。希尔德布兰特随意地耸耸肩。比耶用一根雪茄烧伤了他的同事的腿，随后用一把锤子粗暴地砸他的胫骨。他仍然什么也感觉不到。最后比耶拔下希尔德布兰特的阴毛，还粗暴地猛拽对方的睾丸。希尔德布兰特只感觉到了轻微的舒适感。在药劲过去之后，两个人共享了一顿饭，一起抽雪茄，对实验的结果完全满意。

自我手术的出现

就在可卡因的麻醉属性被发现后不久，医学人士首先使用这种药物在自己身上执行了小手术。例如，1890年，一位巴黎布鲁塞医院的外科医生保罗·勒克吕在自己的右手食指上发现了一个肿瘤。他咨询了一位同事，对方宣称整个手指都需要被截掉。勒克吕害怕这会结束自己外科医生的职业生涯，于是他选择了另一条路。他在肿瘤周围注入可卡因，然后左手拿着手术刀，切掉了长出来的东西。他报告说在手术的过程中，只有胃部有轻微恶心的感觉。这并非由疼痛引起，而是由手术刀刮掉骨头周围的组织时发出的声音引起的。几年之后，一位不知名的疗养院医生用可卡因切掉了自己长进肉里的脚指甲。巴黎圣宠谷医院的一位土耳其医学生用相似的方法，切除了自己阴囊处的一大块静脉曲张。

1909年，实验性的自我手术终于到来了。从这一年开始，在接下来的四十年里，有好几位外科医生在自己身上执行了大手术——要么就是阑尾切除术，要么就是疝切开手术。这些并非绝望之举。在每个病例中，都有其他外科医生有时间且愿意执行手术。事实上，那些无畏的自我实验者的同事经常恳求他们别这样做，但是这些自己动手者却觉得，为了知识，冒这样的险是值得的。

事实上，有两个问题促使这些外科医生这样做。第一，局部麻醉有没有可能用来执行大手术？它能否充分地阻断疼痛吗？很难找到患者乐于做志愿者，帮助回答这一问题，所以看起来只有外科医生把自己当成小白鼠才比较合适。第二，用自我手术的方式执行大手术从身体条件上可能实现吗？答案可能会帮助到那些身处与世隔绝的地区，不得不拯救自己的外科医生。每一名后继者看起来都不知道其前任的存在，所以同样的问题被答了一遍又一遍。当然，各种不怎么属于科学的动机也激励着研究者——单纯的好奇、寻求冒险，以及炫耀的心理——所以就算他们对自己的前任有所了解，他们可能还是会照样继续下去。

开路先锋是亚历山大·费泽库，罗马尼亚雅西市圣玛丽医院的一位外科医生。1909 年 9 月 29 日，他的一位同事尤瓦拉教授给他的脊柱注射了麻醉剂，随后费泽库拿起手术刀，开始在自己身上工作，修补疝气。他说他的具体目标是证明人的意识、智力和手的灵巧性是不可能因为一针脊柱内注射就减少的。手术很成功。他在之后只有轻微的头疼，而这一点的原因他归结于麻醉剂。

三年后，法国土伦的圣芒德里耶医院的外科主任朱尔斯·勒尼奥在自己身上执行了一个类似的手术，修补了一处疝气，但他没有使用脊柱麻醉的方法，而是靠着皮下注射可卡因和吗啡来阻断疼痛。他还加入了夸张的行为。他为几个站在旁边观看的同事，一步步详细讲述了手术。当手术进行到腹股沟韧带附着的粗神经纤维时，他暂停了手术，朝他的同事咧嘴笑笑，然后开始像弹琵琶一样用手指漫不经心地弹拨这些纤维。他说他在自己的神经纤维上弹拨时完全不觉得痛。手术很成功，在诺曼底休养了几周后，勒尼奥完全康复了。

在同一年，旧金山的法国医院的首席外科医生贝特拉姆·奥尔登执行了第一场自我阑尾切除术。和费泽库一样，他用了脊柱麻醉，声称这是想要证明他的头脑依旧能保持清醒，动作技能也不受影响。然而，他遭到同事的公然反对，其中马蒂斯医生在手术进行过程中变得越来越激动。最终马蒂斯威胁说如果奥尔登不停下来他就离开手术室。奥尔登不情愿地把手术刀递给了另一位外科医生，对方完成了工作，没能让奥尔登享受从头到尾完成实验的愉悦。

非凡的凯恩医生

自我手术运动中断了九年，但它因为埃文·奥尼尔·凯恩，于1921年强势回归了报纸头条，这个名字会在专业自我手术的年鉴中超越其他所有存在，因为他时至今日，仍然是自我手术唯一的系列实践者。凯恩是宾夕法尼亚州声名显赫的凯恩家族的一员。他是凯恩顶峰医院的首席外科医生，该医院由他的母亲于1892年在宾夕法尼亚州凯恩镇建立。而此镇是他父亲在1863年建立的。所以他是当地的贵族——可不是工作人员会轻易违背的人。他的弟弟托马斯也是该医院的一名外科医生。

凯恩1919年第一次尝试自我手术，五十八岁的他小指感染了，他决定自己把小指截断。然而，他那个因自我手术而闻名国际的称谓，是在两年后他得了慢性阑尾炎之后才到来的。一开始，他安排了自己的兄弟来摘除发炎的器官，由医院的顶尖工作人员协助，但是当他躺在手术台上时，他突然改变了心意。据凯恩自己说："我宣布了我的决心，开始依靠自己进行手术，这令他们惊慌失措。"

为了清楚地看到自己的腹部，凯恩用枕头垫高了自己，然后命令麻醉师把他的头向前推。他给自己注射了可卡因和肾上腺素，随后他快速切开了浅表组织，找到了肿胀的阑尾，把它切了下来。他让自己的工作人员缝合伤口，反正他通常都会把这项任务留给他们。整个过程花了三十分钟。当时人们在房间里乱转，不确定他们该做什么，凯恩提出要不是手术室里混乱的气氛，他可能会更快地完成手术。

手术中出现了短暂的慌乱。据凯恩说，这是由于"我在工作的过程中有两三节肠子意外地掉了出来"。这在他暂时起身呈坐姿时发生。凯恩让一名助手将肠子推回腹部，然后回到了手术上。凯恩坚称，如果是其他医生，尤其是他的兄弟，没有"略微过度地兴奋"的话，手术本可以更顺利。他们的表现使他感觉有些忙乱。

凯恩很快康复了。十四天后他回到了医院，开始给其他患者做手术。他的自我手术在全球成了头条，比此前任何自我手术吸引的注意力都多。为什么会这样并不清楚。也许因为他的家族声名显赫吧。但即使他没有开展自我手术，凯恩仍然可能作为一名医学特立独行者而为自己赢得名声。例如，在飞行出现的早期，他开展了一项自我实验，飞到五千英尺高空来测试他的心脏在高海拔位置的表现。他是第一批推广使用镭治疗癌症的医生之一。他发明了一个设备，提高对急诊病症静脉输液的管理。他还给手术室引入了使用留声机的做法，主张音乐不仅能让手术中有意识的患者平复心情，还节省了医生不得不和他们对话的时间。

这些是他接受度高的点子，但是他也有很多不中用的点子。比如，他试图普及石棉绷带做外科绷带，声称因为它们防火，所以也可以被轻易消毒。在凯恩的自我阑尾切除术之后，他提出建议，通过法律要求所有儿童都摘除阑尾，不管他们有没有得阑尾炎。1925 年，他开始给他所有的手术签名，做法是在患者皮肤上用碳素墨水刺一个小文身。他的签名是字母 K 的摩尔斯电码（横点横），他建议外科医生都采取标准化的文身码，这样他们就可以在患者皮肤上写下相关的医疗事实。轻易就可以看到的信息当然会在紧急手术的情况下派上用场，但是患者拒绝将他们的医疗记录写在自己的身体上，所以这个点子从来没有流行起来。

1932 年，当凯恩七十一岁时，他发现自己需要动手术修补因为骑马事故而造成的疝气。尽管他年事已高，且疝切开手术有切到股动脉的风险，比阑尾切除术要危险得多，但当他决定自己动手时，没人觉得惊讶。至少这一次他在上手术台前还告知所有人了。于是他成了有史以来第一个且唯一一个给自己既做了阑尾手术又做了疝气手术的人。

在手术过程中，霍华德·克利夫兰医生一直站在旁边，准备着万一出了什么错就立马接手。在场的还有凯恩的儿子菲利普、几名护士和一位记者。凯恩在手术台上将自己撑起来呈半坐姿势，然后毫不犹豫地开始了手术，在他切开组织时还和护士开着玩笑。只有麻醉剂药劲过去时，他才显出了一次疼痛，然后要求再注射一针。当面临手术的关键环节时，他夸张地宣布:"风险就在眼前,我必须面对它。"在一小时四十五分钟之后,手术没有意外地结束了。像以前一样,凯恩没有自己缝合伤口,而让克利夫兰医生来缝合。克利夫兰同样在最后加了个修饰,将凯恩的签名记号文在了切口上面。

一开始凯恩似乎从手术中恢复得很好。两天后,他下了地,协助克利夫兰医生做了一台手术。然而,他却没有完全康复。不到三个月,仍处于虚弱状态的凯恩患上肺炎去世了。

自我手术风潮的结束

尽管 1921 年凯恩医生成功的自我阑尾切除术得到了国际媒体的报道,但它并没有引发许多其他外科医生的仿效。事实上,还是有两位医生跟随了他的脚步。1929 年 1 月,巴西贝洛哈利桑塔市的圣维森特—保罗医院的首席外科医生,大卫·拉贝洛于上午八点出现在手术室里,告诉那里聚集的实习医生、学生和护士,他们将有机会见证一个有趣的疝气手术,他将是手术的患者。"谁来做手术?"他们问道。"还是拉贝洛本人。"他轻快地回答。手术很成功。

差不多过了二十年,1948 年 12 月,德国汉堡的西奥多·赫尔医生在花费几乎五个小时的手术中摘除了他自己的阑尾。像凯恩一样,他弓起身子以半坐的姿势工作。他告诉媒体他在自己身上做手术纯粹是"出于职业上的好奇"。为什么他花了那么长的时间才完成手术并不是很清楚。

那么是什么结束了这段对实验性自我手术的短暂热情呢?也许不过是因为其新奇劲儿过去了吧。毕竟,这比噱头好不到哪儿去,外科医生从中什么也得不到,却很容易有所失。(有可能一些外科医生仍在进行小型自我手术,但这些活动并没有在医学期刊中得到报道。)然而,尽管不一定有什么意义,但很有趣的是,自我手术运动的结束与手术室中不再广泛使用可卡因的时间恰好相符。在 20 世纪 40 年代之后,外科医生倾向于安全性更高的局部麻醉剂(没有成瘾的风险)如普鲁卡因和利多卡因。没有了可卡因，自我实验或许不像以往那样令人兴奋了。

　　不管原因是什么，到了 20 世纪 50 年代，自我实验重新变回了仅限于绝望者和疯狂者实践的活动。在绝望者中，有一名年轻的苏联外科医生，利奥尼德·伊万诺维奇·罗格佐夫，他在 1961 年 4 月，驻扎在南极洲阿斯特丽德女王海岸的新拉扎列夫科考站时，患上了阑尾炎。由于暴风雪，他无法返回主基地，面临着如果不自己摘除阑尾就会死的情况。如果知道其他外科医生以往曾经成功地自己摘除过阑尾，他可能还能得到一些宽慰，但他对此并不知情，只知道自己是个并不情愿的医学先锋。但和他的前辈们不同，罗格佐夫身边并没有专业的协助。他的助手是一名惊恐的气象学家和一名机械师。所以当南极洲的风在户外呼号时，年轻的外科医生紧张地切开了自己的腹部。所幸一切都进展顺利。他成了一名民族英雄，返回了苏联。

　　一个类似的例子发生在 1999 年，驻扎于阿蒙森–斯科特南极站的杰里·尼尔森医生发现她的右胸长了一个肿块。她通过卫星连线咨询美国的医生，医生建议她对肿块进行活检。然而，她是科考站唯一的医生，而南极的冬天使飞机几乎半年都无法降落，这意味着她只能自己动手术，而她也这样做了。随后，在了解到肿瘤是癌性的之后，她自己进行了化疗。一架安装了滑雪板的飞机比原定计划提前几周来到南极，终于把她安全地接回了家。回国之后，她走上了新的职业道路，成了一名励志演说家。

　　只要我们仍继续将外科医生派到偏远的、人迹罕至的地点——南极，或者也许是月球或火星执行长期的太空任务——就很有可能有更多的医生最终不得不将手术刀对准他们自己。然而，实验性自我手术似乎不大可能再复苏了。但谁知道呢，也许会有一天，机器人和遥控手术的发展能使外科医生做一些以往无法想象的事，比如在自己的大脑上做手术。进行自我大脑手术或许对未来的一些大胆的外科医生来说是无法抗拒的选择呢。

为科学献身

1936 年 11 月 25 日——内布拉斯加州，奥马哈。

埃德温·卡特斯基坐在自己的办公室里。他是一个三十岁出头的年轻人，五官很精致，有着深色卷曲的头发。他茫然地盯着墙上挂的镶框的学位证书，还有书架上一排排医学书籍。

几分钟后，他低头看向他面前桌上放的注射器和小瓶药水，叹了口气。

他拿起电话，拨通了这栋大楼晚间服务员的号码。当服务员拿起电话，他说："你好，约翰。我是卡特斯基医生。我想感谢你之前上来协助我做我的项目。"他暂停等对方回答，然后继续说了下去。

"我还想让你知道我会在办公室多待一会儿。我在做一些研究。哦，我还可能会在墙上写一些笔记。我走了以后请别让任何人擦掉它们，它们相当重要。"

服务员细声细气的声音传进了他的耳朵，向他保证会照他说的做。

"我想说的就这么多……希望你明天也过个愉快的感恩节，约翰。问候你的妻子和全家……不，我大概不会有任何活动。我工作挺忙的……是的，就这些。再次谢谢你，约翰。"

卡特斯基将话筒放回话机上。几分钟里，他没有移动，专注于思考。最后他点了点头，仿佛确认自己做好的决定，然后看了一眼手表。他拿起一支笔，走到办公室的墙边，然后开始在空白的墙面上写了起来。他的笔迹粗重而稳定。

"晚上十点。我做这件事是为了更好地了解，在普鲁卡因无效时，用可卡因外敷或注射时，我们在直肠癌患者身上看到的不良反应，"

他退后了几步考虑了一下他写下的东西，然后向前倾身又补充了一行。

"这只是我为临床研究的医学和科学档案做出贡献的方式。"最后他署上了自己的名字，"卡特斯基。"

他对此感到满意，走回到桌前，拿起注射器，吸取小瓶药水中的药液。随后他卷起衬衫袖口，把针头扎进了胳膊。感觉到药液进入身体时，他咬紧了牙关。药水一注射完，他就把注射器放在桌上，拿起他的笔，回到墙边，又一次开始写。

"视线清晰——轻微耳鸣——心跳加快——有说话的冲动。"

他退后撞上了桌子。紧张地左顾右盼，什么也没看到，然后又开始在地毯上前后踱步，一边踱步一边喃喃自语："思想很集中……轻微麻木……"

他将手臂前后摆动，就像一个人在做伸展运动一样。更多神秘的语句从他口中说出："他们最好注意……拿到了呼吸机的使用说明……确保他们看到……"

突然，卡特斯基冲回墙边写下更多笔记："耳鸣声加剧……爱说话……不寻常……通常一个人在乙醚的影响下会很安静……"

他突然停了下来，面部因为痛苦而扭曲，双腿弯曲着跪了下来。

"哦，上帝，"他低语着，"我得打电话给约翰。"

他继续动着嘴，试图说话，但是并没有吐出任何词语。他用左手握住自己的脖子，右手哆嗦着。颤抖沿他的胳膊蔓延到他的肩膀。他抽搐了一次，倒在地上。他的身体僵硬，面部通红，嘴巴张开着，拼命地呼吸。双眼飞快地前后扫视，寻找救援。一阵长长的、不匀的喘息声从他的喉咙中发出。随后他的整个身体开始颤动，因为剧烈、无法控制的痉挛而不停抽搐。

科学家有时是危险的职业。致命的细菌、放射性物质、危险的动物，还有有毒的化学品不过是会让研究者惹上麻烦的其中几样东西而已。一次犯错，一次不小心的事故，其结果可能是灾难性——甚至致命的。为了科学研究而死去的男人和女人的案例可以轻易地写满一本书。

大多数研究者试图将风险控制在最低程度。他们使用所有可行的预防措施。他们戴上面具和手套，通过过滤器呼吸，躲在生物防护罩后面，或者部署遥控设备。当然，在有些例子中，研究者没有用这些安全措施，而甘冒巨大甚至是愚蠢的风险。为了证明某个理论，研究者喝下危险的细菌，或者将自己暴露在放射中。

他们通常很幸运，但偶尔也会错误地估计风险，从而付出终极的代价。但即使是在这样的案例中，研究者也并非主动赴死，他们并不是在试图自杀。然而，在有些例子里，研究者恰恰想这样做。如果死亡的经历——生命渐渐逝去是什么感觉——成了一位科学家好奇的焦点，他（似乎有此追求的总是男性）满足自己兴趣的唯一办法就是自杀，或者至少是非常接近于自杀的举动。

上吊致死

1623 年，弗朗西斯·培根爵士描述了一场不同寻常的实验，一位不知名的绅士很想知道，绳套在他的脖子上收紧，死亡向他靠近时是种什么感觉。然而，他并不想死，于是他说服了一个朋友，以帮他满足他那病态的好奇心。

培根爵士让朋友站在旁边，做好了上前相助的准备之后，这位自我实验者将一根绳子绕在自己脖子上，将另一端系在头顶的一根横梁上，然后从一个凳子上踏空。他以为重新站回到安全的凳子上是件简单的事，但事实上他的手臂和双腿根本不受控制，只能不停地乱动。几秒之内他昏了过去。他的朋友冲了过来，帮他割断了绳子，然后让他躺到了地上。后来，在这位绅士恢复知觉了之后，说自己没有经历任何疼痛，但是一开始仿佛全身都着了火一样，然后火焰被"一种深黑色或黑暗取代，再然后被一种淡蓝色或者海绿色取代，就像晕倒的人们经常看到的那样"。

上吊，不同于其他自我伤害的方法——流血、电刑、投毒等等，这种行为可以进行一定程度的控制。只要适当的预防措施就位，研究者就可以在造成不可逆损伤之前停止实验。出于这个原因，上吊是濒死体验的科学探索者常用的方法。

1832 年，一位法国的法医学专家，弗莱什曼先生，重复了培根爵士提到的那位不具名绅士的实验。弗莱什曼当时在进行一项"由勒颈造成的各种不同死亡"的研究，他推测如果他知道上吊什么感觉，会对他的研究有帮助。于是他在脖子上绕上了一根绳子，就置于他下巴下方，然后向绳子靠过去，直到足够勒断血液循环，但还不足以阻断呼吸的程度。几乎一瞬间，一种巨大的重量压在他下肢上的感觉袭来，他的头部一下子热了起来。他听到很响的耳鸣声，他的面部变得通红，双眼变得突出。他声称自己在自我保护的本能发挥作用之前，忍耐了两分钟，然后他将脖子从绳子上抬了起来。

1882 年，当纽约市的医生格雷姆·哈蒙德安排他的几个朋友帮他上吊时，解释说他希望这一实验能产生相关信息，令处决犯人更迅速也更人道。他特别想确定单独压迫血管和气管哪个能造成快速无痛的死亡，或者行刑者是否也有必要使犯人的脖子脱臼。哈蒙德当时二十四岁，刚从医学院毕业一年，他的实验给人一种青年人逞强好胜的感觉。

哈蒙德坐在一把椅子里，一个朋友将毛巾绕在他的脖子上，然后同时扯毛巾的两端，将它拽得越来越紧。另一个朋友站在他面前，监视着他的面部表情，同时用一把刀不断重复地扎他的手来测量他对疼痛的敏感度。随着毛巾被勒进他的脖子，哈蒙德体验到一种暖热、麻刺的感觉，这种感觉从他的双脚开始，迅速蔓延到整个身体。他的视线变得模糊，他的耳中有鸣响，他的头感觉就快要炸开了一样。在一分二十秒之后，"所有敏感性都消失了"。他的朋友停下来让他休息了几分钟。然后他们又重复了这项实验。这一回哈蒙德只过了五十五秒就失去了所有感觉。他的朋友扎他的力量大到在他手上扎出血来，但哈蒙德什么也没感觉到。

当这场酷刑结束，哈蒙德得出结论："为了获得迅速且无痛的死亡，使脖子脱臼既无必要也不可取。"

后来，哈蒙德成了数个美国奥林匹克运动队的队医，有了一段卓越的职业生涯，但另一场濒死体验把他的名字再次写进了报纸。1913 年 12 月，哈蒙德走进纽约运动员俱乐部的一间电梯。突然一根电缆断了，然后电梯向下掉了三层。幸运的是，在电梯撞到底部前，它卡在了升降机井中，哈蒙德也毫发无伤地走了出来。

这场经历似乎使他确信他是不怕死的，因为他之后开始吹嘘自己身体的不凡力量，宣称自己能够摆脱那些有害物质的影响。"我做各种对我有害的事。我去宴会大吃大喝。但经常性的锻炼拯救了我。通过锻炼，我的身体会摆脱所有对我不好的东西。"在七十七岁时，他仍然保持着强壮的体魄，他的自我评估看起来确实有道理。哈蒙德告诉媒体："在我生日那天，我会跑四英里，只是为了向自己证明我没变老。而且我想要在我有生之年坚持下去，估计我不会活过一百一十岁吧。"八十岁时，他仍然常去健身房。但到了1944年，在他八十六岁时，死亡终于来了。他陷入昏迷，在他心爱的女儿去世几天后离开了人世。

弗莱什曼和哈蒙德的勒脖实验尽管很极端，在面对罗马尼亚医生尼古拉·米诺维奇的壮举时仍然黯然失色。在20世纪的头十年里，米诺维奇被聘用为布加勒斯特国立科学院的一位法医学教授，当时他开展了上吊死的全面研究。和他的前辈们相似，他觉得有必要自己体验一下他正在研究的死法，就好像在死亡边缘跳舞的诱惑太大了，让人难以抗拒一样。

他建成了一个系统，使他可以自行窒息——在绳子一端打了一个吊颈结，绳子穿过一个装在天花板上的滑轮。他躺在一张折叠床上，将他的头放进套索，然后紧紧地拉动绳子的另一端，力道足以将他的头和肩膀从床上拽起。套索在他的脖颈处收紧，他的面部变得紫红，他的视线模糊了，但还听到了哨音。他只坚持了六秒，然后意识开始溜走，使他不得不停止了实验。

然而，这样并不够。他想要完整的套索吊挂在脖子上的体验。于是他安排了助手来帮他实现。他在绳端系了一个不会束紧的绳结，再次将自己的脖子放进套索中，然后给出开始的信号。助手们使出浑身解数向后拉绳子，他的脖子被吊起，离地两米。他后来描述了当时的感觉：

　　我的脚一被吊离地面，眼皮就用力地合上了，我的呼吸道如

此彻底地被阻断以至于不可能呼吸。我甚至听不到握着绳子的雇
员大声倒数秒数的声音。我的耳朵里在鸣响，疼痛和需要呼吸的
感觉令我缩短了实验，因为我承受不下去了。我必须下来。

在第一次尝试中，他只坚持了几秒钟就失去了勇气，给出了停止的
信号，但是在实验中坚持更长的时间，成了他对自我的挑战。他注意到
弗莱什曼令自己窒息了整整两分钟，这一壮举令他感觉自己如同笑柄。
米诺维奇，显然天生就很有竞争力，他推测自己应该能轻易地做到像对
方一样强悍。所以日复一日，他重复着实验，试图打破自己的纪录。最终，
十二天之后，他在半空坚持了整整二十五秒。意识到自己已经到了极限，
他得出结论——弗莱什曼肯定说谎了。他写道："在上吊的症状都有哪些
这方面，我同意弗莱什曼的说法（他在自己身上见证了这些症状，我也
是），但我无法承认一个人有可能坚持这个实验两分钟，而没有在更早的
时候失去知觉。"

然而，米诺维奇还没完成实验。有一个终极实验吸引着他——从天
花板上用一个会束紧的吊颈结上吊。他系好了绳结，再次把头放进套索
中，然后给他的助手信号。他们一拉绳子，瞬间他的脖颈产生了一种灼
烧的疼痛。绳结束得太紧了，他疯狂地向他的助手挥手要求停止。他只
坚持了四秒钟，他的脚甚至还没离开地面。尽管如此，脖子受到的伤害
却使他在整整一个月里都能感受到吞咽食物的疼痛。

1905 年，米诺维奇发表了他研究的结果，出版了一册二百一十八页
的权威报告《上吊的研究》。这即刻成了这一主题的经典参考材料——没
有什么竞争对手。这本书有在线完整版，值得一看。即使你不懂法语，
也可以看看米诺维奇书中的自我实验的照片。他是一个英俊的男人，有
着浓密的头发和小胡子，我们可以看到他的脖子吊在天花板垂下的绳子
里，他躺在一张折叠床上勒自己的脖子，然后骄傲地炫耀着脖子周围明
显的瘀伤。他做这一切时都穿着价格昂贵的西装裤子和精美的马甲，显
然为了实验，他只脱掉了夹克，摘下了领带，他肯定不想让读者将他与
底层阶级的人相混淆，事实上米诺维奇在罗马尼亚以富有的艺术赞助人

的身份而闻名。他用自己的个人财富创办了一间民间艺术博物馆，时至今日仍然存在。

寒冷致死

上吊的方便操作性和可逆转性可能使它成了调研濒死体验的首选方法。当然，还有其他方法可以让人接近死亡的边缘，而研究者们也尽职尽责地探索了这些方法。尤其是剑桥的生理学家约瑟夫·巴克罗夫特爵士，他将这些实验称为他的"临界科考"，获得了所谓的"抗拒死亡实验专家"的名声。

巴克罗夫特第一次在实验中与死亡擦身而过发生在第一次世界大战期间，当时他自愿暴露在氢氰酸（即普鲁士酸）气体中。毒气室里一条和他在一起的狗九十五秒后死亡，但巴克罗夫特等了十分钟，才踉跄地走出来，胳膊里抱着那条狗，宣布他感觉头晕眼花。1920 年，他将自己关在了一间密闭的玻璃笼子里，测试生存需要的最小限度的氧气量。他的同事将空气调到相当于一万六千英尺海拔高度的稀薄程度，巴克罗夫特在这个环境中待了六天，直到他的整个身体都呈深蓝色。之后，仍然是在那十年间，他在一个空气中含有 7.2% 二氧化碳的房间里待了二十分钟，这使他得了严重的头疼，失去了方向感。他说他可不想再重复那个实验了。然而，他与死亡最近距离的擦肩发生在 20 世纪 30 年代，当时他决定冷冻自己。

巴克罗夫特把身上的衣服脱光，躺在一个冷冻室的沙发上，窗户开着。一开始，他瑟瑟发抖，弓起身来保持温暖。他发现很难意志坚决地留在房间里。他不断地想："我可以现在就走出去。"但是他留了下来，在大约一个小时后，一种奇怪的心理变化发生了。1936 年，在耶鲁大学的一次讲座中，他描述了发生的事：

> 当我在冷室里光着身子躺着时，我一直哆嗦，我的四肢弯曲着，像是要缩成一团，我感到很冷。然后有一刻，我伸开双腿；寒

　　冷的感觉不见了，继而出现了一种温暖的美好感觉；"享受温暖"
这个词最适合用来描述我的情况：我在寒冷中享受温暖。

　　他的感受表明他离死亡非常接近了。这种现象经常在致命的低体温
症的病例中见到。

　　在死前不久，随着神经末梢陷入混乱，人会感到强烈的热度，就好
像身体着了起来一样。寒冷的受害者经常撕下他们所有的衣服，在冰雪
中爬来爬去，努力尝试给自己降温。生理学家管这种行为叫"悖论式脱
衣"。对巴克罗夫特来说幸运的是，他的一名助理注意到有什么不对劲
了，然后带着一条毛毯和温热的饮料冲进去救了他。巴克罗夫特活到了
七十四岁，最终在下班回家乘坐的公交车上去世。

发烧致死

　　此前谈及的研究者都濒临死亡边缘，但是他们在边界处停了下来，
不愿意再向前走下去。他们想要品尝死亡的味道，但并没有完全接受死
亡的拥抱。然而，在一些令人悲伤的例子里，科学家尝试继续前进，故
意模糊了自我实验和自杀之间的界限。

　　伊利·梅契尼科夫是一位俄国生物学家，他在免疫系统研究方面进
行了开创性的工作。1881 年，他的妻子得了伤寒，梅契尼科夫在照顾妻
子恢复健康的过程中，陷入了严重的抑郁状态，在此期间他决定自杀。
他选定的方法是让自己患上回归热。他想，这样就能一箭双雕，因为这
样做不但会掩盖他自杀的事实，由此减轻家人的痛苦，而且还能解答回
归热是否能通过血液传播的问题。于是他让自己患上了此病，等着看会
发生什么。

　　答案是肯定的，回归热可以通过血液传播。梅契尼科夫病入膏肓，
在精神错乱中，他得到了一种奇特的启示，后来他的妻子（她从自己的
病中恢复了健康）在给他写的传记中描述道："他非常清晰地预见到了自
己在接近死亡。这种半清醒的状态伴随着一种巨大的幸福感；他想象自

己解决了人类所有的伦理问题。很久之后,这一事实使他认为伴随死亡的可能是令人愉快的感觉。"

幸运的是,梅契尼科夫的实验并没有完全成功,他的身体打败了疾病。他活了下来,并于 1908 年因为在免疫方面的工作而获得了诺贝尔医学奖,后来他于 1916 年死于自然原因。

可卡因致死

内布拉斯加州的直肠科医生埃德温·卡特斯基就不像梅契尼科夫那么幸运了。卡特斯基是一名年轻的医生,有大好的前途在等着他。在三十四岁时,他经常为医学期刊供稿,在他发表的文章中包括一篇刊登于《美国外科手术期刊》,名为《肛门直肠瘘管切除术:一个新的方法》的文章。他刚刚破裂的婚姻是他人生中唯一显出来的麻烦。随后,在 1936 年 11 月 25 日夜晚,卡特斯基决定开展一项有风险的自我实验。他给自己注射了剂量可能致命的可卡因。

见到卡特斯基最后一面的是他工作的办公大楼的夜间服务员。这位年轻的医生打电话叫他上来,帮助自己量了血压,并测试了自己的身体反射情况。这个要求略有些不同寻常,但是服务员什么也没想,直到第二天人们发现卡特斯基死于他的办公室。但是引起媒体注意的是,卡特斯基的行为看起来并不是一个简单的、明确的自杀事件,因为在其办公室的一面空白的墙上,卡特斯基在他走向死亡的过程中,就他的想法和感受留下了细节丰富的临床描述。报纸管这些叫作他的"死亡日记"。

卡特斯基写下的这些笔记并没有明显的顺序,但或许可以根据他在走向死亡时,越来越难以辨认的笔迹来排出这些笔记的时间顺序。在较早的笔记中,他清楚地说明他做出这些行动,是出于某种形式的自我实验的目的,并解释说当外敷或注射可卡因时,患者中偶见不良反应,他希望为更好地理解此事而做出贡献。

卡特斯基同时为那些可能找到他的人留下了指示:"让一名大学或者任何医学院的药理学家就我的发现给你们意见。他们的意见最好给得好一点，因为我可不会再重复这个实验了。"

随着药物起效，他记下了其作用诸如："双眼轻微地散瞳。视线极佳。"药物造成一波又一波麻痹和痉挛发作，在这些发作间隔中，他写道，"部分恢复。抽了一根烟。"在墙的高处，他写道，"现在可以站起来了。"其他地方，"之后的抑郁非常严重。建议所有好奇的医学博士们停用这个东西。"有一处，他用颤抖的手，记录下了他的"十二分钟之后的临床病程"：

> 症状：痉挛，紧接着舌头麻痹。
> 言语能力：只有舌头能动。不能理解舌头能动却说不出话来。
> 嗓音没问题。
> 麻痹前惊人的步态。
> 麻痹……

"麻痹"一词的最后一笔变成了潦草的波浪线，一路延伸到地面，渐渐变细消失。这可能是他写下的最后一个字。

卡特斯基是想要自杀吗？他显然意识到人们会关心此事，因为在他的笔记中，有一条坚称："麻醉剂中毒——不是自杀。"在他桌上的一个笔记本中，他同样留下了指示，详细描述了怎样才能把他救回来。他的家人拒绝相信他自杀了，称他为"科学的烈士"。但是一位医学同行指出，卡特斯基肯定知道如此大剂量的可卡因注射进体内必然致命。

如果卡特斯基并不想自杀，如果他真诚地相信他的实验是对科学的贡献，那么他的死亡甚至会更带有悲剧色彩，因为当内布拉斯加医学院的查尔斯·波因特医生检查了留在墙上的笔记之后，他得出结论：它们太不连贯，没有什么价值。另一位同行赫曼·雅尔医生给出了稍微积极一些的评估，他宣称这些笔记"可能有些意思"，但雅尔可能只不过是在试图表现友善罢了。

物理学致死

　　像卡特斯基这样奇怪的死亡，却不是自杀式实验中最奇怪的例子。一个甚至更奇怪的例子可能会在一个令人难以置信的地方找到——量子力学这一抽象的、数学的领域——但仅仅是可能找到，因为这个例子如此奇怪，甚至不清楚是不是自杀。

　　为了理解这一案例，有必要对量子力学的概念有所了解。在 20 世纪早期，物理学家观察到一个令人困惑的悖论。光子，根据实验的观察手段的不同，有时候像粒子一样运动（直线运动），而在其他时间里像波一样运动（以振荡的模式）。这让物理学家无法理解：什么东西既能是波又能是粒子呢？ 20 世纪 20 年代，哥本哈根的一群研究者提供了一种可能的解释。他们主张，光子同时拥有很多自相矛盾的状态（既具有粒子的性质，又具有波的性质）。它们以一种"量子叠加态"存在。只有当它们被观察时，才坍缩成为单一的状态。观察这一行为，哥本哈根的科学家提出，事实上致使光子要么成了粒子，要么成了波。

　　1935 年，奥地利物理学家埃尔温·薛定谔设计了一个思想实验来说明量子叠加态这一概念有多么反直觉，多么古怪。他说，想象一只猫被关在一个盒子里，里面还放着少量的放射性物质、一个盖革计数器，还有一小瓶有毒气体。在一小时之内，有 50% 的可能，放射性物质中的一个原子会衰变。如果衰变发生，盖革计数器会测出衰变，并启动一个机关，将装毒气的小瓶打碎，由此杀死猫。然而，也有同样的可能什么也不会发生，猫仍然活着。

　　所以在一小时的最后，猫是活着还是死了？根据常识，答案要么是活着，要么是死了。然而根据量子力学，猫在同一时刻既活着又死了，它处于量子叠加态，直到某人将盒盖掀开，观察里面的情况。

　　薛定谔是把这一思想实验作为纯假设的例子提出的。他当然并没想让任何人开展这一实验，更别说用一个人代替那只猫了。但在三年之后，1938 年，一位聪慧年轻的西西里物理学家埃托雷·马约拉纳很可能实际做了这件事，将他自己变成了真实世界里的"薛定谔的猫"。

如前文所述，马约拉纳十分聪慧，例如，他是第一位预见到中微子有质量的研究者。但他同时也极为古怪。他不喜欢因为自己的工作而得到赞扬，尽管他的工作是诺贝尔奖水准的，而且他像个隐士一样隐居生活，完全避开所有人的陪伴。在整个 20 世纪 30 年代，他避世的程度加深了。随后，1938 年 3 月 25 日，马约拉纳在三十一岁时，登上了一条从巴勒莫到那不勒斯的渡船。他从未上岸。不知怎么的在旅途中失踪了，再也没人见过他。

马约拉纳的朋友和家人一意识到他不见了，就疯狂地试图弄清他身上到底发生了什么。唯一的线索是一系列神秘的信件，以及他在出发前不久寄给安东尼奥·卡雷利的一段电报。卡雷利是他任教的那不勒斯物理研究院的院长。在第一封信里，马约拉纳宣布他做出了一个"不可避免的"决定，他决定消失，他意识到这会造成不便，他对此表示抱歉。但是在这之后，他显然很快改变了主意，于是发了一封电报给院长，要求他忽略之前的一封信。然后他寄出了最后一封信："亲爱的卡雷利，我希望你同时收到我的电报和信。大海拒绝了我，我明天会回到博洛尼亚酒店，也许这封信还和我一道同行呢。"

马约拉纳的朋友和家人不知道如何理解这些信，但是随着时间从几天变成了几周，随后变成了几个月，他们不得不下结论，年轻的物理学家自杀了，在去那不勒斯的路上跳下了甲板。没人看到他跳下去，但是还能怎么解释他最后一封信里提到的海呢？

随着一年年过去，马约拉纳成了物理学世界中的猫王埃尔维斯·普雷斯利[①]。关于他可能的命运，越来越离谱的猜测流传起来。一些人暗示纳粹特工杀了他，以避免他帮助盟军建造原子弹。其他人主张他加入了一个修道院，或者飞去阿根廷开始了新生活。甚至有人宣称目击一位神秘的乞讨者，在那不勒斯帮助当地的学生学数学。直到最近，2006 年，理论物理学家奥列格·扎斯拉夫斯基指出，马约拉纳失踪和薛定谔盒子

---

① 猫王埃尔维斯·普雷斯利：美国摇滚巨星，1977 年猝死于家中，围绕他的死因有诸多猜测。

里的猫——这个思想实验马约拉纳当然知道——有些有趣的相似点。事实上，在1938年，他是世界上仅有的几个能完全理解其意义的人之一。

扎斯拉夫斯基指出，马约拉纳失踪的情况只给调查者留下了两种可能性。要么马约拉纳跳下了甲板自杀了，或者他在那不勒斯上岸后藏了起来。换句话说，这两个选择古怪地与光子的两种可能态相匹配。也就是说，马约拉纳要么掉进了海浪里，要么以直线运动走下了船。

这样的相似性可能不过是巧合罢了，但令扎斯拉夫斯基更感到奇怪的是马约拉纳最后的信件。首先马约拉纳寄出一封信说他决定消失。他随后用一封电报宣布他改变了主意，最后他寄出了一封信表达了希望卡雷利在同一时刻了解两种可能性。既然电报否认了他要消失的主意，希望电报先到不应该更合理吗？为什么马约拉纳想让卡雷利同时了解两种可能性呢？扎斯拉夫斯基暗示，答案就是马约拉纳故意安排了这些事件，这样院长不得不同时考虑两种相矛盾的选项。

通过这种做法，马约拉纳将自己置于量子叠加态，就像薛定谔的猫一样。

乍一看，扎斯拉夫斯基的理论听起来不着边际，但是真是如此吗？如果马约拉纳足够古怪，一手策划了他自己的失踪，他当然有可能为了他的物理学同行们，计划以一种带有象征意义的夸张手法来完成此事，自相矛盾地消失，就像盒子里的猫一样。毕竟，物理学是他全部的人生——显然也成了他的死因。不管马约拉纳是否刻意模仿薛定谔的猫，事实上，他实现了这一点。在3月25日夜晚，他启程了，在他旅途的最后，他没再成为任何单个事物，相反成了数个不同的事物，在同一时刻既活着又已死去。

参考文献 ①

第一章　电学实验

和伏特电堆结婚的男人

[1] Christensen, D.C. 'The Ørsted—Ritter Partnership and the Birth of Romantic Natural Philosophy' [J]. Annals of Science, 1995, 52(2)：153–85.

[2] Deeney, N. 'The Romantic Science of J. W. Ritter'[J]. The Maynooth Review, 1983, 8：43–59.

[3] Ritter, J. W. Beyträge zur nähern Kenntniss des Galvanismus und der Resultate seiner Untersuchung [M].Vol. 2, Jena：Friedrich Frommann, 1802

[4] Strickland, S. W. Circumscribing science：Johann Wilhelm Ritter and the Physics of Sidereal Man [D]. Cambridge, MA：Harvard University. Ph.D. dissertation, 1992.

[5] ——. 'The Ideology of Self—Knowledge and the Practice of Self-Experimentation' [J]. Eighteenth—Century Studies, 1998, 31(4) 453–71.

[6] Trommsdorff, J. B. Geschichte des Galvanismus [M]. Erfurt：Henningschen Buchhandlung, 1803.

[7] Trumpler, M. J. Questioning Nature：Experimental Investigations of

---

① 参考文献：为方便读者查询，本章提及的书名均保留了英文原名。

Animal Electricity [D]. 1791–1810, New Haven: Yale University. Ph.D. dissertation, 1992.

[8]   Wetzels, W. D. Johann Wilhelm Ritter: Physik im Wirkungsfeld der deutschen Romantik [M]. Berlin: Walter de Gruyter, 1973.

[9]   ——. 'Johann Wilhelm Ritter: Romantic Physics in Germany', in Cunningham, A., & N. Jardine, eds., Romanticism and the Sciences [M]. Cambridge: Cambridge University Press, 1990: 199–212.

如何电击一头大象

[1]   Brown, H. P. 'Death—current Experiments at the Edison Laboratory' [J]. The Medico—Legal Journal, 1888, 6: 386–9.

[2]   'Coney Elephant Killed' [N]. New York Times, 1903-1-5(1).

[3]   'Coney Swept by $1,500,000 Fire' [N]. New York Times, 1907-7-29(1).

[4]   'Electrifying Animals: How Monkeys and Elephants Act when under the Influence of a Battery' [N]. Daily Independent(Monroe,WI) , 1889-3-15(3).

[5]   'Elephant Skull Dug Up: Luna Park Herd Uneasy while it Remained Buried' [N]. New York Tribune, 1905-8-7(5).

[6]   Essig, M. Edison & the Electric Chair [M]. New York: Walker & Company, 2003.

[7]   'Ghost of Elephant Haunts Coney Island' [N]. Evening News(San Jose,CA) 1904-2-15(2).

[8]   McNichol, T. AC/DC: The Savage Tale of the First Standards War [M]. San Francisco: Jossey—Bass, 2006.

[9]   Moffett, C. 'Elephant Keeping' [N]. Los Angeles Times, 1895—6-23(26).

电击鸟类

[1] Cheney, M. Tesla: Man Out of Time [M]. Englewood Cliffs, NJ: Prentice—Hall, Inc, 1981.

[2] Driscol, T. E., O. D. Ratnoff, & O. F. Nygaard. 'The Remarkable Dr. Abildgaard and Countershock' [J]. Annals of Internal Medicine, 1975, 83: 878–82.

[3] Elsenaar, A.,& R. Scha. 'Electric Body Manipulation as Performance Art: A Historical Perspective' [J]. Leonardo Music Journal, 2002,12: 17–28.

[4] Franklin, B. The Papers of Benjamin Franklin. [DB/OL] http://www.franklinpapers.org.

[5] Gray, S. 'Experiments and Observations upon the Light that is Produced by Communicating Electrical Attraction to Animal or Inanimate Bodies, Together with Some of its Most Surprising Effects' [J]. Philosophical Transactions, 1735, 39: 16–24.

[6] Heilbron, J. T. Elements of Early Modern Physics [M]. Berkeley: University of California Press, 1982.

[7] Jex—Blake, A. J. 'Death by Electric Currents and by Lightning' [J]. The British Medical Journal, 1913,1(2724) 548–52.

[8] Montoya Tena, G., R. Hernandez C., & J. I. Montoya T. 'Failures in Outdoor Insulation Caused by Bird Excrement' [J]. Electric Power Systems Research, 2010,80: 716–22.

[9] Needham, J. T. 'Concerning Some New Electrical Experiments Lately Made at Paris' [J]. Philosophical Transactions, 1746, 44: 247–63.

[10] Riely, E. G. 'Benjamin Franklin and the American Turkey' [J]. Gastronomica: The Journal of Food and Culture, 2006, 6(4) 19–25.

[11] Schiffer, M. B. Draw the Lightning Down: Benjamin Franklin and Electrical Technology in the Age of Enlightenment [M]. Berkeley: University of California Press, 2003.

[12] Watson, W. 'An Account of Mr. Benjamin Franklin's Treatise, Lately Published' [J]. Philosophical Transactions, 1751, 47：202–11.

[13] Winkler, J. H. 'Concerning the Effects of Electricity upon Himself and his Wife' [J]. Philosophical Transactions, 1746, 44：211–12.

从给植物通电到给学生轻微通电

[1]　'China to Send Pig Sperm to Space' [N/OL] BBC News, 2005–7-17. http://news.bbc.co.uk/2/hi/asia—pacific/4690651.stm.

[2]　de la Peña, C. T. The Body Electric：How Strange Machines Built the Modern American [M]. New York：New York University Press, 2003.

[3]　Demainbray, S. 'Of Experiments in Electricity' [J]. The Gentleman's Magazine, 1747,17：80–1,102.

[4]　'Electricity for Children' [N]. Washington Post, 1912-11-17(M1).

[5]　'Electricity in Relation to Growth' [J]. Current Opinion, June 1918, 64(6) :409.

[6]　'Electricity Makes Chickens Grow Big' [N]. New York Times, 1912-2-18(C4).

[7]　'Electrified Chickens：Electricity as a Growth Stimulator' [J]. Scientific American, 1913-10-11, 109(15) 287.

[8]　'Electrified Schoolroom to Brighten Dull Pupils' [N]. New York Times, 1912-8-18(SM1).

[9]　'Novel Application of Electricity' [J]. New England Medical Gazette, 1869, 4(3) 102–3.

[10] Spence, C. C. 'Early Uses of Electricity in American Agriculture' [J]. Technology and Culture, 1962, 3(2) 142–60.

闪电、教堂和通电的绵羊

[1]　Andrews, C. 'Structural Changes after Lightning Strike, with Special Emphasis on Special Sense Orifices as Portals of Entry' [J]. Seminars

in Neurology, 1995, 15(3) 296–303.

[2] 'Fair Appreciated by Helen Keller' [N]. New York Times, 1939-11-1(17).

[3] Friedman, J. S. Out of the Blue: A History of Lightning——Science, Superstition, and Amazing Stories of Survival [M]. New York: Bantam Dell, 2008.

[4] Hackmann, W. D. 'Scientific Instruments: Models of Brass and Aids to Discovery', in Gooding, D.,T. Pinch,& S. Schaffer, eds., The Uses of Experiment: Studies in the Natural Sciences [M]. Cambridge: Cambridge University Press, 1989, 31–66.

[5] Henley, W. 'Experiments Concerning the Different Efficacy of Pointed and Blunted Rods, in Securing Buildings Against the Stroke of Lightning' [J]. Philosophical Transactions, 1774, 64: 133–52.

[6] Howard, J. R. The Effects of Lightning and Simulated Lightning on Tissues of Animals. [D]. Ames, IA: Iowa State University of Science and Technology. Ph.D. dissertation, 1966.

[7] Langworthy, O. R.,& W. B. Kouwenhoven. 'Injuries Produced in the Organism by the Discharge from an Impulse Generator' [J]. Journal of Industrial Hygiene, October 1931, 13(8) 326–30.

[8] Lavine, S. A. Steinmetz: Maker of Lightning [M]. New York: Dodd, Mead & Company, 1955.

[9] 'Lightning Is this Wizard's Plaything' [N]. New York Times, 1923-6-10(XX3).

[10] 'Modern Jove Hurls Lightning at Will' [N]. New York Times, 1922-3-3(1).

[11] Read, J. A Summary View of the Spontaneous Electricity of the Earth and Atmosphere [M]. London: The Royal Society of London. 1793, 71–2.

[12] Scherrer, S. J. 'Signs and Wonders in the Imperial Cult: A New Look

at a Roman Religious Institution in the Light of Rev 13:13–15' [J]. Journal of Biblical Literature, 1984, 103(4) 599–610.

[13] Schiffer, M. B. Draw the Lightning Down: Benjamin Franklin and Electrical Technology in the Age of Enlightenment [M]. Berkeley: University of California Press, 2003.

[14] Wall, W. 'Experiments of the Luminous Qualities of Amber, Diamonds, and Gum Lac' [J]. Philosophical Transactions, 1708, 26: 69–76.

[15] Warner, D. J. 'Lightning Rods and Thunder Houses' [J]. Rittenhouse, August 1997, 11(44) 124–7.

第二章 核反应

患神经症的原子山羊

[1] 'Artificial Blitzkriegs' [N]. Reno Evening Gazette, 1941-9-8(4).

[2] Gantt, W. H. Experimental Basis for Neurotic Behavior [M]. New York: Paul B. Hoeber, Inc, 1944.

[3] Gerstell, R. 'How You Can Survive an A–Bomb Blast' [N]. Saturday Evening Post, 1950-1-7, 222(28) 23,73–5.

[4] 'Hate Training Has Ceased' [N]. Ottawa Citizen, 1942-7-9(22).

[5] 'How to Have a Breakdown' [N]. Parade, 1950-2-19(10–11).

[6] Liddell, H. S. 'Conditioned Reflex Method and Experimental Neurosis', in Hunt, J. M., ed., Personality and the Behavior Disorders [M]. Vol. 1, New York: The Ronald Press Company, 1944, 389–412.

[7] ——. 'Experimental Neuroses in Animals', in Tanner, J. M., ed., Stress and Psychiatric Disorder [M]. Oxford: Blackwell Scientific Publications, 1960, 59–64.

[8] McLaughlin, F. L.,& W. M. Millar. 'Employment of Air– Raid Noises

in Psychotherapy' [J]. British Medical Journal, 1941-8-2, 2(4204) 158–9.

[9] 'Protests Diminish Bikini Goats' Rites' [N]. New York Times, 1946-7-22(1).

[10] Shephard, B. A War of Nerves [M]. London： Random House, 2000.

[11] Shurcliff, W. A. Bombs at Bikini： The Official Report of Operation Crossroads [M]. New York： William H. Wise and Co, 1947.

[12] Weisgall, J. M. Operation Crossroads： The Atomic Tests at Bikini Atoll, [M]. Annapolis, MD： Naval Institute Press, 1994.

如何在原子弹爆炸中活下来

[1] '2 Boys and 35 Cows End Test in Shelter' [N]. New York Times, 1963-8-21(15).

[2] 'Atom—Blasted Frozen Food Tastes Fine, Say Experts' [N]. The Spokesman—Review, 1955-5-11(3).

[3] Brinkley, B. 'Zoo Ready for Biggest Day of Year' [N].Washington Post, 1949-4-15(B12).

[4] Clarke, W. C. 'VD Control in Atom—Bombed Areas' [J]. Journal of Social Hygiene, January 1951, 37(1) 3–7.

[5] Gerstell, R. How to Survive an Atomic Bomb, [M]. Washington, DC： Combat Forces Press, 1950.

[6] Hanifan, D. T. Physiological and Psychological Effects of Overloading Shelters [M]. Santa Monica, CA： Dunlap and Associates, Inc, 1963.

[7] 'Infant Find War, Open—Air Atom Survival Test Is Too Tough for Him' [N]. New York Times, 1954-11-7(48).

[8] Miles, M. 'Atom City Shows Few Could Have Survived' [N]. Los Angeles Times, 1955-5-7(1).

[9] 'Pig 311' [Z]. Record Unit 365, Series 4, Box 25, Folder 1, in Animal Information Files, 1855–1986 and undated, National Zoological Park,

Office of Public Affairs.

[10] Pinkowski, E. 'Imperishable Pig of Bikini is Still Subject of Debate' [N]. Waterloo Sunday Courier, 1947(34).

[11] Powers, G. 'Patty, the Atomic Pig'[J]. Collier's 1951-8-11,128(6) 24–5,54.

[12] Rose, K. D. One Nation Underground：The Fallout Shelter in American Culture [M]. New York：New York University Press, 2001.

[13] Vernon, J. A. Project Hideaway：A Pilot Feasibility Study of Fallout Shelters for Families [M]. Princeton, NJ：Princeton University, 1959.

[14] 'What Science Learned at Bikini：Latest Report on the Results'[J]. Life, 1947-8-11, 23(6) 74–88.

[15] 'Woman Offers to Sit Thru Big A—bomb Test' [N]. Chicago Daily Tribune, 29 April 1955(1).

核爆月球

[1] Arthur, C. 'Soviets Planned to Nuke the Moon' [N]. Hamilton Spectator, 1999-7-10(D4).

[2] 'Eerie Spectacle in Pacific Sky' [J]. Life, 1962-7-20, 53(3) 26–33.

[3] Dupont, D. G. 'Nuclear Explosions in Orbit', [J]. Scientific American, June 2004, 290(6) 100–7.

[4] Ehricke, K. A., & G. Gamow. 'A Rocket around the Moon' [J]. Scientific American, June 1957, 196(6) 47–53.

[5] Goddard, R. H. 'A Method of Reaching Extreme Altitudes' [J]. Nature, 1920-8-26, 2652(105) 809–11.

[6] Krulwich, R. 'A Very Scary Light Show：Exploding H— Bombs in space' [N/OL] NPR, 1 July 2010-7-1
http://www.npr.org/templates/story/story.php?storyId=128170775.

[7] O'Neill, D. 'Project Chariot：How Alaska Escaped Nuclear Excavation' [J]. Bulletin of the Atomic Scientists, 1989, 45(10) 28–

37.

[8]　Reiffel, L. A Study of Lunar Research Flights [M]. Vol. 1, Kirtland Air Force Base, NM：Air Force Special Weapons Center, 1959-6-19.

[9]　Sullivan, W. 'Scientists Wonder if Shot Nears Moon' [N]. New York Times, 1957-11-5(1).

[10] Ulivi, P., with D. M. Harland. Lunar Exploration：Human Pioneers and Robotic Surveyors [M]. New York：Springer—Verlag, 2004.

[11] Valente, J. 'Hate Winter? Here's a Scientist's Answer：Blow Up the Moon' [N]. Wall Street Journal, 1991-4-22(A1).

[12] Vittitoe, C. N. Did High—altitude EMP Cause the Hawaiian Streetlight Incident? [M] Albuquerque, NM：Sandia National Laboratories, June 1989.

不可思议的原子太空船

[1]　Brownlee, R. R. 'Learning to Contain Underground Nuclear Explosions' [DB/OL]. June 2002
http://nuclearweaponarchive.org/Usa/Tests/Brownlee.html.

[2]　Dyson, F. J. 'Death of a Project' [J]. Science, 1965-7-19, 149(3680) 141-4.

[3]　Dyson, G. Project Orion：The True Story of the Atomic Spaceship [M]. New York：Henry Holt and Co, 2002.

第三章　欺骗性方法

以科学之名打斗的人们

[1]　Buckhout, R. 'Eyewitness Testimony' [J]. Scientific American, 1974, 231(6) 23-31.

[2]　Buckhout, R., D. Figueroa, & E. Hoff. 'Eyewitness Identification：

Effects of Suggestion and Bias in Identification from Photographs'
[J]. Bulletin of the Psychonomic Society, 1975, 6(1) 71–4.

[3]　Cattell, J. M. 'Measurements of the Accuracy of Recollection' [J].
Science, 1895, 2(49) 761–6.

[4]　Greer, D. S. 'Anything but the Truth? The Reliability of Testimony
in Criminal Trials' [J]. British Journal of Criminology, 1971, 11(2)
131–54.

[5]　Jaffa, S. 'Ein psychologisches Experiment im kriminalistischen
Seminar der Universität Berlin' [J]. Beiträge zur Psychologie der
Aussage, 1903, 1(1) 79–99.

[6]　Marston, W. M. 'Studies in Testimony' [J]. Journal of the American
Institute of Criminal Law and Criminology, 1924, 15(1) 5–31.

[7]　Münsterberg, H. On the Witness Stand： Essays on Psychology and
Crime [M]. Garden City, NY： Doubleday, Page & Company, 1917.

[8]　Von Liszt, F. 'Strafrecht und Psychologie' [J]. Deutsche Juristen—
Zeitung, 1902, 7： 16–18.

躲在床下的心理学家

[1]　Henle ,M., & M. B. Hubbell. '"Egocentricity" in Adult Conversation'
[J]. Journal of Social Psychology, 1938, 9(2) 227–34.

[2]　Landis, M. H., &H. E. Burtt. 'A Study of Conversations' [J]. Journal
of Comparative Psychology, 1924, 4： 81–9.

[3]　'Mind—bending Disclosures' [N]. Time, 1977-8-15(9).

[4]　Moore, H. T. 'Further Data Concerning Sex Differences' [J]. Journal
of Abnormal Psychology and Social Psychology, 1922, 17(2) 210–14.

[5]　Stein, M. L. Lovers, Friends, Slaves： The Nine Male Sexual Types
[M]. New York： Berkley Publishing Corp, 1974.

金属性金属法案

[1]　Collett, P., & G. O'Shea. 'Pointing the Way to a Fictional Place: A Study of Direction Giving in Iran and England' [J]. European Journal of Social Psychology, 1976, 6(4) 447–58.

[2]　Gill, S. 'How Do You Stand on Sin?' [N]. Tide, 1947-3-14(72).

[3]　Hartley, E. Problems in Prejudice [M]. New York: Octagon Books, 1946.

[4]　Hawkins, D. I, & K. A. Coney. 'Uninformed Response Error in Survey Research' [J]. Journal of Marketing Research, 1981, 18(3) 370–4.

[5]　Payne, S. L. 'Thoughts about Meaningless Questions' [J]. Public Opinion Quarterly, 1950, 14(4) 687–96.

[6]　Schuman, H., & S. Presser. 'The Assessment of "No Opinion" in Attitude Surveys' [J]. Sociological Methodology, 1979, 10: 241–75.

满屋都是"托儿"

[1]　Asch, S. E. 'Opinions and Social Pressure' [J]. Scientific American, November 1955, 193(5) 31–5.

[2]　Hall, R. L. 'Flavor Study Approaches at McCormick & Company, Inc.', in Flavor Research and Food Acceptance [M]. New York: Reinhold Publishing Corp. 1958, 224–40.

[3]　Korn, J. H. Illusions of Reality: A History of Deception in Social Psychology [M]. Albany: State University of New York Press, 1997.

[4]　Latané, B., & J. M. Darley. The Unresponsive Bystander: Why Doesn't He Help? [M]. Englewood Cliffs, NJ: Prentice–Hall, Inc, 1970.

[5]　Milgram, S. Obedience to Authority: An Experimental View [M]. New York: Harper & Row, 1974.

砰

[1]　Rosenhan, D. L. 'On Being Sane in Insane Places' [J]. Science, 1973, 179(4070) 250–8.

[2]　——. 'The Contextual Nature of Psychiatric Diagnosis' [J]. Journal of Abnormal Psychology, 1975, 84(5) 462–74.

[3]　Spitzer, R. L. 'On Pseudoscience in Science, Logic in Remission, and Psychiatric Diagnosis：A Critique of Rosenhan's "On Being Sane in Insane Places"' [J]. Journal of Abnormal Psychology, 1975, 84(5) 442–52.

吸引人的福克斯博士

[1]　Kaplan, R. M. 'Reflections on the Doctor Fox Paradigm' [J]. Journal of Medical Education, 1974, 49(3) 310–12.

[2]　Naftulin, D. H., J. E. Ware Jr., & F. A. Donnelly. 'The Doctor Fox Lecture：A Paradigm of Educational Seduction' [J]. Journal of Medical Education, 1973, 48(7) 630–5.

[3]　Ware, J. E. Jr., & R. G. Williams. 'The Dr Fox Effect：A Study of Lecturer Effectiveness and Ratings of Instruction' [J]. Journal of Medical Education, 1975, 50(2) 149–56.

第四章　猿猴实验

与猴子交谈的人

[1]　'Garner Found Ape that Talked to Him' [N]. New York Times, 1919-6-6(13).

[2]　Garner, R. L. 'A Monkey's Academy in Africa' [J]. New Review, 1892, 7：282–92.

[3]　——. The Speech of Monkeys [M]. London：William Heinemann,

1892.

[4] ——. Gorillas & Chimpanzees [M]. London: Osgood, McIlvaine & Co, 1896.

[5] ——. Apes and Monkeys: Their Life and Language [M]. Boston: Ginn & Company, 1900.

[6] Radick, G. The Simian Tongue: The Long Debate about Animal Language [M]. Chicago: University of Chicago Press, 2007.

[7] Schmeck, H. M. 'Studies in Africa Find Monkeys Using Rudimentary Language' [N]. New York Times, 1980-11-28(1).

[8] Tickell, S. R. 'Notes on the Gibbon of Tenasserim, Hylobates lar' [J]. Journal of the Asiatic Society of Bengal, 1864, 33: 196–9.

黑猩猩管家和猴子女佣

[1] 'A Monkey College to Make Chimpanzees Human' [N]. Hamilton Evening Journal, 1924-8-23(18).

[2] 'A Monkey with a Mind' [N]. New York Times, January 1910(SM7).

[3] 'Can Science Develop Monkeys into Useful Men?' [N]. Washington Post, 1916-5-7(MT5).

[4] Etkind, A. 'Beyond Eugenics: The Forgotten Scandal of Hybridizing Humans and Apes' [J]. Studies in History and Philosophy of Biological and Biomedical Sciences, 2008, 39: 205–10.

[5] 'French Doctors Experimenting with a Village of Tame Apes' [N]. Pittsburgh Press, 1924-11-9(111–12,116).

[6] Furness, W. H. 'Observations on the Mentality of Chimpanzees and Orangutans' [J]. Proceedings of the American Philosophical Society, 1916, 55(3) 281–90.

[7] Goldschmidt, J. 'An Ape Colony to Suffer for Mankind' [N]. New York Times, 1916-3-30(12).

[8] 'How Clothes Influence Monkeys' [N]. Sandusky Register, 1911-7-

2(1).

[9] 'If Science Should Develop Apes into Useful Workers' [N]. Washington Post, 1916-5-14(MT5).

[10] Köhler, W. The Mentality of Apes [M]. New York: Harcourt, Brace & Company, 1925.

[11] 'Monkeys Pick Cotton: Three Hundred of Them in Use on a Plantation' [N]. Los Angeles Times, 1899-2-5(1).

[12] Rossiianov, K. 'Beyond Species: Il'ya Ivanov and His Experiments on Cross—Breeding Humans with Anthropoid Apes' [J]. Science in Context, 2002, 15(2) 277–316.

[13] Teuber, M. L. 'The Founding of the Primate Station, Tenerife, Canary Islands' [J]. American Journal of Psychology, 1994, 107(4) 551–81.

[14] Witmer, L. 'A Monkey with a Mind' [J]. Psychological Clinic, 1909-12-15, 3(7) 179–205.

让猿猴打架的人

[1] Engels, J. 'Boos op alles en iedereen' [N]. Trouw, 2004-9-3(16).

[2] Hebb, D. O. 'On the Nature of Fear' [J]. Psychological Review, 1946, 53:259–76.

[3] Hendriks, E. 'Zestig jaar tegen Niko en de anderen' [N]. De Volkskrant, 2004-8-28(W3).

[4] Kortlandt, A. 'Chimpanzees in the Wild' [J]. Scientific American, 1962, 206(5) 128–38.

[5] ——. 'Experimentation with Chimpanzees in the Wild', in Starck, D., R. Schneider,& H. J. Kuhn, eds., Neue Ergebnisse der Primatologie [M]. Stuttgart: Gustav Fischer Verlag, 1966, 208–24.

[6] ——. 'How Might Early Hominids Have Defended Themselves Against Large Predators and Food Competitors?' [J]. Journal of Human Evolution, 1980, 9: 79–112.

[7] Röell, D. R. The World of Instinct: Niko Tinbergen and the Rise of Ethology in the Netherlands(1920–1950) [M]. Assen, Netherlands: Van Gorcum, 2000.

[8] van Hooff, J. 'Primate Ethology and Socioecology in the Netherlands', in Strum, S. C.,& L. M. Fedigan, eds., Primate Encounters: Models of Science, Gender, and Society [M]. Chicago: Chicago University Press, 2000,116–37.

缺失的猴子高潮之谜

[1] Burton, F. D. 'Sexual Climax in Female Macaca mulatta' [J]. Proceedings of the 3rd International Congress of Primatology, 1971, 3: 180–91.

[2] Chevalier—Skolnikoff, S. 'Male—Female, Female—Female, and Male—Male Sexual Behavior in the Stumptail Monkey, with Special Attention to the Female Orgasm' [J]. Archives of Sexual Behavior, 1974, 3(2) 95–116.

[3] Dewsbury, D. A. Monkey Farm: A History of the Yerkes Laboratories of Primate Biology ,Orange Park,Florida,1930–1965. [M]. Lewisburg: Bucknell University Press, 2006.

[4] Ford, C. S., & F. A. Beach. Patterns of Sexual Behavior [M]. New York: Harper, 1951.

[5] Hamilton, G. V. 'A Study of Sexual Tendencies in Monkeys and Baboons' [J]. Journal of Animal Behavior, 1914, 4(5) 295–318.

[6] Haraway, D. Primate Visions: Gender, Race, and Nature in the World of Modern Science [M]. New York: Routledge, 1989.

[7] Hrdy, S. B. The Woman that Never Evolved [M]. Cambridge, MA: Harvard University Press, 1999.

[8] Yerkes, R. M. 'Sexual Behavior in the Chimpanzee' [J]. Human Biology, 1939, 11(1) 78–111.

[9]　Zumpe, D., & R. P. Michael. 'The Clutching Reaction and Orgasm in the Female Rhesus Monkey(Macaca mulatta) ' [J]. Journal of Endocrinology, 1968, 40(1) 117–23.

长大成"人"的黑猩猩

[1]　Brown, E. 'She's Mother to a Kitten for Science's Sake' [N]. Los Angeles Times, 1974-2-3(B1).

[2]　Carter, J. 'A Journey to Freedom' [J]. Smithsonian, April 1981, 12(1) 90–101.

[3]　——. 'Freed from Keepers and Cages, Chimps Come of Age on Baboon Island' [J]. Smithsonian, June 1988, 19(3) 36–49.

[4]　Douthwaite, J. V. The Wild Girl, Natural Man, and the Monster：Dangerous Experiments in the Age of Enlightenment [M]. Chicago：University of Chicago Press, 2002.

[5]　Gorner, P. 'The Birds, Bees, and Lucy' [N]. Chicago Tribune, 1976-1-8(B1).

[6]　Hess, E. Nim Chimpsky：The Chimp Who Would Be Human [M]. New York：Bantam Dell, 2008.

[7]　Kellogg, W. N., & L. A. Kellogg. The Ape and the Child：A Study of Environmental Influence upon Early Behavior [M]. New York：McGraw—Hill Book Company, Inc, 1933.

[8]　Peterson, D. Chimpanzee Travels：On and Off the Road in Africa, [M]. Reading, MA：Addison—Wesley, 1995.

[9]　Temerlin, M. K. Lucy：Growing Up Human. A Chimpanzee Daughter in a Psychotherapist's Family [M]. Palo Alto, CA：Science and Behavior Books, Inc, 1975.

第五章 自我实验

难以下咽

[1] Carlson, A. J. 'Contributions to the Physiology of the Stomach. XLV. Hunger, Appetite and Gastric Juice Secretion in Man During Prolonged Fasting(Fifteen Days) ' [J]. American Journal of Physiology, 1918, 45： 120–46.

[2] Cathrall, I. 'Memoir on the Analysis of Black Vomit' [J]. Transactions of the American Philosophical Society, 1802, 5： 117–38.

[3] Elmore, J. G. 'Joseph Goldberger： An Unsung Hero of American Clinical Epidemiology' [J]. Annals of Internal Medicine, September 1994, 121(5) 372–75.

[4] Goldberger, J. 'The Transmissibility of Pellagra： Experimental Attempts at Transmission to the Human Subject' [J]. Southern Medical Journal, 1917-4-1, 10(4) 277–86.

[5] Grassi, B. 'Weiteres zur frage der Ascarisentwickelung' [J]. Centralblatt für Bakteriologie und Parasitenkunde, 1888, 3(24) 748–9.

[6] 'Has an Appetite for Hardware,Glass and Gravel' [N]. Milwaukee Sentinel, 1933-4-30(47).

[7] Hoelzel, F. 'The Rate of Passage of Inert Materials through the Digestive Tract' [J]. American Journal of Physiology, 1930, 92： 466–97.

[8] Koino, S. 'Experimental Infections on Human Body with Ascarides' [J]. Japan Medical World, 1922-11-15, 2(2) 317–20.

[9] 'M. Guyon's Experiments on the Contagion of Yellow Fever' [J]. Quarterly Journal of Foreign and British Medicine and Surgery, 1823, 5： 443–4.

[10] Prescott, F. 'Spallanzani on Spontaneous Generation and Digestion'

[J]. Proceedings of the Royal Society of Medicine, February 1930, 23(4) 495–510.

[11] La Roche, R. Yellow Fever Considered in its Historical, Pathological, Etiological, and Therapeutical Relations [M] Philadelphia: Blanchard and Lea. 1855.

[12] 'On the Conversion of Cysticercus Cellulosae into Taenia solium by Dr. Kuchenmeister' [J]. American Journal of the Medical Sciences, 1861, 41: 248–9.

[13] Spallanzani, L. Dissertations Relative to the Natural History of Animals and Vegetables [M]. Vol. 1,London: J. Murray, 1784.

[14] White, A. S., R. D. Godard, C. Belling, V. Kasza, & R. L. Beach. 'Beverages Obtained from Soda Fountain Machines in the U.S. Contain Microorganisms Including Coliform Bacteria'[J]. International Journal of Food Microbiology, 2010, 137(1) 61–6.

痛感升级

[1] Baerg, W. J. 'The Effects of the Bite of Latrodectus mactans Fabr' [J]. Journal of Parasitology, 1923, 9(3) 161–9.

[2] Barnes, J. H. 'Cause and Effect in Irukandji Stingings' [J]. Medical Journal of Australia, 1964-6-13,1(24) 897–904.

[3] Blair, A. W. 'Spider Poisoning: Experimental Study of the Effects of the Bite of the Female Latrodectus mactans in Man' [J]. Archives of Internal Medicine, 1934, 54(6) 831–43.

[4] Conniff, R. 'Stung: How Tiny Little Insects Get Us to Do Exactly as They Wish' [J]. Discover, June 2003, 24(6) 67–70.

[5] Dye, S. F., G. L. Vaupel, & C. C. Dye. 'Conscious Neurosensory Mapping of the Internal Structures of the Human Knee without Intraarticular Anesthesia' [J]. American Journal of Sports Medicine, 1998, 26(6) 773–7.

[6] Head, H., & W. H. R. Rivers. 'A Human Experiment in Nerve Division'[J]. Brain, November 1908, 31: 323–450.

[7] Kellgren, J. H. 'On the Distribution of Pain Arising from Deep Somatic Structures with Charts of Segmental Pain Areas' [J]. Clinical Science, 1939, 4(1) 35–46.

[8] Peterson, D. F., & A. M. Brown. 'Functional Afferent Innervation of Testis' [J]. Journal of Neurophysiology, 1973, 36(3) 425–33.

[9] Ryan, C. The Pre—Astronauts: Manned Ballooning on the Threshold of Space [M]. Annapolis: Naval Institute Press, 1995.

[10] Schmidt, J. O. 'Hymenopteran Venoms: Striving Toward the Ultimate Defense against Vertebrates', in Evans, D.L., & J.O. Schmidt, eds., Insect Defenses: Adaptive Mechanisms and Strategies of Prey and Predators [M]. Albany: State University of New York Press, 1990, 387–419.

[11] Woollard, H. H., & E. A. Carmichael 'The Testis and Referred Pain'[J]. Brain, 1933, 56(3) 293–303.

自我手术的冒险

[1] Altman, L. K. Who Goes First? The Story of Self—Experimentation in Medicine [M]. New York: Random House, 1987.

[2] Bier, A. 'Versuche über Cocainisierung des Rückenmarks' [J]. Deutsche Zeitschrift für Chirurgie, 1899, 51: 361–9.

[3] Bishop, W. J. 'Some Historical Cases of Auto—Surgery' [J]. Proceedings of the Scottish Society of the History of Medicine, 1961, Session 1960–1: 23–32.

[4] 'Doctor Operates on Himself: Astonishing Experiment' [N]. Wellington Evening Post, 1912-4-1(7).

[5] 'Dr. Evan Kane Dies of Pneumonia at 71' [N]. New York Times, 1932-4-2(23).

[6]   Freud, S. Cocaine Papers, edited by Anna Freud [M]. New York：New American Library, 1974.

[7]   Frost, J. G., & C. G. Guy. 'Self—Performed Operations： With Report of a Unique Case' [J]. Journal of the American Medical Association, 1936-5-16, 106(20) 1708–10.

[8]   'German Doctor Reports he Removed His Own Appendix' [N]. Los Angeles Times, 1948-12-10(12).

[9]   Gille, M. 'L'auto—chirurgie' [J]. L'Echo Medical Du Nord, 1933, 37： 45–8.

[10] Kane, E. O. 'Autoappendectomy： A Case History' [J]. International Journal of Surgery, March 1921, 34(3) 100–2.

[11] Knapp, H. Cocaine and its Use in Ophthalmic and General Surgery [M]. New York： G. P. Putnam's Sons, 1885.

[12] Murphy, L. J. T. 'Self—Performed Operations for Stone in the Bladder' [J]. British Journal of Urology, 1969, 41(5) 515–29.

[13] Rogozov, V., & N. Bermel. 'Autoappendicectomy in the Antarctic' [J]. British Medical Journal, 2009, 339： 1420–2.

[14] Streatfeild, D. Cocaine： An Unauthorized Biography [M]. New York： Thomas Dunne Books, 2002.

[15] 'Suicide of Dr. Horace Wells, of Hartford Connecticut, U.S.' [J]. Providence Medical and Surgical Journal, 1848-5-31, 12(11) 305–6.

[16] 'Surgeon Operates on Self： Brazilian Professor Astonishes Students by Unique Experiment' [N]. New York Times, 1929-1-16(33).

为科学献身

[1]   Bacon, F. Historia Vitae et Mortis [M]. London： M. Lownes, 1623.

[2]   'Doctor Scribbles Narrative of Own Death by Narcotic' [N]. Los Angeles Times, 1936-11-27(1,7).

[3]   Fleichmann, M. 'Des différents genres de mort par strangulation' [J].

Annales d'hygiène publique et de médecine légale, 1832, 8(1) 416–41.

[4] 'Freezing Affects Mind First; Initiative and Modesty Lost' [J]. Science News—Letter, 1936-10-17, 30(810) 252.

[5] Hammond, G. M. 'On the Proper Method of Executing the Sentence of Death by Hanging' [J]. Medical Record, 1882, 22: 426–8.

[6] Holstein, B. 'The Mysterious Disappearance of Ettore Majorana' [J]. Journal of Physics: Conference Series, 2009, 173: 012019.

[7] Metchnikoff, O. Life of Elie Metchnikoff: 1845–1916 [M]. Boston: Houghton Mifflin Company, 1921.

[8] Minovici, N. S.Étude sur la pendaison [M]. Paris: A. Maloine, 1905.

[9] Zaslavskii, O. B. 'Ettore Majorana: Quantum Mechanics of Destiny' [J/OL]. Priroda, 2006, 11: 55–63.

http://arXiv.org/pdf/physics/0605001.

致谢

　　如果不是得到了很多人的协助和支持，这本书是不可能完成的。我特别感谢麦克米伦的乔恩·巴特勒和娜塔莎·马丁，感谢他们的指导和在编辑过程中的耐心。

　　我的写作组的搭档们，莎莉·理查德和珍尼弗·多诺霍，每周都阅读我的手稿，并给出了意见，使我在压力下保持着对工作热情。我很确信，如果不是我知道每周都得及时将稿子交给她们，这本书会花去我两倍的时间写完。

　　这本书涉及了非常多的研究，所以我欠所有图书管理员（尤其是加州大学圣迭戈分校图书馆和梅萨公共图书馆的管理员）很大的人情，每次当我出现在图书馆，寻找各种奇怪和晦涩的题目时，他们总是不怕麻烦地帮助我。

　　然后，是所有为我提供了精神支持的人，使我得以坚持完成了数月的研究和写作：我最棒的父母（头号粉丝和头号勤杂工），帕洛阿尔托市的伙伴们（柯尔斯滕、本、皮帕和阿斯特丽德），查理·"超级大厨"·屈尔宗，泰德·"咖啡时间"·莱昂斯，难伺候的猫"布"，我的丈人约翰·沃顿，他从南非寄来了很好的想法，最重要的是我的妻子贝弗利，她在我将自己深深沉浸在疯狂科学家的古怪世界的同时，令我始终保持神志清醒。

图书在版编目（CIP）数据

疯狂的科学实验 / (英) 埃里克斯·伯依斯著；马盈佳译. -- 南昌：江西科学技术出版社, 2020.12

书名原文: ELECTRIFIED SHEEP

ISBN 978-7-5390-7540-2

Ⅰ.①疯… Ⅱ.①埃… ②马… Ⅲ.①电学 – 科学实验 – 普及读物 Ⅳ.①O441.1–33

中国版本图书馆CIP数据核字(2020)第191742号

ELECTRIFIED SHEEP

First published 2019 by Macmillan an imprint of Pan Macmillan, a division of Macmillan Publishers International Limited

国际互联网（Internet）地址：
http://www.jxkjcbs.com
版权登记号:14-2020-0177
选题序号：ZK2020168
图书代码：B20313–101

疯狂的科学实验　　　　　　(英)埃里克斯·伯依斯 著　马盈佳 译

出版 发行	江西科学技术出版社
社址	南昌市蓼洲街 2 号附 1 号
	邮编：330009　电话：（0791）86623491　86639342（传真）
印刷	北京永顺兴望印刷厂
经销	全国新华书店
开本	880mm×1230mm　1/32
字数	285千字
印张	10
版次	2020 年 12 月第 1 版　2020 年 12 月第 1 次印刷
书号	ISBN 978-7-5390-7540-2
定价	48.00元

赣版权登字 –03–2020–326
版权所有，侵权必究
（赣科版图书凡属印装错误，可向承印厂调换）